哲人哲语

世界哲学大师系列

人生

[瑞士] **卡尔·荣格** /著

郑　雨 /译

吉林出版集团股份有限公司

图书在版编目（CIP）数据

人生 / (瑞士) 卡尔·荣格著；郑雨译. —长春：
吉林出版集团股份有限公司, 2017.7
（世界哲学大师系列）
书名原文: Life
ISBN 978-7-5581-2245-3

Ⅰ. ①人… Ⅱ. ①卡… ②郑… Ⅲ. ①人格心理学
Ⅳ. ①B848

中国版本图书馆CIP数据核字(2017)第124029号

人　生

著　　者	[瑞士] 卡尔·荣格	
译　　者	郑　雨	
总 策 划	马泳水	
责任编辑	王　平　白聪响	
装帧设计	中易汇海	
开　　本	650mm×960mm　1/16	
印　　张	17	
版　　次	2018年2月第1版	
印　　次	2020年9月第2次印刷	

出　　版	吉林出版集团股份有限公司	
电　　话	（总编办）010-63109269	
	（发行部）010-67482953	
印　　刷	三河市元兴印务有限公司	

ISBN 978-7-5581-2245-3　　　　定　价：49.80元

序

　　荣格，瑞士著名心理学家、精神分析学家，毕生致力于人类心灵奥秘的探索，在世界心理学界享有很高的评价，是现代心理学的鼻祖之一。他的一生著述浩繁，其思想博大精深。他所创立的分析心理学不仅在心理治疗中成为独树一帜的学派，而且对哲学、心理学、文化人类学、文学、艺术、宗教、伦理学、教育等诸多领域都产生了广泛而深刻的影响。

　　荣格的目的论原则是指，人的精神生活不仅受到过去原则影响，还受到对未来所希望的目的支配。精神现象虽有本质差异，但也有相同之处，那就是它们有追求平衡的目的。他认为，研究心理不仅要追溯过去，而且要注意生活目的的方向。并且认为，对病人的症状和梦的分析要注意其下意识中的目的，因为这些症状和象征是病人在下意识中达到目的的手段。

　　荣格的心力论是指，把精神生活的原动力看作做一种生命力或心力。有时也叫做生命能，它的表现就是心理能，是通过一个人的意志、希望、情感、注意和奋力的表现看出这些心理活动的实际力量。此外，如能力、素质、态度倾向和趋势则是一种潜在的心理能。他认为所有这些能分配在一个机体身上组成一个系统，它表露于外，受外界影响而发生相互作用。

　　荣格类型学说，把人的类型分为性格类型和思维类型两大类。性格类型来源于本能。由于人人都有一股生命力，它分化出个体生存本能和性生殖本能，并在个体内得到平衡发展。这两种本能在人身上表现为求权意志和性爱冲动。有求权意志的人，精神集中在自己，其性格为内向型。内向的人好思考，爱怡静，多愁善感，不好社交。外向的人好活动，易受感情支配，乐观开朗，善于社交。还有两种倾向兼有的人，即称作两面型的人。此外，荣格还有著名的集体无意识学说。

荣格的集体无意识学说，对集体无意识的发现有着重大意义，这使得他成为20世纪最卓越的学者之一，也因此而成为一个颇有争议的人物。他认为集体无意识是一个储藏所，它储藏着所有那些通常被荣格称之为原始意象的潜在意象。原始指的是最初或本源，原始意象涉及心理最初的发展。人从自己祖先那儿继承了这些意象，它们是一些先天倾向或潜在的可能性，即采取与自己祖先同样的方式来把握世界并做出反应。例如，人对蛇和黑暗的恐惧，我们之所以具有怕蛇和怕黑暗的先天倾向，便是因为我们的原始祖先对这些恐惧有着千万年的经验。这些经验深深地刻在人的大脑之中。我们之所以很容易地以某种方式感知到某些东西并对之作出反应，正是因为这些东西先天地存在于我们的集体无意识中。

荣格学说具有划时代的意义。荣格的理论首次提出了自我实现的概念，对后来的罗杰斯和马斯洛的人本主义心理学颇有影响。尽管如此，荣格学说也有很多局限性，其中一些观点也是值得大家探讨的，甚至有的还是反科学的。例如，他把信仰和生活的目的归结为是在原始意象中产生的，等等。

本书对荣格生平及思想进行了精心梳理，向人们展示了一个极富个人魅力，并带有强烈宗教情怀的思想家。他卓越的思想及其丰富的人生，向人们展示出他积极向上的人生价值观，他为人类的思想发展作出了突出贡献。

我们编译的这本《人生》，其内容可以说集合了荣格一生的思想精华和人生。在编译过程中，为了符合读者的要求，我们对本书个别篇幅较长的原稿内容，按其层次添加了部分标题，使读者读起来能更易于理解，但由于水平所限，所拟的标题不一定贴切，望读者见谅！

最后尚需说明的是，由于时代的局限和荣格个人的偏见，本书一些作品中的唯心主义和唯意识论表现比较明显，有些观点和论述显然是错误的，请读者在阅读中予以鉴别，取其精华，去其糟粕。

目录

目
录

一 人生之路

步入人生的后半辈子，我其实早已开始致力于潜意识的研究了，所从事的是一项极为耗时的工作，一直过了二十多年，才对其中的奥秘有了某种程度的了解。

首先，必须为自己的内在经验寻找一些历史的原型来验证。也就是说，我得自问："究竟我能否在历史中获得一些相关的前提依据？"如果当时无法找到这样的证据，那么也不可能使我的构想具体化。因此，接触炼金术对我来说是一个重大的关键，毕竟它提供了我所缺乏的历史基础。

分析心理学基本上是一种自然科学，然而它却比其他科学更容易受到观察者本身偏见的影响。因此，心理学者必须极度依赖历史及文学中的类似事物，避免在判断上犯下错误。从 1918 年至 1926 年，我曾严肃地研究诺斯替教派的作家，主要是因为他们接触的也是潜意识的原始世界，并且处理其中显然混淆了本能世界的"意象"问题。就其中有限的记录显示，他们到底对这些意象了解多少，实在也是很难断言的，何况他们的大半记录是来自他们的死对头——教会的神父。而且我认为他们对于这些记录，也没有心理学的概念存在。这些诺斯替教派的人对我来说毕竟太遥远，我无法在他们和我所面临的问题之间建立任何一种联结的关系。依我看来，那个可能联结诺斯替教派和目前这个世界的传统好像已经被人切断了，长久以来，事实也证明不可能在诺斯替主义——或者说新柏拉图主义——和现今的世界之间建立沟通的桥梁。然而在我开始了解炼金术之后，发现它代表的正是那个与诺斯替主义相连的历史环节，因此，在过去与现在中间，确实是有连续不断的关系存在。炼金术以中世纪的自然哲学为基础，并形成了一座桥梁：一方面向过去延伸，连接诺斯替主义，一方面向未来发展，连接现代心理学的潜意识。

弗洛伊德正是这一切的始作俑者。他首先引入诺斯替主义中的两项古典主题——性欲与可怕的父权。在他所提出来的原始父亲及其阴郁的超自我神话中，诺斯替的耶和华及创造者——上帝的意念不断地出现。这个神在弗洛伊德的神话里成为一个可怕的魔鬼，由此他创造了一个充满绝望、幻影和痛苦的世界。然而炼金术士对于事物秘密的成见中，早已透露了唯物论的倾向，而这点却蒙蔽了弗洛伊德的视野，使他忽略了诺斯替主义中的其他重要层面。

在发现炼金术之前，我曾经不断地做过主题相似的梦。在梦中有一间类似侧翼的房间出现在我家旁边。我感到非常奇怪，每一次梦中都会怀疑，为什么自己竟然从来不知道这个侧厢的存在？特别是因为它好像一直就在那儿。终于在一次梦中，我走到这间厢房里去，发现其中竟有一间书房，而且藏有许多十六七世纪的书籍。硕大厚重的书册用猪皮包装着，一套套立在墙边。其中有些书还以铜雕的字母为装饰，插图里包括一些我从来没有见过的奇怪的象征符号。后来才知道，原来那都是炼金术里的象征符号。在梦里，我被那个书房以及那些奇怪的符号深深吸引住，记得书房里尽是中古时的古版书，还有一些 16 世纪的印刷品。

那间莫名的侧厢，其实正是我人格的一部分，我心理的某一面，它代表的是某种属于我，但我却尚未察觉到的内在。至于那间书房所指的即为炼金术。当时我并不知道什么是炼金术，但很快我就开始研究了。十五年之后，我果然搭建了一间和梦里非常相似的书房。

然而预言我即将和炼金术接触的一个关键性的梦发生于 1926 年：梦里我人在 Southtyvol，当时正值大战期间。有一天，我由意大利前线搭乘一个农夫的马车回到住所，我们走在枪林弹雨之中，除非尽快离开，否则将性命难保。

我记得我们必须通过一座桥，然后再穿越一个顶部早已受到枪炮毁损的隧道。在抵达隧道尽头的那刻，呈现在眼前的竟是一片阳光普照的祥和天地，并且认出那是属于维洛那的地界。从山上望下去，整座城沐浴在灿烂的阳光里。我心里感到如释重负，于是我们继续穿过那片苍绿茂盛的 Lombard 平原，沿路到处是美好的乡村风光，稻田、橄榄树和葡萄园的景致尽收眼底。接着，在我们对角线的方向，出现了一幢占地极广的大宅邸，正如北意大利公爵所拥有的庄园一般。这是一幢非常典型并连有许多侧翼厢旁的宅邸，我们走的那条路正通往一个大天井及宅邸的正门。在穿过大门之后，我和朋友回头一看，那片阳光笼罩的田野景色已被抛在脑后了。我往四周一瞧，右边即是宅邸的正门，左边则是佣人侍者的住处以及马厩、谷仓等其他建筑物。

正当我们抵达天井的中央，也就是房子正门口时，有件奇怪的事发生了：外围的两座大门竟突然关上了。我的同伴大叫："完了！我们现在被人禁在 17 世纪的大门里啦！"我则以听天由命的态度处之，"好吧，就这样吧，不然又能怎么办呢？我们恐怕得在这儿困上好几年呢！"接着我又有个颇安慰人心的想法，"不管是几年，总有一天，我一定会出去的！"

在这个梦出现后，我翻尽许多有关世界宗教、哲学的史书，却仍旧无法找到解析这个梦的答案。一直到后来我才了解，原来它所指的正是在 17 世纪发展至巅峰时期的炼金术。奇怪的是我竟然完全忘记了 Herbert Sibever 曾写过有关炼金术的书。当他的书出版之后，我虽然非常欣赏他的神秘与建设性的观点，却认为炼金术是一种邪门歪道、愚蠢之至的东西。无论如何，当时与他有信件上的往来，并且告诉他我相当欣赏他的作品。然而从他悲剧性的自杀看来，他在炼金术上的发现，并不能令他洞见更多。他所写的后期炼金术的资料非常令人着迷，但也只是当你知道如何诠释时，才能领会到其中所蕴含的无价珍宝。

（一）没有历史就没有心理学

1928 年李察·威荷姆寄给我一本有关中国炼金术的代表作品 *The Secret of the Colden Flower*——至此，我才更进一步地揭开了它神秘的外表。我越来越渴望接触，更多有关它的书籍，我甚至付钱给一位慕尼黑书商，请他把任何有关炼金术的书籍寄给我，不久之后他寄来了第一本书——*Artis Avriferaevoluminadus*。那是写于1953年的一本拉丁论文选集，其中包含了好几篇炼金术的经典代表作。

我将这本书放在书柜顶上约有两年之久。偶尔我会拿出来，翻翻书中的图片，每一次都会这么想："老天啊！这玩意儿简直是一派胡言，叫人不得其门而入！"然而它却一直吸引着我，让我割舍不掉。于是我打定主意非把它彻底弄清楚不可。我从第二年春天开始投入研究工作，并立即发现它如兴奋剂般刺激并挑逗我。不可讳言的是，这些书的内容仍然显得相当荒诞无稽，但是偶尔有些地方却又好似充满特殊的意义，我甚至发现自己能了解其中的某些句子了。我终于明白，原来炼金术士们是用符号在谈话，而符号正是我所熟悉的。"哈！这真是奇妙透了！我非得学会如何解开这个符号不可！"当时，我已经完全迷恋于其中的奥秘，而且只要一有空，就一定沉醉在那些书本里，有一天夜里，正当埋首研读之际，突然想到那个所谓被困在17世纪的梦，最后我终究了解了这其中的意义。"原来如此！现在我可得将炼金术从头学起了。"

我花费了相当长的一段时间，才在这个炼金术的思想迷宫里摸索出一条路来。在我阅读那本16世纪的*Rasvium philosophoram*时，发现有一些特别的措辞或是惯用语不断地在书里重复。我知道那些用语是以一种具有特殊意义的面貌不断出现，但是我却无法了解当中的意义何在。于是决定广泛涉猎有关参考书，并找出这些关键字来。在那段时间里，我搜集了好几千个类似上述的单字和语群，并且还做了好几本摘录笔记。我以语言学的法规进行研究，正如同要去解开一个不知名的语言所写成的谜底似的。通过这样的研究方式，这些原本罩着面纱的炼金术语，慢慢地向我呈现出其原来的真实面貌。我一共在这方面投入了十几年的兴趣和心力。

我很快发现，分析心理学和炼金术之间有着极为奇特的巧合之处。那些炼金术士的经验正是我的经验，而他们的世界也正是我的世界。这当然是一项重大的发现：我已经从历史中找到了我潜意识心理学的另一半。而炼金术与追溯到诺斯替学派的学术，两者之间比较的可能性，更赋予我的心理学一个新的含义。当我将这些古老的资料（我由实际经验中所汇集到的幻想意象以及后来所得的结论）一一倾出，一切似乎都以井然有序的面貌出现。现在我已了解通过历史层面的这些心理内容究竟意义何在。而我原本由神话研究中对于典型特质的认识也因此更加深了。我的研究重心几乎完全放在有关原始意象以及原型本质的探讨之上，而且我越来越能意识到一个清楚的事实——没有历史就没有心理学，更没有潜意识心理学。当然，潜意识心理学确实能够借着个人生活的资料达到满足，可是一旦我们企图解释某个精神病症的案例时，仍然需要通过对过去历史的回忆假想，因为这能提供我们对超意识的了解。而且在治疗的过程中，当我们必须要做特殊决定时，单靠个人回忆是无法足够解释所发生的梦的。

我将有关炼金术的研究视为我与歌德之间一种内在关系的表征。歌德的秘密在于他夹在一个早已进行了几个世纪的原型的变化中。认为《浮士德》是他呕心沥血的巨作，他称其为"最大的事业"，并将自己的一生完全投注在这本书里。因此，活在他生命里的就是一份不死的本质，一个超越个人的过程，一个原型世界所能拥有的最伟大梦想。

这个梦想也同时纠缠着我。从十一岁开始我就投身在我那"伟大的事业"里。我的一生只有一个理想和目标：那就是透视人世的秘密。所有一切皆能透过核心得到解释，而我所有的研究及作品皆与此主题相关。我的科学研究工作开始于 1903 年的联想实验。我将之视为我在自然科学界所从事的第一项工作。*Sludiesin Word Association* 一书发表于我的另外两篇报告 *The Psychology Of Dementia praecox* 和 *The Content Of the Psychoscs* 之后。1912 年我的另一本 *Wandlun Genund Symboleder Libidod Psuchology of The Unconscious* 出版了，同年，我也与弗洛伊德结束了友谊关系，而从那时候起，我就开始独立摸索了。

从 1913 年起，我对于自己的潜意识意象产生了极大的关注，这种情况持续到 1917 年。接着，我的幻象逐渐消失。直到我由这些神奇的意象中释放出来，才得以从客观的角度来看这整个经验并对其加以反省思考。我所自问的第一个问题即是："人对潜意识该采取什么态度呢?"我的答案就在《自我与潜意识的关系》这篇论文里。

(二)探讨基督教领域

在《自我与潜意识的关系》里,曾讨论过对潜意识的强调以及一些相关本质的问题,不过,对潜意识本身并没有太多的描述,直到面对个人的意象时,才了解到潜意识会产生变化。当对炼金术有了更深一层的接触之后,终于发现潜意识原来是一种过程,而且心灵的变化及其进展是决定于自我与潜意识的关系。个别的案例当中,我们即可通过梦与幻象来了解所谓的变化。而在集体生活里,这个变化主要是表现在复杂的宗教系统以及多变的象征里。通过对集体转变过程的研究与炼金术象征意义的了解,得到了心理学上的中心结论:个性化的过程。

对我而言,潜意识象征与基督教或其他宗教间的关系会成为心理不断演变的问题是一件很自然的事。我不仅对基督教义相当包容,而且认为它对于西方人是非常重要的一环。然而,我们的确也应该配合当代精神所带来的改变,以一种新的角度来探讨基督教问题,否则它就会被孤立于时代之外,无法对人类产生任何影响。我曾经在论文里努力阐述这一点,也曾对三位一体论作了新的心理学的诠释,并且将之与一位第三世纪的炼金术士暨诺斯替教徒所描述的异象做了比较。我尝试将分析心理学带进基督教义里探讨,这引起将基督视为心理学对象的问题,早在 1944 年出版的 *Psycholgy and Alchemy* 一书中,我已将基督与炼金术中心观念里的"lapis"(或石头)做了平行比较。在 1959 年发表的 *Aion* 这本书里曾经探讨了基督的问题。我所关切的不是正史的平行比较,而是基督与心理学的关系。对我而言,基督并非一个失去表象的人物,相反,希望能指出他在几个世纪以来所代表的宗教意义的发展。而在同时,我认为相当重要的是指出占星学家如何预言基督,以及它在当时人文背景与两千年基督教文明里所扮演的角色。历史所累积的任何有关基督的逸事外传,都是我想描绘的。

当对这些问题要做更深入的探究时,我开始思考耶稣这个历史性的人物。这点是相当重要的，因为在他那个时代的人的意识里，耶稣的原始形象早已被凝注在这个"犹太人的先知"的角色里。这个同时根源于犹太人传统及埃及 Horus 神话的古老观念，早在基督时代开始时就已深深扎根在人们心中了，毕竟这是整个时代精神的一部分。人们所关切的是人子——上帝的独生子，是他面对当时世界的统治者——被神化了的奥古斯特。这个观念打击了犹太人对弥赛亚的信仰，并且酿成了一个世界性的问题。

如果我们将耶稣这个木匠的儿子宣扬福音并成为世人救主的事实视为"纯粹的巧合"，这真是一种相当严重的错误。耶稣必定是一位拥有特殊禀赋的人，故此才能如此全然地表现出他那个时代所赋予他的潜在期望。可能除了耶稣之外，没有任何人可以背负如此重大的讯息。也许这一切注定要由耶稣来完成。

当时，伟大的恺撒是罗马帝国至高权力的象征与化身。在他所创造的王国里，无数人民遭受到文化及精神的剥夺与侵害。而今日，个人与文化正面临了一种相似的威胁——那就是被群体所吞噬的威胁。因此许多人都抱有基督再临的希望，而幻想不切实际的谣传更表现了人们对于救赎的期望。只是如今这种期望的表达形式与过去截然不同，这就是分布世界各地的幽浮现象。

再度梦见那个伫立在我家旁边而我从来未去过的厢房，决定去探个究竟，终于，我进去了，我发现自己身处一个实验室里。在窗前的一张桌子上，置满了许多实验用的玻璃器材。又发现那是父亲的工作室，但是他却不在那儿。在靠墙的架子上放了数以百计的罐子，里面装了各种想象的鱼。我对于这些感到相当震惊：原来现在父亲是对鱼类学有兴趣。

当我站在那儿环顾四周，发现有一扇窗帘一直像被大风吹鼓似的飘荡着。突然之间，有个名叫汉斯的年轻人出现了。我请他察看一下那帘子后的窗子是否忘了关。过了好一会儿，他回来了，脸上带着极为恐怖的表情，他说道："是的，是有东西在那儿，很可怕的东西！"于是我亲自前往探看，却发现自己被引到了母亲的房间。当时里面没有半个人影，并且充满了诡异的气氛。而这个房间相当宽敞，我瞧见从天花板向下悬浮着两列大匣子，一列有五个，离地面约二米左右。这些大匣子看起来像是花园里的亭子，每个匣子里有两张床。原来这个房间正是母亲招待访客之处，她为那些来探望她的灵魂准备床铺就寝。这些灵魂都是以夫妇姿态出现的，也就是说他们成双成对地在那儿过夜或是度过白昼。

在母亲房间的对面有一扇门。我开门进入一个相当大的厅堂，里面摆设着舒适的座椅，精巧的茶桌以及华丽的壁饰，给人的感觉像是豪华旅馆的大厅。我还听见一个管乐队正热闹地奏着音乐——从头到尾，音乐在梦境里不断地出现。然而却不知它出自何处。在这整个大厅里除了乐队不停地奏出哄闹的舞曲及进行曲之外，却不见任何人影。

对我来讲，这个旅馆大厅里的管乐队正是象征这个浮华喧嚣的嬉闹人世。没有任何人会猜想到在这整个喧杂的景观背后却是另一个截然不同的世界。这个大厅所呈现出的意象也正是我们敦厚及欢愉的人生的缩影。然而这依然只是外观而已，在其后的那个世界是无法通过这个喧嚣的乐队来做审察的。那个鱼的实验室以及那些灵魂所居住的腾空大匣子，两者都为神秘的沉寂所笼罩住。我由其中所感受到的是：那扇门所划分出的两个世界，一个属于黑暗世界；一个却是由大厅所象征的虚浮的白昼世界。

当然，在这个梦里最重要的仍是那个灵魂的接待室和实验室，前者象征着未知的哲学，后者却暗示了我对基督的一种关注。因为耶稣本身就是鱼的化身。事实上，我在这两项研究上投注了近十多年的心力。

至于梦里那个鱼的实验竟然与我父亲相关，实在是一件相当不可思议的事。在梦里，他扮演的是守护灵魂的角色。因为，根据《圣经》的观点，这些鱼正是彼得的网中之鱼。更奇妙的是在相同的梦里，母亲竟然是离散灵魂的守护者。显然，我父亲与母亲都被守护灵魂的问题所困扰着，而事实上，这正是我的工作。我知道他们两人都可能心愿未了，而这个未了的心愿依旧存在于潜意识中，并且延续到我的梦里。这使我想起一个事实——那就是尚未真正接触主要的哲学性的炼金术。因此，我也无法为整个基督教所赋予我的问题做一个解答。而同时，妻子毕生所致力研究的圣杯传奇也尚未完成。记得每年当研究鱼的象征意义出现时，我总是会联想到圣杯以及 fish-erking 的传说。若非我不愿介入妻子的研究范围，可能就毫不犹豫地将圣杯的传奇纳入我的炼金术研究当中了。

（三）继续摸索

当时，我仍处于摸索阶段，既无法对那个梦作出令人满意的解释，也无法全然了解我的研究目的何在，而只能去体会这个梦的意义，在我能够写出 *Answer to Job* 这本书之前，我仍必须去克服我内心最大的抗拒。

Answer to Job 的感触乃是来自于 *Aion* 这本书。在 *Aion* 里，研究的主要是基督教心理学问题，而约伯本身正是基督教的预表。两者之间的联结即在于受难的观念，基督是上帝受难的仆人，约伯也是一样。就基督而言，其苦难乃是因为世人的罪，而基督徒所受之苦难是一个普遍的答案。这使我们无法避免一个问题：是谁必须为这些罪负责？

在 *Aion* 一书中，我会提到神圣的上帝所具有的正面及负面的形象。也提到"上帝的震怒"，即《圣经》里十诫当中"fear to God"以及另一条诚命"别叫我们遇见试探"，在《约伯记》中，上帝的残酷及仁慈的形象扮演了极重要的角色，约伯曾经期待上帝能成为他的倚靠来对抗上帝所给他的苦难。在这当中，我们目睹了上帝的矛盾形象。这些便构成了 *Answer to Job*。当然，也有许多外在因素促使我完成这本书。来自社会大众以及病人本身的许多问题，使我认为自己必须更清楚地将现代人所面临的宗教困扰以更清晰的面貌呈现出来。曾经一再犹豫，因为意识到自己可能引起的轩然风波。然而在一切困难里，仍选择面对这些问题，而且发现自己非得由其中寻得一个解答不可。于是我以一种情感经验的形式来解答，这也是整个问题向我呈现的方式。刻意选择这种形式，这是为了避免造成一种印象，即好像是在宣称什么永恒的真理似的。这本 *Answer to job* 纯粹只是我个人的理解感受，而我，希望并且期待能在读者群中引起一些思考。我无意发表任何形而上学的大道理，然而神学家们却以这一点来攻击我。因为他们太惯于处理所谓永恒的真理。当一个物理学家解释某个原子结构，并为之勾画模型时，他也不一定是为了刻意表现某种真理。然而，神学家们并不了解自然科学，特别是心理思考。因此，有关分析心理学的资料以及它的主要事实，都包含了各种经常以一致形式出现的陈述内容里。

有关约伯的一切问题都似乎在我的一个梦里预演过，记得在梦的开始，我去拜访过世已久的父亲。他住在一个不知名的乡间。我看见一幢十八世纪风格的房子，这幢房子拥有许多房间及库房，并且发现它原本是一处温泉胜地的客栈，而且看起来似乎有不少名流雅士皇室贵族曾下榻于此，甚至当中还有人在死后将石棺置于这幢房子的地窖里。而我父亲的工作则是看守这些石棺。

我很快发现，父亲不仅担任着守护石棺的工作，同时也是一位著名的学者——这是他生前不曾享有的事实。我与他在书房相见，奇怪的是另外有两位精神病专家也在场，一个是与我同年龄的博士，一个是他的儿子，不知究竟是我向父亲提出了什么问题，或者是他主动想向我解释什么，反正他由书架上拿了一本厚重的大圣经，很像书房里的那本 Merian 版。父亲手里的书外皮是由发亮的鱼皮所制成的。他翻到旧约部分，我猜想大概是摩西所写的那五卷书，接着他开始解释其中某段经节。由于父亲解经既迅速又博闻熟练，我几乎跟不上他的速度，只能注意到他所说的道理似乎与一般常识相违，我既无法全然了解其中的大意，更无法作任何适当的评断。我发现丫博士也是莫名其妙，不知其所云，他的儿子甚至开始嘲笑起来。他们一致认为父亲不过是老生常谈罢了。然而，我却心里有数，父亲所言绝非任何愚昧的陈词滥调，相反，发现他的博学与睿智的思想绝不是我们这些迂腐幼稚的人所能理解的。父亲似乎全然投入他的思绪里，所以谈话激动有力，他的心里满是智慧的思想。对于父亲必须在我们三个愚钝的听众面前对牛弹琴，我竟然感到遗憾与恼怒。

梦里这两位心理学家代表的是一种狭隘有限的医学观点，不可讳言的是我本身也受到这种思想的影响。他们同时也象征了我的阴暗面——我的阴暗面的第一与第二个版本——父与子。

接着我与父亲出现在这幢房子的门前，在我们眼前呈现出一片树林。突然间，听见巨裂的声响，好像是树干被人砍伐落地的重击声。印象中一直认为至少有两个工人在那儿忙碌着。然而父亲却告诉我那是一种遭魔鬼盘踞的邪恶之林，并且有妖怪在其间活动。

然后，我们回到房子里，发现这幢房子的墙壁非常坚厚。爬上狭窄的楼梯来到二楼，展现在面前的竟是一个因回教君主 Akbar 而著称的会议厅的再版。那是一个圆形高顶的大厅堂，周围都有走廊穿过墙垣，并且有四个桥通往厅堂中央。君主的圆形座椅就置于此地，我看见 Akbar 在这个高起的王座上向他的众臣子及哲学家们发表谈话。这整幕景象就是一幅巨大的曼陀罗图。

在梦里，突然看见由厅堂中央升起一节梯子，通向某一处墙垣。在梯子的尽头是一扇小门。接着听见父亲告诉我："现在，我要带你去拜谒至高君主。"然后，他跪下来，并且叩头在地。我以非常肃穆的心情模仿父亲的动作。但不知道为什么，我的头总是无法碰触到地面。不过，我终于像父亲一样行毕礼数。刹那间，似乎又记得父亲告诉我那扇门，乃是通往大卫王的将帅乌利亚的寝室。《圣经》上记载着大卫曾为了乌利亚之妻拔示巴，而下令其部将在敌人面前背弃乌利亚。

（四）诠释自己

在此，我必须对这个梦作一些注解。梦里最重要的一幕是描述我如何将潜意识的工作加诸父亲身上，而父亲果然全神投入《圣经》里——也许是创世纪吧——并且尝试与我们沟通其洞见的。《圣经》外皮是由鱼皮所制，这鱼皮即象征《圣经》乃为一潜意识的内容，因为鱼本身即是沉默的。可怜的父亲却仍然无法表明自己的思想，毕竟他的听众太愚昧不能理解。

在这项尝试沟通失败之后，父亲与我出现在那片妖怪作法的林子前。妖怪作法这种现象通常都发生在青春期之前的年轻人身上——所以暗示我尚未成熟并缺乏意识。接着那个回教大厅堂也是有来历的，源起于我曾在印度亲身目睹的一幕实景，仍记得那幅曼陀罗图曾深深地震撼我。厅堂中央的王座正为统辖这个世界的 Akbar 大君所拥有，他和大卫王同是万国之君。然而，在大卫王之上却是他的无辜的牺牲者——乌利亚。这个被大卫王抛弃在敌人面前的乌利亚正是基督的预表，因为基督也是上帝所抛弃的神人——"神啊！神啊，你为什么向我掩面？"而大卫王的目的是娶乌利亚之妻为妻。但直到后来我才了解这其中的意义何在，我公开发表演讲讨论在旧约里上帝的双重形象——既仁慈又残酷的问题，所付出的代价是自己受到抨击伤害，使死神从我身边将我的妻子带走。

这一切都在我的潜意识里等待发生。我必须向命运屈服，也许应该迫使自己在行跪拜之礼时做全然的屈从——将头叩地。然而却没有这么做，我的头终究没有全然俯叩在地上。从我的心里有一个声音说道："都很好，但不是全然。"我知道内在有一股反抗的力量——我拒绝成为一条傻鱼：如果在人的身上不曾有这一点自由的意志，那么《约伯记》不可能在基督诞生之前的数百年被人写成。即使是在至圣至高者的面前，人仍旧可以对自己的思想有所保留，否则，他的自由何在？而如果这份自由的意志不能威胁到那位至高者，那么自由又有何意义呢？

凡是知道我的作品的读者可能会由其中得到助益，其他人也许必须读了之后才能有所悟。我的一生就是这些思想作品的成就，彼此之间息息相关。这些作品正是我内在发展的表现，而对潜意识的投注研究则成就了我这个人，并且在身上产生了许多蜕变。我的作品可谓是我生命旅程上的一个个驿站。

我所写的所有东西都可被视为一种源自内在力量所激发成的作品——而这个源头却是一个致命的强制力。由于内在力量的驱使，允许这个力量操纵我所说的话，所写的作品就是对我们这个世代的一种补偿，而我必须说出这些没有人愿意听的话。为此，特别是在早期，我经常感到孤独。知道人们不欢迎，也就无法接受相对于这个意识世界的潜意识的观点与论调。今天，能够获得这么多我所不曾预期到的肯定与成就，这实在是一件不可思议的事。觉得已经尽我一切所能了。不可置疑的是，这个毕生的事业也许更辉煌、更伟大——然而，过多的成就不是我能力范围可以办到的。

（五）死亡边缘

1944年初，我摔断了腿，而后又不幸心脏病发作。在昏迷状况下，濒临死亡的边缘，被施予氧气和药剂救治。那时候，我的意志开始朦胧，并且产生了幻觉。这可怕的景象，不禁令我断定，我已步上死亡之径。稍后，我的护士说："就好像有一团白光笼罩着你似的。"她说，"这通常是一种回光返照的现象。"宛如置身于五里迷雾之中，不知是梦、是幻。总之，一件怪异的事，皆在我身上发生了。

我仿佛腾云雾般，在空中遨游。俯视沐浴在绚烂阳光下的地球。它有着湛蓝的大海和平阔的大陆。平躺在脚下的是锡兰，遥遥相对的是印度。视野虽不包括整个地球，但球体的轮廓，却是清晰可见，在阳光下浸透着银色的光芒。球体中多处不是呈现缤纷的色彩，就是泛着银辉似的边缘。远远的左方，显现一望无际泛着红黄的阿拉伯沙漠，宛如地球的银光，呈现红金色的色调。接踵而来的是红海，而远远被抛在背后的，仿佛是地球左方的最高点，可瞥见地中海的一隅。我全神贯注地看着，其他的景象皆淡然退去。我还见到了覆雪的喜马拉雅山，那里是一片云雾和阴霾。我根本无心观看右方景况，我知道，我已到了远离世界的开端了。稍后，我便领悟出，位于什么样的高度，可以有如此好的视野——大概一千公里吧——由此高度俯视地球的景象是我平生所见中，最壮观的了。

我已经见到孟加拉湾海岸的岩石，黄褐色的花岗岩，有部分已经凿空，形成一殿寺。我伫立于亘大的黑石之上。有一路人，正引我入前厅。路的左方，有一名印度黑人，宁静且忘情地端坐在石椅上。他身穿白袍。我知道，他正在等待我的来临。步入前厅，内侧左方是殿寺的大门。成千上万的壁笼，布满碟状的凹槽，其中置放着椰子油和燃烧的灯芯，透着一环明亮的光芒。当我探访锡兰坎地的圣牙寺时我也曾看过此种景象，大门也是被许多如此模样的燃油灯所照亮着。

进入入口，步入一石室，奇怪的事发生了。我感到不论是看到，还是想到的事物，都在剥落。整个世俗的景象，都在从我身上褪去。这真是一个痛苦的经历啊。然而，终究有些事物被保留下来了。那就是我所经历过的事物或在我周围发生过的事物。

这经历使我感到既贫瘠又充实，不敢再对任何事有所渴求或欲念了。处于客观的形式，我就是过去的种种了。最初，灭亡的意念充斥此中，此刻已被铲除，突然间，一切都变得不重要了。任何事都好像过去了。留下的也只是既成的事实，于事无补。对于曾经遗落或失去的，都不再感到遗憾了。相反的，我拥有了过去的一切，那就是全部。

有些事引起我的注意：当我进入此殿寺的时候，已确知将进入一间悬着灯彩的房室，并遇到一些人，对他们而言，我绝对是真实存在的。在那里，终究可明白并确知我自己或我的生命，与历史的关联，并可得知过去与未来的种种，及生命将来的动向。我的生命，就如同是一段没有开始也没有结束的故事，仿佛只是历史上的断编残简，前后皆已漏失不清了。生命只是一长串事件中的片段，掺杂着许多没有解答的问题。为什么有此历程？为何有此特殊的臆测？我又是怎么造成它的呢？我肯定，只要进入石室，就可马上得到答案。在那里，我可得知每件事的缘由。在那里，我可遇到可为我的过去和未来解答的人。

当我正在思考这些事情时，有些事发生了。在欧洲方向的下方，有一影像浮现，他是我的医生，H医生，他的形貌或他本人，可能是由一金色的链条或光环所形成。但是，现在他却以原形出现，就如同柯斯王一般，其生命就是王者的化身。

那是在生命之初，就已存在的了，现在他正以原形显现。

虽然，我并未仔细观察，但我理所当然地认定，我大概也正以原形出现。当他站立在我面前时，我们彼此无言地交换思想。H医师也代表了全地球的人类，传递给我一个讯息，告诉我，他们抗议我的离去。我没有权利离开这个世界，现在必须回去。在我听到这席话的那一刻，我的幻象停止了。

我深深地感到失望，因为一切都已化成乌有，但这痛苦的降落过程已然成空,不允许我进入这个殿堂去加入那群本该属我的伙伴群里。

事实上,当我未能真切地决定再活下去之前,三个礼拜已悄然逝去。因为排斥所有食物,我根本无法进食。由我病状所见此都市和群山的景象,就像是上头附有黑孔的彩色布幕,或是布满照片的新闻报纸上所撕下的纸条,对我来说,俱都是没有丝毫意义的。

(六)确认命运之路

我对我的医师产生强烈的敌对情绪,是他把我带回这个世界的。同时,我也替他担心。他的性命正在危险中,愿老天保佑吧。他已在我面前,现出原形。任何人若呈现出原形,就表示他快要死了,因为他已属于伟大的一群了。突然间,一个可怕的念头浮现在我脑中,H医师快要死了。我竭尽所能地去告诉他这件事,但是,他却不能明白。然后,我开始对他生气。"为什么,他总装做不知道他是柯斯王呢?而已经现出原形了呀?他希望我相信,他并不知情吗?"他如此的行为,激怒了我。我的妻子责备我,对他太不友善了。她是正确的,但是在那个时候,我气他固执地否定掉我们在幻境中所发生过的一切。我深信,他的生命正在急难之中。

事实上,我是他最后一名病患。1944年4月4日——我仍然清楚地记得这个日子——自从我生病以来,H医师第一次经我允许,坐在我的床沿上,也就在这同一天,H医师被送入他的病床,而且再也没离开过。我听说,他高烧不退。很快的,死于败血症。他是位好医生,在某方面,称得上是一位天才。然而,他再也不会如柯斯王子一般出现在我眼前了。

那几个星期中,我活在一个奇怪的节奏下。每一天,我都感到抑郁不欢,感到既虚弱又胆怯,无法振奋起来。我伤心地想:"现在我必须回到那个黄褐色的世界。"傍晚左右,我陷入睡眠,直到半夜醒过来。在一个截然不同的情况下,大约醒后躺了个把钟头。我宛如又在幻象之中,感到飘浮在空中,好像在天地之间已经是非常完美的了。当我感到极空虚之际,心中也充满了最大的欢乐。我想:"这就是永恒之福。"真是太神妙了，以致我无法以笔墨来形容。

　　在经历过所有的事后，我感到困惑。在今晚此刻，护士替我带来一些食物，并叮咛说只有在我能够吃，并有胃口吃的情况下，我才可以吃。有时，她看来就像是一名老犹太女人，当然比她实际年纪还老些，她准备了些宗教上允许的食物给我。当我看着她的时候，发现她头上好像罩着一团蓝光。我好像置身于举行太夫若斯和梅儿柯丝婚礼的石榴园，派尔的斯乃曼尼中。或者就是罗伯塞门炯克，直到死后，婚礼仍被人们庆贺着。在犹太礼俗中，它算是一个神秘的婚礼。我无法详述，它是多么的神奇。只是不断地想着："现在这就是石榴园了。这就是太夫若斯和梅儿柯丝的婚礼了。"无法确定，我扮演的是哪一个角色。事实上，它就是我，我就是婚礼。而我的幸福，也就是婚礼的幸福。

　　石榴园逐渐退去，而转换成耶稣的婚礼，婚礼依耶路撒冷的宗教习俗所装饰着。在那里有不可名状的喜悦，天使和光明乍现，而我本身就是"耶稣的婚礼"。

　　方才的幻象又逝去，取而代之的又是一个新的幻象，这是最后一个了。我走上一处山谷，层层山丘叠起。山谷的尽头是一处圆形剧场，它雄伟地矗立在山水之间。在这剧场内，好戏正在上演呢！男女舞者在舞台上起舞，如同《依里亚德》中所描述的，宙斯和海勒在缀满鲜花的床上，完成了婚礼。

　　所有的经历都是辉煌的。每一夜，都陶醉在最单纯的幸福当中。通常，幻象约持续一个钟头，我又再度睡去。直到天将破晓时，才醒来。灰沉沉的早晨再度来临，灰沉沉的世界及它有际的空间，也跟着来了！多么愚昧，又多么乏味。和这个可笑的世界相形之下，那些内在的世界显得多么神奇、美丽。对我来讲，在进一步深入生命的本源时，他们却模糊了，并在离第一次幻象三个星期后，全部停止了。

　　在幻象的过程中，我很难描述这份美和情感。他们是我毕生经历中，最宏伟的了。相反，在这些日子里，我饱经折磨，坐立不安，每一件事都令我烦躁，事事都显得太世俗、粗陋、俗鄙，无论在空间或精神上，都有严格的范围，如同身困牢狱一般。

　　我不是一个想象力丰富的人，我绝对无法想象出这些经历。这些幻象和经历是千真万确的，并非我主观的认定，而是确实有其客观的存在意义。

我们已远离了"永恒"这个词，但我能描述这个经历，只因此无时间状态下，现在、过去和未来都是一体。时间洪流中所发生的每一件事，都被融合为一体。没有一件事散诸时间之外，也没有一件事，可由时间概念来评估。对于这个经历，最好的定义是一种感觉状态，但这是一种常人无法想象的经历。我如何能想象，同时存在于前天、昨天和后天呢？有些事是还没发生，但有些事是已发生，而有些事根本已成过去——这整个是一体的。唯有以感觉来理解这一切，这个整体，包含了对未来的期望，对现在所发生事情的惊讶，及对过去事件所感到的满意或失望。这一切交织成一个不可言之的整体，并可客观地观察它。

而后，我再一次历经了这种客观性。那是我妻子过世以后，在一个如幻境般的梦中，我看见了她。她站在离我有段距离的地方，直逼着我看。她非常年轻，三十岁左右，穿着数年前，我那个媒人表妹替她做的洋装。这可能是她一生中穿过的最漂亮的一件了。她的表情，既不快乐，也不悲哀，反而非常理智，也没有一丝的情感反应，就像她正处于恍惚的意志中。我知道，这并不是她，而是她所塑或为我定做的塑像罢了。它包含了我俩关系的开始，及五十三年的婚姻关系，也是她生命的终结。

病后，一段充实的工作时期开始。我的许多主要的好作品，就是在那时完成的。所有的观点和幻境中所得的一切，足以使我对事物有新的认识、评估，我不再期望其他人能接受我的观念。然而，问题仍是一个个接连而来。

病中，我也体认到另外一些事。这是对事物的新观点：一个绝对的"是"，并不包括主观的异议——我们观察、了解并接受这种存在的情况，我们需要接受这个宇宙，因为我们拥有它。在生病之初，我感觉到我的态度有些不对，而且，我必须对这不幸负起一些责任。但是，当一个人一意孤行，或当一个人只生活在自己的方式中时，他也必会因此而犯下一些错误——有些事物，在生命中是不可残缺的。没有谁能保证在任何时刻我们都不会在致死的危难中，犯下任何错误。我们想，必定有一条确定的路可行。但是，它可能就是死亡之路。那么，再也没什么事会发生了——无论如何，不是正确的事。每一个人，选择正确道路，同时也选择了死亡之途。

直到病后，我才逐渐了解到，确认自己的命运是多么重要。在人生路上，未崩溃之前，我们都徐徐而进，当有不可理喻的事发生时，有一个自我将出现，并忍受这个事实，而它也可以克服这个世界和命运。那么，经历失败的同时，我们也尝到了胜果。没有任何事是动摇不定的——无论里、外，因为每一个人，都必须要经得起生命或时间中的各种波涛。但只有不受命运的摆布，我们才能超脱。

并且，我也了解，我们必须接受这种观念，生活中所发生的林林总总，都是真实生活中的一部分。当然，虚虚实实的事，总是会发生——但是因为他们不受限制，很可能会再度发生。思想的产生远比主观的评断要来得重要。但是，我们也不必去压抑这些评断，因为，他们也是我们思想中的一部分。

二 人类心灵

　　我在布尔格斯力担任了九年的实习医生。当时的兴趣和研究重心完全放在一个主题上："到底精神病患者的内在变化是什么？"对于这个问题，我一无所知，我的同事当中，也没有任何一个人有兴趣去了解。大半任教精神病这门学科的教师根本就不在乎病人想说的话，他们只关心如何去做诊断，如何描述病症以及收集统计资料。以当时权威性的临床观点看来，病人的性情人格及其个别性完全不重要。相反地，你会发现医生手里所握有的关于某个病人的资料，只是一连串又臭又长的诊断和一大堆症状的细节描述。病人一经诊断，立刻就像是被贴上标签，盖上印章似的，之后，就算了事。精神病患者的内在世界从来就不曾受过重视。

　　就这点而言，弗洛伊德对我的意义显得格外重大，特别是他在歇斯底里症以及梦的解析这两方面所作的基础研究。他的许多观念引导我在作个别病例研究时进行更深刻的调查和了解。虽然他本身是个神经学专家，却将心理学引介到精神病理学来，至今我仍依稀记得当时非常吸引我的一个病例。有一位年轻的女士因"忧郁症"住进医院里来。院方对她所进行的不外乎是调阅过去的病历资料，做各种测验、生理检查，诸如此类，检验的结果是"精神分裂症"。诊断书上同时预测她的复原可能性不大。

　　这个女病人正好在我们这个部门。刚开始时，我不敢对诊疗结果作任何怀疑。当时不过是个初出茅庐的年轻医生，根本不敢鲁莽地提出其他诊断。可是，一直对这个病例感到奇怪。根据我的想法，她只不过是普通的沮丧，根本不是精神分裂症。于是我决定应用自己的方法来进行治疗。我当时正致力于联合诊疗的研究，所以就对这个女病人做了一个实验。借着这个方法，得以发觉了她的过去，这是原本诊断所忽略的一点。我直接由她的潜意识里得到了所有资料，通过这些资料，揭开了一个隐藏的故事。这个女病人结婚之前曾经结识了一个富家子弟，当时许多住在附近的年轻女孩都对他倾心不已。由于她天生丽质，因此，她笃定这个金龟婿非她莫属。不过，后来显然这个富家子弟对她没有太大兴趣，所以她就嫁给了另外一个男人。

婚后五年，有一天，她的旧识女友来，两人叙及过去种种，她的好友突然告诉她："你知道吗？当你结婚的消息传出时，那个某某先生真是晴天霹雳般大吃一惊呢！"当然某某先生正是那个她所暗恋的富家子弟。听完这句话，她陷入极大的沮丧里，就在两个星期之后，另一件可怕的事情发生了。由于住在乡间，当地水源卫生条件并不理想，他们的饮用水来自山泉，而洗涤则使用河里受过污染的水。有一天，她正在为四岁的女儿和两岁的儿子洗澡，发觉她的女儿正拿起洗澡用的海绵塞进嘴里猛吸，可是她竟然没有阻止她。不但如此，还拿来一杯不干净的水给她的小儿子喝。当然，这些举动也可能是她潜意识或者半意识里所表现出来的，因为她当时的内心已经被初期的阴霾所笼罩住了。过了没多久，她的小女儿因感染伤寒而夭折。这个孩子一直是她最钟爱的，就在那个时候，她的沮丧也达到明显的阶段，于是被送进疗养院。

通过进行联合诊疗试验，我得到了许多有关这个秘密的细节，而且也了解她何以成为一个没有人知道的女凶手。很明显，这正是她所以沮丧的原因。基本上，她的病例并非所谓的精神分裂症，而是一种归结于心理因素所引起的不安。

那么接下来，应该如何着手对她进行治疗呢？当时，她一直在服用镇静剂以克服失眠症，而且她曾经几次自杀未遂。但除此之外，并未接受任何其他治疗，就生理状况而言，她健康如常。

至此，我面临了一个问题：是否应该坦白地向她说明一切？并采取治疗的行动？我从来没有处理过任何类似病例的经验，何况又必须顾及身为一个医生的职责。良心不断地困扰着我，而我则必须单独来解决这个问题。如果向同事们请教意见，他们很可能会这么警告我：

"看在老天爷分上，你千万别把这种事情告诉她，否则她会疯掉的。"但是我却认为事情也很可能有一百八十度转机。一般来说，在心理学上根本没有所谓的法则存在。一个问题可以有各种不同的解释，而且一切都取决于潜意识因素的介入与否。当然我也清楚自己所冒的险：万一病人情况恶化，我也脱不了干系。

然而，最后我还是决定孤注一掷。我将诊断结果一五一十地告诉了这个病人，其中的过程和困难真是可想而知。要断然控诉一个人为谋杀凶手并不是件平常事，而要你的病人静心听完这个消息并且接受这个事实，则更是件悲哀的事。但是结果却出人意料，在两个星期之后她的病况有了好转，而且从那之后，她再也没有进过疗养院。

后来我一直对这件事缄默其口，连对我的同事也没有提起，这其中包含了许多其他因素。担心他们讨论此事会引起法律问题。当然不会有任何证据对我的病人不利，但是这种讨论很可能给她带来不幸的后果。命运对她的惩罚已经够了。我认为更重要的是她应该重新生活并且为过去赎罪补偿。当她从过去的罪的负担中解脱出来之后，就永远不需要再去背负了。失去一个孩子对她已是太重的打击，在历经沮丧的过程中以及那些监禁在疗养院的日子，她已经付出偿罪的代价了。

（一）第一次心理分析

在许多精神病例中，病人总是隐藏着一个鲜为人知的故事，一个从来没有开口提及过的故事。对我来讲，真正的治疗必须由彻底了解病人最隐私的这个故事开始。这是病人本身的秘密，也是他的致命伤。如果能了解到这个秘密，就能掌握治疗的关键。医生的职责正是去挖掘这个秘密。在许多病例中，光是探索病人在意识范围内的资料是远远不够的。有的时候联合诊疗很可能指引一条化解之路，同样，梦的解析以及长期耐心和病人的直接接触也都可能另开生机。在诊疗过程中，问题主要仍在病人身上，而非单在症状上，我们必须提出任何对其全部人格具有挑战性的问题。

1905年我担任苏黎世大学精神病学讲师，同年，也成为当地"精

二
人类心灵

神病诊所"的主治医师。任职约有四年之久。在 1909 年我因为全心致力于个人的研究工作而不得不辞去这个职务。直到 1913 年才结束学校的教职。我所教授的课程除了心理病理学之外，还包括弗洛伊德的基本心理分析，同时，还有 Psychology of Primitivism。在第一学期的课程里，我大半讨论的主题是催眠以及 Janet 和 Flournoy 的主要学说，接下来，弗洛伊德的心理分析才上场。

在有关催眠的课堂上，通常会引介病人到学生面前，并且对病人的个人背景资料作一番详细的调查，其中一个病例印象非常深刻：有一天，一个显然具有强烈宗教倾向的中年妇女在女仆陪伴下拄着拐杖出现在我的诊室。她五十八岁左右，而且左脚罹患麻痹症达十七年之久。我让她坐在一张很舒适的椅子上，然后请她将一切告知我。她开始一五一十地叙述整个生病的经过以及所受的痛苦。最后，我打断她："好了，现在没有时间再多说了，马上要将你催眠。"

当我说完这几个字，她竟然立即闭上双眼进入了非常之睡眠状态，而我根本还没进行任何催眠程序。对于这一点，我百思莫解，但并没有去探究其中原因。接着她滔滔不绝地叙述一切，甚至还透露了好几个奇怪的梦。但一直到多年之后我才了解这几个梦正代表着她潜意识的内在经验。当时我把她的病情认定为一种精神错乱。而现场的情况似乎越来越难控制，尤其是面对在场作观察的二十个学生。

半个小时之后，我想使她从催眠状态中清醒过来，但她却似乎拒绝合作。我开始紧张起来，以为自己很可能在无意误入了一个潜伏的精神状态里。花了约十分钟才把她弄醒。在整个过程里，不敢让学生察觉出我的紧张。待她醒过来，发觉她显得相当迷惑。我告诉她："我是医生，你没有什么大碍了！"结果她竟然大叫："我好了！"接着把拐杖丢掉，在我们面前一步步走起路来。我非常尴尬，红着脸告诉学生"你们瞧，这就是催眠的功劳！"可是坦白地说，我根本不知道那个奇迹是怎么发生的。

也就是因为这几个相关的经验使我放弃了催眠法。真的不了解究竟怎么一回事，但是那个女病人果真痊愈了，而且神采奕奕地离开。我要求她继续保持联系，我认为最迟二十四小时之内，她可能再度发作。我一再怀疑，但她的病已不再复发，我只能接受她已经完全康复的事实。

在事发之后第二年的暑期第一次上课时，她又出现了，这一次对我埋怨说最近她的背常常疼痛。很自然地，是问这是否和我的讲课有关。也许她事先在报纸上看到我的授课消息。我向她询问这个病痛发作的原因和时间，但她却无法告诉确切的答案和解释。最后，我猜想——她背疼一定是从在报纸上看到我授课的消息那一刻开始发作的。确定了这一个假设，但是对于那一次奇迹似的康复却仍然不解。我再次将她催眠——也就是说她又立即进入了昏睡状态。——后来，她的背就不再疼痛了。之后，让她在我演讲结束时留下来以便了解更多有关她的过去。结果发现她有个精神衰弱的儿子就住在我们医院里。对这件事我全然不知情。因为她用的是第二任丈夫的姓，而孩子却是她和前夫所生，这是她唯一的孩子，当然，把一切希望都寄托在他身上，不幸的是孩子年纪轻轻的就患了精神病，而在当时，我也只是个年轻的医师，对她来讲，代表的正是她对儿子所寄望的成功。那种强烈成为一个成功者母亲的渴望终于落实在我身上。最后，她收我为义子，而且大大地宣扬了我治愈她病痛的奇迹。

事实上，建立我在当地医生名气的不是别人，正是这位女士。是从她将事情宣扬开了之后，我就私下收了许多病人。而我的心理治疗，竟然是由一个把我认成她儿子的女人开始的。当然，后来我将这件事分析给她听，她接受了这项事实，而且她的病也没再复发过。

这就是我第一次治疗的经验——应该说，第一次心理分析，仍清晰地记得和这位女士的交谈对话，她是个非常有智慧的女人，对于我慎重地处理她的病情以及在其中对她们母子所表现的关怀，她表示出非常之感激。这对她真的是帮助很大。

刚开始收病人的时候，仍然采用催眠法，但过了不久，就完全放弃了，因为使用催眠只能叫人在黑暗中摸索。你永远都不知道病人病况的进步和进展会持续多久，而且在这种没有把握的不定的情形下，我也常感到良心不安，也不喜欢单独决定病人应该怎么做，我真正关心的是如何从病人最自然的发展里获取更多的资料。因此，必须更小

二 人类心灵

心地分析他们的梦，以及由潜意识里所表现出来的行为。

（二）联想试验

1904—1905 年间，我在精神诊所成立了一个心理病理学实验室。当时有好几个学生一起做心理反应（也就是联想）的研究，和我合作的同事有法兰兹和李克林，鲁克实范克当时正在写他那篇有关心理反应实验的博士论文。我则发表了一个报告《对事实的心理诊断》。同事当中，另外还有几位美国学者，包括弗得烈、派得森、查理士和瑞克雪，他们在美国杂志上发表论文，也就是这个实验计划使我后来受到克拉克大学的邀请专门前往客座讲演。弗洛伊德同时也受邀，我们两人同时获颁荣誉法学博士学位。

由于"联想试验"以及"肤电反应"这两项试验奠定了我在美国的声望。很快，有许多病人从美国来找我。有一个美国同事介绍了一个病人。他随身带来的病历上写着"酒毒性神经衰弱"——诊断栏里则写着"康复无望"。我的同事同时还向他推荐了另一位住在柏林的官能症的权威医师。原来是他担心我的治疗可能不会有太大效果。

于是我见到了这个病人，和他一席谈话之后，发现他患的只是普通官能症，并给他做了联想试验。终于，我了解了他的症结所在——可怕的恋母情结。他来自一个富裕而显赫的家世。拥有一个可爱的妻子，就物质生活而言，没有一丝一毫的忧虑。唯一的问题就是酗酒太过。而酗酒只是他拼命麻醉自己忘掉所受压力的一种尝试。显然，这招不太管用。

他的母亲拥有一家非常大的公司，他担任一个重要职务。尽管才华横溢，却难以摆脱母亲所带给的压力，而且他也着实抛不下这个令人羡慕的职位。因此只好听任母亲摆布，任其干涉他的工作。每当这种情形发生的时候，他只得靠酒精来发泄情绪。

在经过很短的一段治疗之后，他戒掉了酗酒的习惯。不过我告诉他"如果你回到美国，面临原来的情形，我无法保证你不再发作。"他并不相信我所说的话，然后神采奕奕地回到美国。

一旦再度面对母亲给他的影响时，他的毛病又犯了。不久，他的母亲到瑞士，并且主动要求和我见面。她是个相当精明干练的女人，而且果然是个权力欲十足的魔鬼。我终于了解到他必须承受的一切，以及为什么他根本没有反抗的力量。甚至在身材的比较上，瘦小的外形都不是他母亲的对手。因此当场我就决定进行强制性压迫，我瞒着他将一份医生证明交给他母亲，证明书上说因酗酒过度无法胜任目前的职务。甚至建议他母亲免除他的职位。他母亲欣然地接受了建议，而他则对我火冒三丈。

　　在这儿，我所采取的做法是不会被一般人所接受的。对很多人而言，我根本就是个不道德的医生。但是为了病人着想，不得不出此下策。

　　后来的发展怎么样？离开他母亲之后，他的个性终于得以发展出来。后来事业大有所成——也许正因为我所给他的激将法。他的妻子非常地感激我，因为她的丈夫不仅克服了酗酒的毛病，并且在个人的事业上迈出了成功的第一步。

　　然而多年来我却一直对他抱着一丝歉疚，为了那张瞒着他所开出来的医生证明。但我了解他确信那是唯一使他解脱的方法。而事实上，一旦他挣脱了这些束缚之后，他的官能症毛病自然就无疾而终了。

　　在从事这门工作多年的经验里，我一直惊讶于人们对于潜意识犯罪的内在反应。毕竟，那个年轻女士一开始并未意识到她自己扼杀了亲生孩子的事实。然而，她却陷入到极度的罪恶感之中。我曾经处理过一个难忘的类似病例。有一位女士来到我的办公室，她不愿意透露姓名，说她只准备向我讨教一次。很明显，她来自上流社会而且自己曾经当过医生，而沟通的却是一份告解自白。大约二十年前吧，她说为了忌妒和占有，曾经谋杀了她最好的朋友，目的是要嫁给这个好友的丈夫。当时以为只要事情不败露，她就永远不会不安。因为要得到这个男人，唯一的法子就是除掉她的好友，而且当时完全没有考虑到道德上的问题。

　　而结果呢？她的确如愿以偿地嫁给了这个男人，但不幸的是，他在婚后不久就英年早逝。接着，发生了许多事情。她的女儿不仅早婚而且迫不及待地想要离开。最后，她终于和女儿完全失去联络。

这位女士本身非常热衷骑马。她拥有数匹心爱的好马。有一天，发觉这些马突然在她的驾驭之下变得急躁不安，甚至猛烈地将她摔了下来。最后，她只好放弃骑马。她也曾拥有一只非常俊美的狼犬，可是，好景不长，这只狗却突然中风，至此，她深感自己受够了良心的谴责。她非得找个人告解，于是，她才找上我。她曾谋杀了别人，同时也谋杀了自己。任何犯下了如此罪孽的人也等于毁了自己。如果一个人犯了罪被逮到，他必须接受法律的制裁，如果没有被人发觉，也仍旧会受到良心道德的谴责。这位女士就是个好例子。事情终究会有结果——毕竟抬头三尺有神明。

犯罪的结果终于使她陷入极度的孤独中。甚至连心爱的宠物都遗弃了她。而为了摆脱孤独，她只有这样才能重新找回人性，而这个人必须是医师，而不是职业性接受告解的人。对于后者，她还必须考虑对方的道德或法律上的顾虑。她已经被心爱的女儿和宠物所遗弃，更默默地承受了良心的判决。终于，再也忍不下去了。

后来一直查不到她的真面目，也没有任何证据可以证明她所说的一切是真实的，有的时候我会问自己，她后来怎么样了。毕竟来找我告白，并不是她生命之旅的结束，也许她被迫自杀了。我无法想象她如何可能在那样的孤独当中活下去。

（三）病人的故事

临床诊断能帮助医生决定一个确切的方针，但对病人却没有什么帮助。最重要的仍是病人的故事。因为这个故事同时显示了人性的基本极其痛苦。而也只有在这点上，医师才能开始实施治疗。有一个病例深深地证实了这点。

这个病例发生在一个女子监狱的老犯人身上。她大约75岁，已经卧病长达四十年之久。早在五十年前就来到这所监狱了，但没有人记得当初她是如何入狱的，因为和她同时来的人早就不在人世。只有一个在这儿工作了近三十五年的护士长，还记得一些有关她的事情。这个老女人已不能说话，而且只能吃流质或半流质的食物。她用手指吃饭，任由碎渣从口里掉出来。有的时候要花上两个钟头的时间才能喝完一杯牛奶。而不吃东西时，她会用双手和双臂做出奇怪、规律性的动作。我从不了解那些动作有什么意识。我能够了解精神病所带来的摧毁程度，但却无法对她的行为作任何解释。在我发表临床演讲的时候，常常把她作为精神分裂症的一种紧张症状的代表。这对我却不具有任何意义，因为我仍旧无法通过这些去了解她所发出的动作其中的含义。

对于这个病例所拥有的印象，正好说明我那个时期对精神病的反应。在我做助理时，对精神病理学所代表的意义根本不了解。每当我的领导或是同事表现出十足的信心时，我就觉得很不自在，因为好像在黑暗中茫然地摸索，认为干我们这一行最主要的工作应该是去了解病患的内在世界，然而，我却从事一门自己都找不到出路的行业。

有一天夜里，我正好走过监房，结果看到那个老妇人又在重复着那些神秘动作，于是再度自问："为什么她非这么做不可呢？"我禁不住跑去问那位老护士长，是否她从一开始就是这种情形。"不错！"她告诉我，"不过我的前任同事跟我说，她从前是做鞋子的。"接着我又调阅了她所有的资料，这才发现里面有张条子记载着她的确有模仿鞋匠动作的习惯。在过去，鞋匠总是习惯于把鞋子夹在双腿膝盖之间，然后用针穿线缝制皮面，就像这样的动作！后来在这个老妇人去世的时候，在她的丧礼上见到她的弟弟。"你可知道你姐姐为什么不正常吗？"我问他。他说她本来深爱着一个鞋匠，结果不知为什么对方对她没有那种意思。后来，姐姐在被拒绝之后就疯掉了。她之所以有这样的动作，完全是一种对旧日情人的一往情深，甚至到死都念念不忘。这个病例使我第一次对于精神病人的心理背景有了更深一层的认识。我第一次了解到精神分裂者的语言原来并不是全然无意义的。1908 年我曾经在苏黎世发表了一篇演讲论及有关一个名叫 S. 芭贝特的病人的病例。

这名病人在苏黎世旧市区的几条又脏又乱的街道长大，那是个极其穷困的险恶环境。她的父亲是个酒鬼，她的姐姐是个妓女。到了 39 岁那年，她得了一种偏执性的精神分裂症。当我看到她时，已

二 人类心灵

经在精神病院里待了快二十年了。她一直是医学院学生研究的示范对象，在她身上能看到一个最典型的精神分裂和极不可思议的过程。芭贝特是完全的精神错乱而且常常会说一些没有意义的"疯语"。我曾经花费了好大心力，企图去了解那些深奥的语言。比如说她会冒出一句"我是萝若莱！"，原因是每当医生们在研究她的话时，都常说："我不了解这是什么意思？"或者，会悲叹道："我乃苏格拉底的代表！"这句话根据我的猜测可能是说："正如苏格拉底一样，我也遭受了不白之冤。"有时候她也会莫名其妙地来一句，"我是无可替代的超级大师！""我是玉饼里的上层葡萄。""我是德国与瑞士最甜的奶油。""那不勒斯和我必须供应这个世界足够的针。"这一切都透露了她自卑感的补偿作用。

芭贝特以及其他相似的病例，使我深信许多认为没有意义的话实际上并不然。我不止一次地发觉，甚至在这样的病人里，我们也可以找到一种所谓"正常"的个性。而它偶尔也会通过声音或是梦来表现出有意义的语言。当生理疾病陆续产生时，它甚至会由幕后移至幕前，而且使病人看起来几乎完全正常。

有一次，就碰上了一个精神分裂的病人，这个妇人很明显地拥有这样的"正常"个性。她这个病已经是没有治愈的希望了，毕竟每个医生都会有这种没有救的病人。她说可以听到她的整个身体发出的声音，而且有一个从胸膛里出来的是"上帝的声音"。"我们一定要好好地信任这个声音。"我这么告诉她，同时也对自己的勇气感到吃惊。结果这个声音常常表示合理的意见，通过这个声音的帮助，我和病人关系处得非常融洽。有一次"声音"说话了，"让他考考你的《圣经》常识吧！"于是她找了一本相当老旧的《圣经》，每一次我去看她时，我都必须指定一段章节给她读，然后下一次我就得考她，每隔两周一次，从不间断地持续了七年。刚开始，我对于扮演这个角色感到很畸形，不过，终于了解到这其中所包含的意义。事实上，通过这个方法，她的注意力不断保持机警，如此一来，她就不至于陷入更深的分裂状态中。结果，六年之后，那些原本无所不在的声音只存于她的左半身了，她的右半身至少已经不受其束缚了。而且并没有因此使她左半身的压力增加，情况依旧维持和以往一样。由此看来，我们可以说她的病好了一半。这是在当初根本没有预料到的，任何人都无法想象那些背诵经节的练习竟然会达到治愈的效果。

通过对病人的研究，我了解到偏执狂的想法和幻觉包含了一种根本的意识。一个精神病的背后，可能包藏了一个个性，一段故事，一些希望和欲念。如果疏于了解这一切，那么过错便在我们。突然之间，我才明白一个人的普通心理是隐藏于其精神状态中的，而且，就在这儿，我们面对的仍旧是一些人性的冲突。也许病人表现出来的是迟钝、冷淡，或是全然痴呆，但在他的内在世界里，却有更多更有意义的反应在进行着，我们终究将面对人性中最赤裸的一面。

（四）精神病患者的内心世界

待在诊所的那段时间里，每当处理精神分裂症的病例之时，我都必须特别慎重，否则就很容易掉入空想的陷阱里，精神分裂症在当时被视为一种无法治愈的病，所以如果有人病况有了进展，那只表示他患的根本不是精神分裂症。

1908 年弗洛伊德到苏黎世来看我，我曾把芭贝特的病例实地示范给他看过。后来，他告诉我："荣格，你知道吗？你在这个病人身上所得到的发现的确相当有趣。可是，老天爷，你怎么可能受得了花这么多时日来面对这个异乎常人的丑女人？"我想当时我的脸色一定不太好看，毕竟从未这么想过。就某方面而言，我一直视芭贝特为和蔼的老人，因为她常常会拥有一些可爱的幻想，也会说出一些很有趣的话来。而且，不管怎么说，即使在不正常的状态里，仍然有一种人性从荒谬的言行中显露出来。事实上就治疗效果本身而论，芭贝特的情况一直也没有什么转变，毕竟她已经病得太久了。但是我的确在别的病例上发现这种恳切的倾听对病人所产生的治疗效果。

单就外表观察，精神病患者所呈现出来的是他们悲剧性毁灭的一面，我们极少有机会看到隐藏在他们内心的另一面。特别是在我遇到了一个有紧张症倾向的年轻女病人之后，更感觉到外在常常是不真

二 人类心灵

实的。这个病人只有 18 岁，并且来自一个颇有教养的家庭。不幸的是在 15 岁那年，曾经受过她哥哥的诱感，被另一学校同学强暴，于是从 16 岁那年起，她开始完全封闭自己，拒绝和任何人沟通，后来，她和外在唯一的情感上的接触竟然是一只她从别人家硬抢过来的凶狗。到了 17 岁，变得更奇怪了，家人只得将她送到精神病院里待了一年半。她会"听到"一些"声音"，也常拒绝吃饭，而且保持全然的沉默，我第一次见到她时，她正处于一种非常典型的紧张症状中。

过了好几个星期之后，我渐渐地诱导她开口说话。经过克服许多的抗拒之后，她终于告诉我，说她其实一直住在月球上。这个月球似乎是可居住的，而且一开始只能看见男人。这些人立刻把她带到一个只有妇孺居住之处。因为在月球某一处的高山上住了一个吸血鬼专门绑架杀害妇孺，所以，月球人正面临绝种之危机。

我的病人决心为月球人尽一份心力，她计划除掉这个吸血鬼。经过很长一段时间的准备，她终于看到这个怪物像只大黑鸟似的向她靠近。她将一把锋利的刀预先藏在衣袍里，等待吸血鬼的到来，突然之间，它就立在她眼前，这个怪物身上有好几对翅膀，它的脸和身子都完全隐藏在翅膀之后。因此，除了羽毛，什么也看不见。在惊奇之余，她极好奇地想一睹怪物的庐山真面目。手抚着刀，逐步前进，刹那之间，怪物的翅膀全部张开，出现在她眼前的竟是一个绝世美男子。他用力将她抱住，使她动弹不得，无法挥刀。而且，她也如中邪般地被这个吸血鬼的外表所震慑住。结果，他带着她一起飞离了地面。

在她向我透露这个异象之后，又能再度自由地开口说话了，但同时，也表现出内在的抗拒，就好像我阻止她回到月球似的：无法再脱离地球。她说这个世界并不完美，而月球上的生活却有着非常丰富的意义。过了不久，她又饱受紧张症之苦。我又只得将她送回疗养院，有一段时间，她疯得相当严重。

两个月后她离开了疗养院，我又再次得以和她沟通。她渐渐意识到地球上的生活是她无法逃脱的。她奋力地挣扎，但无济于事，我们必须再次把她送回疗养院。我告诉她："这一切都是枉然的，你再也无法回去了。"她默默地以一种冷淡的表情接受了命运给她的安排。

过了一阵子，她在一个疗养院里找到了一份工作。院里有一个助理医生好像紧紧追求过她，结果她用左轮枪给了他一枪。幸好，他只受了点轻伤。而事实却证明她竟然身上带着一把枪到处跑。还曾经亮过这把上了膛的枪。在我为她进行最后一次治疗时，终于把枪交给我，当我惊讶地问她为什么身上要带枪，她说："如果你没有把我治好，我早就给你一枪了。"

有关枪击事件烟消云散后，她回到故乡，结了婚，生了几个孩子，活过两次世界大战，而且，亦不曾再发过病。

通过对这些幻象的解析，我们得到了什么？这个女孩因为受到亲人的侮辱，而觉得无颜再面对世人，但是，她却在幻想的世界里超脱了一切束缚。她早已被提升至一个神话的国度里，毕竟近亲相奸实为王室贵族的特权。而这样的结果就是一种对外在的隔绝——这也是一种精神病。于是，她超越现世而与实际失去了沟通。她投入了一个宇宙的空间，并且在其中遇到了那个有翅膀的怪物。事实上，在后来为她治病期间，她曾将这个怪物投射在我身上，使我的生命一度受到她的威胁，因为我曾劝她重新再过一个正常人的生活。

当她把月球的幻想告诉我时，她也终于背弃了这个魔鬼，并将自己委托于活生生的人类。也正是因为这样，她才得以回到现实，甚至结婚生子。

在那些经验之后，我开始以一种不同的角度来面对这些精神病患者，因为我终于得以洞晓其内在世界的丰富和重要性。

（五）心理医生的自我分析

经常有人向我请教心理治疗和分析的方法。而我却无法提出一个明确的答案。每一个病例都有其不同的治疗方式。每当一个医生告诉我，他绝对不采取某一种方式时，我会对他的治疗效果产生怀疑。我们也早就听说过病人会对医生产生抗拒。事实上，心理治疗和分析的复杂性正如同人类个体一般。我尽量对每一个病人采用个别的治疗，因为毕竟每一个问题都有其独特的解决之道，对于一般通用的法则，我们应采取保留的态度。一个心理学上的真理只有在能接受反驳的条件下才是存在的，很可能某一个认为绝对不可能的解决方法，却正是另一个医生寻求的答案。

当然，身为医生就必须熟悉所谓的"方法"，但是却应该避免落入某一种特定公式化的处理方式。一般来讲，医生也绝不该迷信理论上的假设。这些假设很可能只在今天有效，到明天就派不上用场。在我的分析里，理论性的假设是不重要的。我常常会因为动机而变得没有系统。对我而言，处理个别病例的方法需要通过对病人做个别的了解，也需要对每一个病人使用一种特殊不同的语言。比如，在处理某一个病例时，可能用的是艾德勒的语言，而另一个病例，很可能采用的是弗洛伊德的语言。

最重要的一点是我将每个病人视为一个完全独立个体。心理分析是一个需要两个伙伴的对话——也就是分析者和病人要面对面，相视而坐。医生有话要说，病人也是一样。

既然心理治疗的本质不在于方法的应用，那么仅依靠精神病学的研究是不够的。在拥有了一个事实后——除非能真正了解潜伏性精神病患者的象征世界，否则，我就无法为他们治疗。也就是从那时起，我才开始研究神学。

面对知识水准较高，较智慧型的病人，精神病医师单单有专业知识是远远不够的，除了理论性的假设之外，还必须了解一点——病人致病的原因究竟何在，否则，他只会煽动不必要的抗拒。

毕竟，重要的并不是我们能否去验证一个理论，而是病人能否抓住他作为一个人的本质和意义，而这是不可能和集体意识的观念切割的。因此，单有医学训练也是不足的，毕竟人类心灵世界的范围，所能拥抱的要比一个医生诊室的有限空间大得太多太多了。

人类心理很明显地要比生理复杂而且愈发地难以接近、捉摸。因此心理活动不仅仅是一个人，而是一个世界的问题，所以，精神病医师必须面对的是整个世界。

从现今情势观之，我们可以深切了解到威胁人类的祸患并不来自大自然，而是来自人类本身，来自集体或个体的心理状态。

心理治疗专家不仅需要了解病人，同样，也必须了解自己。由于这个理由，心理医生对自我的分析便构成了一项不可缺少的条件，我们称为训练分析。不错，对病人的治疗始于医生，但唯有当这个医生有能力面对和处理他自己的问题时，才能教导帮助病人去解决他们的问题。在进行训练分析的过程中，医生必须学习了解自己的心理状态，并且以严肃的态度来面对自己。如果他做不到，那么他的病人也就无法学习。因此，训练分析所要求的不仅仅是一套观念。接受精神分析者，必须了解到这是有关于自己切身的问题，而这个训练分析是现实生活中的一部分，而不是一个光靠机械性背记就可以得来的方法。凡是没有体会到这层训练意义的医生，就一定会为以后的失败付出代价。

在任何一个完全的分析里，病人及医师两人都同时扮演了很重要的角色。虽然有所谓的"次心理治疗"，在许多情况下，医生只有先投入，才能治好病人。当遇有严重危险的情况时，一个医生究竟是投入其中，或是以权威自居，都会对病人造成很大的影响。在人命关天的当口或是在面临抉择的关键时刻，所谓的建议都并无济于事，倒是医生本人需要接受许多考验。

治疗者必须时刻警惕自己，并且注意自己对病人的态度，因为我们并不单凭意识在表达自己。同时，也应该自问：面对相同的情况时，我们的潜意识又会做何种反应？所以，必须要观察自己的梦，同时集中心力研析自己，正如同对待病人一样。否则，全部的治疗很可能会脱轨。我在下面举一个实例。

我曾经遇到过一个非常有智慧的女病人，她有一百个理由引起我的兴趣。刚开始时，对她所做的分析进行得都非常顺利，但是过了一段时间，发觉对她的梦所做的分析方向不再正确，也发现我们的对话越来越肤浅，缺乏内容。因此，我决定和这个病人坦诚地谈一谈，毕竟她也感觉到逐渐隐现的问题。就在我打算和她谈话的前一晚，我做了一个梦。

在一个午后的阳光下，我正走在一个山谷里的公路上。在我的右手边，可望见一斜坡，在坡顶峰立着一座城堡，在堡塔的顶楼坐了一个女人。我必须要后退仰身抬头才能清楚地看见她。突然我的颈部疼挛了一下，便从梦里醒了过来，但即使在梦中，都能认出那个女人正是我的女病人。

对于这个梦立即得到一个解答，如果在梦中我必须"仰首"望她，那么在现实中很可能我一直都是低头俯视她。毕竟，梦是意识层次里某种态度的补偿。我将这个梦以及解析都告诉给了我的病人。结果我们的治疗情况立即有了改进，原本停滞的瓶颈也最终得以突破。

身为一个医生，必须不断地自问：究竟病人带来的讯息是什么？他对我的意义又是什么？如果他对于我没有一丝意义，那么我根本不必去探索什么。医生本身也必须投入才能使他的治疗在病人身上生效。听人说"只有受过伤的医生才能去医治别人"，万一医师将自己的真性情隐藏起来，那么他的治疗效果就会受到影响，我一向非常重视我的病人。也许也和他们一样遭遇过许多问题。有时，对医生本身的病痛而言，病人本身就是一帖正药。正因为如此，医生也常常遭到很棘手的困难。

（六）潜意识

当然，如果一个人得了神经衰弱症，就应该接受分析治疗。但如果他自己觉得正常，那就没有任何理由这么做。然而，我可以向你保证，我曾经和一些所谓的正常人有过很惊人的经验。有一次我遇到一个完全"正常"的实习学生。他是我的一个同事极力推荐来的，也曾是同事的助手，后来就接管了重要的工作。他拥有一个正常的工作，正常的成就，一个正常的老婆，几个正常的孩子，住在一个正常小镇上的正常房子里，有正常的收入，也许还有正常的饮食习惯。他想成为一个分析家。我告诉他说，"你知道当一个分析家的意义何在吗？就在于你必须先学习了解自我。你自己是治病的工具，但如果你本身有问题，病人如何能接受你的治疗？如果你都没有信心，如何能使他们对你有信心？你必须是真材实料，否则，老天爷，你将会误导你的病人啊！总之，首先，你必须接受自我分析。"

他告诉我说："当然不成问题"，然而他又立即接口道，"可是我没有什么问题可以说呀!"我早就该了解他会这么回答。"好吧,那么我来检查分析你的梦吧!""可我从来不做梦呀!""很快你就会做的"我回答。任何人都很可能在当晚做梦,可是他就是记不起任何梦境来。这个情形持续了约两周之久。我开始对整件事感到不太放心。

终于,他做了一个相当深刻的梦。我要把这个梦描述出来,因为这对实际的心理学在解析梦的过程中,扮演了极为重要的角色。他梦见搭乘火车旅行,结果,火车在某一个城里停留了两个钟头。由于他不曾来过此地,所以在好奇心的驱使下,就下火车朝城里逛去。在那里,发现了一座中古世纪的建筑,也许就是什么市政府所在吧,他于是走了进去。穿梭在长廊之间,他看到了许多富丽堂皇的房间,镶挂着古画和壁毯,到处都是古董宝物林立。突然间,发现太阳已经落山,天都黑了。"我必须立刻回到火车站去。"他心想。但同时他却发现自己迷路了,而且根本找不到出口。在仓皇中,也才发现在这栋建筑里,连个人影都没看到。他开始感到不安,于是加快脚步,希望能遇到个什么人。他终于走到一扇大门前,而且知道这就是出口了,他松了口气,推开了大门,却发现他又闯进了一个巨大的房间。里面又黑又空阔,连对面的墙都看不到。在极度的震惊恐惧当中,他跑过这间空荡的大房间,希望对面也许就是另一个出口。结果在房间的中央地板上,他看到了一个白色的东西。他慢慢地靠近,却发现地上有一个约两岁大的白痴儿,就坐在一个尿壶上,而且满身弄得都是排泄物。就在此刻,他从梦中惊叫醒过来。

我了解了一切想要知道的答案——这里就是一个潜伏的精神状态。我得说当我把他从梦中解脱出来时,连我自己都是一身汗,因为必须要把这个梦重新以一种相当无害的面貌呈现在他面前,甚至将其中的危险细节都要搪塞过去。

这个梦的大意是这样的:他旅行的目的地是苏黎世,然而,他只在那儿停留了一段很短的时间。那个坐在地上的孩子不是别人,正是他自己。小孩子会有这样笨拙的行为表现,其实并不让人意外。他们弄得满身污秽也许是因为对有颜色、有异味的排泄物觉得有趣。对于从小在城市的环境里长大,而且家教严厉的孩子来讲,这种行为很可能使他感到羞愧。

但这个做梦者，也就是这个医生，并不是个小孩，而是个成人。因此，梦里的那个小孩子便成为一个嘲讽式的象征。当他把这个梦告诉我之后，我了解到原来他的一切所谓的"正常"都只不过是一种补偿。我曾及时把他抓住，因为潜伏的精神病状态很可能在千钧一发之际突显出来。我必须制止这种情形的发生。最后，通过他的另一个梦，巧妙地找到一个借口，结束了整个分析训练，我们都很高兴能停止这项训练。我并没有将诊断结果告诉他，不过他大概也了解到自己正濒临恐慌的情形——曾又梦见自己被一个危险的疯子追逐。后来，立刻就回家了。从那次起，不曾再搅动其潜意识。他原本所谓的"正常"表现了一个不愿接受发展的个性，终于在面临潜意识时崩溃和瓦解。正因为这些潜伏性的精神状态常是不容易分辨的，所以心理治疗医师视其为可怕的敌人。

那么，接着来谈所谓的"不相关分析"。我很赞成由医学人士来研究和从事心理治疗。不过，面对潜伏性精神病患，这些非专业人员就可能产生错误而危险的判断。因此，我较赞同由非专业人士在专业医师的指导下来担任分析工作，一旦他发现没有把握了，就应该向其指导者咨询。有时，甚至对专业医生而言，分辨以及治疗潜伏性精神分裂者都不是件容易的事。那么，对非专业人员就更别谈了。根据经验，不断发现拥有数年经验，以及本身接受过分析的非专业分析者，常是尖锐而有难度的事。何况，从事心理治疗的医师并不多。

当病人对医师产生一种情感转移或是彼此发生认同时，他们两者之间的关系，有时很可能会导致形成一种超自然的心理感应现象。我就常遇到这种情况。使我印象深刻的例子是一个罹患心理沮丧的病人。他在病愈之后，回家结了婚。但是我对他的妻子没有什么好感。第一次看见她，就觉得不自在。我的病人对我非常感激，但是他的妻子却因为我对她先生的影响之大，而视我为眼中钉。我发现不是真正爱自己丈夫的妻子，常常会因忌妒而破坏丈夫和其朋友间的情谊。希望丈夫能完全属于她，因为她自己并不属于他，忌妒的根本在于缺乏真爱。

这个妻子对丈夫的态度使他承受了过多而无法承受的压力。于是在婚后一年，他又再度陷入沮丧。因为我早预料到这种情况发生的可能性，所以让他在病发之后立刻与我联系。但他却没有来找我，主要还是由于妻子对他的嘲弄反应。从此，我就和他失去了联络。

在同时，我于 B 地发表了一篇研究报告。那天半夜回到下榻的旅馆和几位同事谈了一会儿，之后就上床睡觉了，可是我一直辗转难眠，直到大约两点钟——很可能才刚刚入睡，就突然惊醒过来，觉得好像有人来过我的房间。甚至印象中好像门曾被人急切地打开过。我立刻开了灯，可是连个影子也没有。也许有人走错门了，我心里想。打开门看看走廊，却是一片死寂。奇怪，明明感觉有人进我的房间啊！我企图回想究竟怎么回事，结果，有一种遭到一记闷棍的疼痛感觉。就好像有人在我的额头上揍了一拳，又在我的头盖骨上敲了一棒。第二天接到一份电报——我的那个病人已经自杀身亡。他是举枪自尽的。后来我又听说，子弹正是穿过他的头盖骨。

这是一次同步现象的真实经验，潜意识里这种现象和这次事件中的"死亡"这种原型事态有着相当的关系。通过时间和空间上的对应，很可能我知觉到了在现实里另一个空间内所发生的情况。集体潜意识的现象对许多人而言是很普遍的——这就是古人所谓"对众生悲悯"的来由。在这次经验当中，我的潜意识对那个病人的情形有一种了解。事实上，那天晚上，我一直觉得紧张不安，而这种情绪对我而言是极其少见的。

（七）宗教情操

我从来不强迫病人改变他们的宗教信仰，我认为最重要的是让病人对事物产生自己的观感。在我的治疗下一个异教徒永远是异教徒，基督徒永远是基督徒，犹太人也绝不会改宗换教，我相信每个人的信仰早已被命运安排好了。

依然清楚地记得那个失去信仰的犹太女子。事情始于自己所做的一个梦。梦里出现了一个未曾谋面过的女人，这个年轻的女病人把她的病况对我说了个大概，可是就在她诉说的当口，我心里却想："我一点也不了解她，根本就不懂这是怎么一回事。可是，突然间脑子里闪过一个想法——她一定有某种恋父情结在。"这是我所做的梦。

　　第二天下午 4 点钟，我和一个新的病人有约。而来的果然是一个很年轻的犹太女子。她长得非常漂亮、标致而且聪颖过人。她的父亲是个极其富有的银行家。事实上，早已经有另一个医生在为她进行心理治疗了。可是这个医生后来却央求她不要再去看病，原来他爱上了这名女病人，如果她再出现，他知道自己的婚姻一定会保不住。

　　这个犹太女子多年来一直为焦虑性精神官能症所苦。很自然的，经过上述的那次经验，她的病症更加严重。我用记忆回想的方法来开始为她治疗，可是却得不到任何收获。她是个相当西化的犹太女子，刚开始的时候，抓不住她的症结所在。突然间想到了那个梦。"老天啊！原来这就是我梦里的那个女孩！"当然，我无法在她身上探究出一丝恋父情结的征兆，于是就像我一贯处理这种情况的方法一样，向她问及有关她的祖父的事。她闭上双眼，沉默了好一会儿，我立即了解到原来这正是关键所在。结果，她告诉我说她的祖父一直是个教会牧师，而且隶属于一个犹太教派。"你是指 Chassidim 吗？"她说："是的。"我继续追问："如果他是个牧师，难道他还是个 Zaddik 不成？""不错。"她答道，"人们说他是个圣人，而且拥有异于常人的透视力，不过，我相信没有这回事，那只是无稽之谈。"

　　这次谈话，使我终于找到了她神经衰弱的历史背景，我这么跟她解释："现在，要告诉你一件可能无法使你接受的事实，你的祖父是一个 Zaddik，而你的父亲却是个犹太教的叛徒。他背弃了信仰而且背叛了上帝。你之所以受神经衰弱之苦正是由你潜意识里对上帝的畏惧所造成的。"对她而言，这些话有如晴天霹雳一般。

　　当天晚上我又做了一个梦。梦见自己在家里开了一个欢迎会，而且看见这个女孩也在场。她走到我面前，开口问道："你有没有带雨伞啊？外面雨下得好大哟！"结果，我真的找了把伞，而且，你们猜怎么样？我竟是跪在地上的，像朝贡女神似的将伞献给她。

　　把这个梦告诉她的一个星期之后，她的神经衰弱现象就消失了。这个梦向我显示的是——她并不是一个肤浅的小女孩而已，在她凡人的表相里包藏着的却是圣人的本质。她没有什么神话性的理念，所以本质里最基本精神的特质根本没有发挥的机会，而她的意识层次里的活动却完全地导向轻浮，物质享受和男女关系，原因是除了这些，她一无所知。过得纯然是一种无意义的生活，但事实上，她是上帝之子，并且背负了一个完成他神圣旨意的命运。我必须唤醒她内在的神话和宗教本质，因为她属于一个绝对要求精神层次活动的族类。也只有如此，她才能寻回生命的真谛，并且永远摆脱神经衰弱的折磨。

在这个病例里，我并没有采取任何一个"方法"，而只是感受到神性的存在，由于我的解释，她终于得以病愈。在这个过程里，"方法"的存在与否并不重要——重要的是对上帝的畏惧。

我的大部分病人并不是信徒，而是那些失去信仰的人。这些来找我的人都是迷途的羔羊。但是甚至在今天这样的时代里，信徒仍有机会在他所属的教会里过所谓的"象征"性的生活。宗教里诸多的活动，如弥撒、受洗，等等。然而，要经验这样的象征，信徒首先必须要有火热积极地参与感。但遗憾的是，大半信徒都缺乏这样的热忱。在神经衰弱的病人里缺乏这种热忱的人更多。因此，在这样的情况下，必须要观察病人的潜意识，是否会自发性地产生一种取代这种热忱的东西。但接着问题也来了，到底一个拥有象征性的梦和幻象的人，是否能够了解这些梦和幻象意义，还有，他们是否能够为自己承担一切后果？我曾在《集体潜意识的原型》一书里提到一个神学家的病例：他经常反复做同一个梦。梦见自己站在一处斜坡上，从那儿他可以望见一片满是浓密林子的低洼山谷。在梦中，他知道那片林子里有一个湖，同时也知道冥冥中好像有什么东西总是在阻止他前往那个湖。就在他即将到达的时候，气氛变得神秘而诡谲，突然之间，有一阵风掠过湖面，卷起一片涟漪。就在此刻，他惊叫一声，从梦中醒来。

刚开始，这个梦显得极为不可思议。不过，身为神学家，他应该记得《圣经》里的约翰福音,第五章的毕士大池正是在一阵风掠过后，产生治病的奇迹。由于天使降临触摸池水，使得毕士大池具有神奇的医疗能力。这阵轻风正是约翰福音三章八节里所提到的来自圣灵的风，因此，这个神学家受到极度的恐惧。而这个梦所暗示的正是人所敬畏的全能上帝的存在。这位神学家不愿意将梦里的水池与毕士大池做联想。他认为这种事只可能存在于《圣经》里，或顶多出现在主日崇拜时牧师讲道的主题里，而和心理学一点关系也没有。偶尔谈论圣灵是无伤大雅的，但这绝不是一个可以被论以经验的现象。

我了解这个神学家应该要克服恐惧和慌乱。但是绝对不能强迫病人这么做，除非他们愿意认清一切启示的本质并且接受后果。我并不同意这种轻率的假设——认为病人是被平常的反抗、排斥所蒙蔽了。抗拒，尤其是顽固的抗拒，对医生其实更有好处，因为我们可以注意到一些很容易忽略掉的危险问题，某种治疗方式也许不是每个病人都可以接受的，但某种手术万一产生禁止征候，便可能使病人一刀丧命。

每当我们必须赤裸地面对一些内在的经验或是本质时，大多数人的反应就是惊慌地逃避，而那个神学家就是个好例子。我当然了解到身为一个神学家，他可能比一般人更难面对这其中的许多问题。一般而言，神学家与宗教的关系更密切，他们所受的教会和教条的束缚也就更大。对许多人来说，内在经验和精神层次的探索都是相当陌生的，他们更难以接受所谓这种经验里可能存在心灵活动的说法。如果这些经验能有某种超自然或至少某种"历史"的背景，那么这当然无可厚非。但是，用心灵面对这个问题，病人通常持着一种不怀疑而且深刻的鄙视态度。

（八）医生与病人

在现代心理治疗里，似乎有一个不成文的规定，那就是医生或是心理治疗师应该"顺着"病人的情绪，这一点我并不全然赞同。有时候，医生必须扮演仲裁的角色也是很重要的。

有一次，一个上流社会的贵族女士来找我。对待凡是她属下的人，她都有赏其耳光的习惯，甚至为她治病的医生也不能幸免。她一直受强制性神经过敏的折磨，而且在一个疗养院里也待过一段时间。当然，院里的主治医师也毫不例外地蒙其恩待。毕竟，在她眼里，这个主治医师不过是个高级侍从罢了。她可是花钱来的，不是吗？这个医生把她送到另一家医院，结果历史再度重演。既然她也不是真疯，却又摆明需要别人的骄纵，那个倒霉的医生就只好再把她送到我这儿来。

她是个相当庄重而且显眼的女人，六尺高的身材，可让人想象到她的巴掌力量多大。她来了之后，我们谈得很愉快。然后，我接着告诉了她一些不太中听的话。她暴跳如雷，站起身来，就打算赏我一耳光。结果，我也不甘示弱地跳起来，对她说："可以，你是女人，你先打，反正女士优先，可是，你打完了，轮我！轮我回你一巴掌！"我还真的不是在吓唬她！她坐回椅子上，像泄了气的球似的说："从来没有人敢这么对我说话。"就从那刻开始，我的治疗也开始生效。

这个女病人所需要的正是一种阳刚的男性反应。在这个病例里，如果一味顺从她就完全错误了。之所以有这种强迫性官能症，是因为她无法对自己产生道德上的束缚。像这种人一定有其他形式的约束——达到目的。于是他们会产生强制性的征兆来。

几年前，我曾经将所有治疗的结果做了个统计。现在已经记不得确切的数字了。不过，根据保守的估计，有三分之一的病人能够完全治愈，三分之一有明显的进步，另外三分之一却没有太大的效果。而其中这些病情没有进展的病例却最难以评价，因为要在长久的时间之后，病人本身才能了解和体认到许多问题，而也只有在多年后，我的治疗才能收效。不少老病人写信给我："一直到十年之后，我才真正明白你当初为什么要那样治我。"

当然也遇到过反效果的病例——不过，我几乎很少拒绝病人。但其中也会有人在后来给我做肯定的报告。这也就是对一个治疗的成功与否下结论实在不容易的原因。

在行医的工作里，一个医生也可能会遇到一些对他产生重大影响的人。这些人，无论好坏，可能从来不曾引起大众的注意，他们可能具有某种特质，但仍然命中注定要历经前所未有的事物和灾难。有时候，他们拥有异于常人的能力，甚至能使人为他们牺牲生命，但这些异能很可能深植于非常奇怪而且不悦人的心灵性格里，使得我们无法判断这是一种天生的禀赋，或是一种不完全的发生。当然，在这些人的心灵土壤上，也会开出奇异而稀有的花朵，这是我们永远无法在这个社会上找到的，毕竟在心理治疗中，医生和病人的关系必须是一致而密切的，甚至密切到医生都不能漠视人类苦难之深广的地步。这种一致的关系存在于两种对立的心灵现象对辩证性的接触所做的长久比较和相互了解。如果这种相互关系不起冲突，那么这个心理治疗的过程就会缓慢下来，不产生任何改变。除非医生和病人彼此都成为对方的负担，否则没有任何解决之道。在这个时代里所谓的神经病患，也许在另一个时空里就不会产生这种自我分裂的情况。如果他们曾经活在那个时代和环境里——当人类仍然可以借着神话和他们的祖先联结在一起，他们就可以经验一种真实而不是浮面的本质，而不至于产生这种自我分裂的状况。

这些在时代里的（精神分裂）病患只不过是不必要的受害者。一旦他们的自我和潜意识之间的鸿沟不复存在，他们的病症就会逐渐消失，而那些深刻地体验到这种分裂情况的医生，也就能够更多地了解潜意识的心灵过程，并且不至于像心理学者一样误陷于自我意识膨胀的危险里。一个医生若无法从其经验中了解到原型的神秘性，那么他就不能免于受到负面的影响。既然他拥有的只是知性的观点而非从经验里获得的标准，那么他就会产生高估或是低估的倾向。当医生企图以知性来主宰一切时，也就是所有毁灭性精神错乱的开始。这就可以解释为什么要在实际经验里，使医生和病人之间产生一个安全的距离，并且以一个极为安全、虚假，但只有二度空间概念的世界来代替心灵的现象，在这个世界里真正的生活是由所谓清楚的理念在做掩饰，在这里，经验不再存在于本质里，相反，只有空泛的名字来代替真实的世界。没有人需要对"任何一个概念"负责——这就是为什么概念论如此受欢迎的原因——它保证不受经验的挑衅。但是精神并不存在于概念里，而是在于行为和事实里。

因此，在我的经验里，除了习惯性说谎之外，最麻烦而且最无情的病人，就是所谓的知识分子。这些人叫我最捉摸不定，他们培养成所谓的"间隔心理"，任何问题都能由不受情绪控制的思维能力来解决，但知识分子在情绪得不到发泄的情况下，仍然要饱受焦虑之苦。

通过和病人的接触，看到他们在我面前所呈现出来的浩瀚精神现象，犹如一意象符号的恒流。而我所学到的却不仅是丰富的知识，而且是一种对自我更深切的洞察力。我所学到的绝非来自于错误和失败，我的病人大半是女性，而且常常拥有格外惊人的自觉、理解及智慧。也正是通过她们，我才得以在心理治疗里不断摸索出新的路子来。

　　许多病人后来成为我名副其实的弟子，他们将我的信念带到世界各地去，这些人当中有的早已和我成为忘年交。

　　我的病人使我能够更近地去逼视这个赤裸裸的人类生命之本质，因此，我才能够从其中吸取更多的精粹。和许多属于不同心理学层次的人接触，胜过和名人的片段交谈，那些最有意义和最精彩难忘的对话，来自我生命中的许多不知名者。

三 无意识世界

　　舍弃弗洛伊德的思想方法之后，有一段时间，我的内心很不平静。如果把这段时间命名为迷惑，也没有半点夸张。我好像被吊在半空中，找不到立足之处。最重要的是，感觉对病患采用全新的心态，是非常必要的事。我因此决定，暂时不用与他们有关的理论法则，而是看看他们自己会说出什么样的事情。我的计划可以说纯粹是靠运气了。演变的结果——病患会毫不做作地说出他们的梦境和幻想。而我只需问："那件事发生时，你心中又想到什么？""你如何定义它？又出自何处？你自己又有什么看法？"因此无需多做说明，说明就在病患的答复与联想之中了。我也避免理论性的观点，而只是简单干脆地帮助他们去了解梦境的意象，省去法则和理论的助力。

　　我很快就发觉，将梦当成是解释的基础，恰是一种正确的方法，因为这本就是梦境所指的意味。而梦境本来就是我们必须延续的事实。

　　大约此时，我内心也非常澄澈明晰。同一心境内，回顾自己曾游历过的地方，自认为"你已拥有神话的钥匙，可以自由开启无意识心灵的门扉。"但是又好像有某件事物在心中嘀咕："为何要开启所有的门呢？"由这个问题很快地就追问到，"到底我有什么成就？"我解说古代人们的神话传说，而且也写了一本关于英雄的书，书中人们总是能够完好地生存下来。但是到底有哪一本神话中的人物，今日依旧存在呢？基督教的神话中，答案可能是："你活在其中吗？"正如我问自己一样。老实说，答案是否定的。对我而言，神话并非我赖以为生之物。"那么我们是不是已经不再有神话了呢？""是的，显然我们已经没有神话了。""那么，你活在其中的神话又是什么？"就这一论点，我和自己的对话，已经相持不下，且弄得很不痛快，由此陷入僵局，不得不停止思考。

之后，大约1912年的圣诞节，我做了一个梦。梦中，我置身于壮丽的意大利房舍，这座房舍位于城堡的高塔上。其间有巨大的柱石，铺满大理石的地板，及大理石雕出的栏杆。我坐在一张金黄色、文艺复兴时期的椅子上，眼前有难得一见的美景，是由翡翠般的绿石造出的美丽景观。我坐在那里，向远方眺望。我的孩子也坐在桌前。

突然间一只白色的鸟降落了，像是小海鸥或小白鸽。它极其优雅地歇脚于桌子上，我则示意要孩子们不要出声、不要乱动，才能不吓走可爱的白鸽。白鸽又很快地转变成一位小女孩，大约8岁，有一头金黄色的头发。她和孩子们一起跑开，和他们一起在城堡的柱廊内嬉戏玩耍。

我则深为迷惑，想想自己到底看见了什么玩意儿。小女孩回来后，很温柔地用手箍住我的脖子。后来，她又突然地消失了踪影。小白鸽再次出现，用人类的声音，很慢地说："只有午夜的第一个小时，我自己才能化成人形，此时雄鸽子正忙着照顾那12位死者。"之后它飞向蓝天，我也醒过来。

我很兴奋激动，到底雄鸽子和12位死者间有什么关联？关于那张翡翠石桌，我想到塔布拉的故事——也就是炼金术士关于赫姆斯传奇中的翡翠石桌。据说他身后留下一张石桌，桌上刻有希腊文是炼金术智慧结晶的基本教义。

我也想到基督的12位信徒、一年的12个月份、黄道中的12宫及其他相近的事物。但是对于那个谜，依然找不到适切的答案。最后，只能放弃。我所能肯定的，就是那场梦必然显示无意识的不平凡活动。但是，缺乏可资凭借的方法，我无由探究内在活动过程的根本。所以，除了等待之外，我也实在无事可做！只能继续日常的生活，去仔细注意自己的奇想。

一个幻想一直盘旋：出现一些死去的事物，却又发现仍旧是活生生的存在着。例如，置于火葬场火炉上的尸体，被发现后仍然活着。这些幻想濒临重要关头，同时也化成一场梦。

我所处的地方有一列石棺——最早的石棺，是梅若文加王朝时期造出来的。梦中，我自城市而来，见到前面有相似的长列坟墓，都是承轴的台座上有石头做的平板，其上再放置着尸体。这使我联想到，旧式教堂中，专供埋尸的地窖，那里存放有全副武装、四肢伸张的武士躯体。因此，出现在我梦里的死者都穿着旧式服装，两手紧握。我静静地站在第一座坟墓前——注视着死者，他已是1830年的人物了。我好奇地看着他的衣着，就在这时候，他竟突然动了起来，复活过来。因为我正注视着他，所以他放开自己的手。我感到极度不高兴，但仍继续往下走，来到另一个躯体的位置。他是18世纪的人。同样的事又发生了——他活了过来，开始摇动自己的手。所以，我一直往下走，走完全程，到了12世纪——也就是碰到穿着链子铠甲的十字军，他也紧握自己的双手。他的样子只能以枯瘦如柴来形容。我看了他很久，认定他是真正的死去了。但是，突然之间，我看到他左手的指头也轻微地开始动作。

这些梦并未去除我的迷惑失落，相反，我倒像活在内心的压力之下。有时候压力实在太大了，不禁怀疑自己也有心灵的困扰。但这样的反省，除了指出自己的无知之外，也并无其他收获。所以我向自己允诺："既然自己一点都不懂，只好看有什么事情发生，就做什么事。"因而我是在头脑很清楚的状况下，臣服于无意识的冲击力量。

（一）幻象如浪汹涌

到了1913年秋季，我所感到的压力，似乎正往外移，好像空气中存在某种事物一样。整个环境显得更加暗淡，好像忧郁苦恼并不是独出自心理状态，同样也出自具象的事实中。这样的感觉愈来愈强烈。

10月，我独自一人在旅程中，突然一个无与伦比的幻想紧紧地攫住我。我看到一场大洪水，凶猛地淹没了从北海到阿尔卑斯山间北面低洼的地域。洪水猛扑瑞士，但是山却越变越高，保障着我们的家园，我了解这里正进行着一场大灾难、大变动。我见到滚滚有力的黄色浪，文化的废墟浮沉不定，以及无数的流尸。然后整个海又变成血液。这次幻象持续了一小时。我不知该如何是好，一直想吐，对自己的虚弱觉得很羞愧。

两个星期后，幻象重现，同样的情况中，一切都显得比上回更逼真鲜明，血液更成为强调的重点。心中有一个声音说："仔细看好，这一切都是真的，也必将如此。你不必怀疑。"那年冬天，有人问我，对未来世界政治情势有何看法。我答以未曾想过这件事，倒是已见识了血流成河、血流成海。

我自问这些异象是否指向一场革命，但又无法想象这一类的事。因此，将其归结到自己身上，实在是受到心灵混沌的威胁。倒是不曾有战争即将爆发的念头。

1914年春末夏初之际，我第三次梦见同样的景象。梦见夏季中旬，一股大西洋的冷锋降临，地表一切都冻结了。所有绿色植物因受寒霜而死。这一场梦出现于四五月份，最后一次则是在（1914年）6月。

第三次梦境中，恐怖的寒害似乎又从宇宙外降临。然而，这一场梦也有意想不到的结局。一株满是树叶的树木，没有结出半颗水果（我猜想是自己的生命之树），而它的叶子却因受寒霜的影响，反倒转变成甜美的葡萄，充满足以令人恢复健康的果液。我摘下葡萄，分给等待的大众。

1914年底，英国医学协会邀请我去发表演说。题目是《精神病理学中无意识的重要性》，地点是在艾伯丁的一次会议上。我已准备好必然有事情要发生，因为这样的幻象和梦境是那么真实。我当时的心理状态，对我而言也的确够宿命的了。

8月1号，第一次世界大战爆发。我必须试着去了解发生了什么事情，及在何程度内，我个人的经验和全人类的遭遇能够大致相符。因此，我首要的责任就是探索自己心灵的深度。

大量的异象持续涌现，我则尽最大的努力保持清醒，并且设法去了解这些怪异的事物。我无助地站在陌生的世界之前，其中的一切事物都那样艰难而费解。我一直维持在紧张的状态之中，经常感到有巨石将要倒塌到我身上来，雷雨不止。我之所以能忍受这些暴风雨，纯是依靠无理性的力量，其他人则早已被打击撕碎。但是我心中能感受到灵感的力量。以此凭借，得以不再彷徨疑虑，而且也竭力地找出体验异象的真意。我在忍受无意识的冲击时，心中有一个屹立不动摇的信念，那就是我正遵循一个更高的意志。那样的感觉支持着我，使我能熟练于此项工作。

由于经常工作过度，我必须做一些瑜伽来平衡自己的情绪。我想要了解自己心中有何变化，我的瑜伽体操就是帮助我稳定自己，以便重新处理无意识。一旦我发觉自己又回到自己时，就不再拘执感情，反而要意象或内在的声音再说出自己的想法。但是印度人做瑜伽体操，却是为了要忘却，全然地忘掉心灵的所有内容和意象。

我尽可能地记下这些幻象，努力解析它们所滋生的心理状态，并用笨拙的语言表达出来。对于这些，首先必须有系统地陈述我所观察的事物，我之所以经常使用华丽修饰的文体，是因为只有这样才能与原型的风格相对应。原型常用到的语言都是高度修饰的美辞，甚至还可能是夸张的大话。事实上这是很令我困窘不安的格调，好像刺激我的神经，令我不痛快，又好像某人正从石膏壁中，找出铁钉一样；或者又像有人拿着刀子在金属板上刮来刮去一样，令人不安、不乐。但我又不懂到底是怎样了，只能把所有事情都记录下来，而记录的方式则任凭无意识选择。有时候好像是我自己亲耳听到，又像是用嘴去品尝，再由自己的口中系统地说出来一样，而有时候仿佛又能听到自己大声地呢喃。

为了能领会在我心中奋起撑动的空想，我知道唯有自己坠入其中才能办到，但又怕自己会失去主张，沦为空想的牺牲品。作为一位心理治疗者，实在太了解这是什么意思了。犹豫许久之后，我还是找不出别的方法。不得不冒险了，我必须获取力量来胜过这些空想——因为我了解如果不这样的话，我就会冒被它们压过的危险。对于这番尝试，有一个足以令人信服的动机——那信念出自：我不可能期盼我的患者能做到我自己都不敢做的事。理由很简单，和他们站在一起的协助者都不及格。因为我很了解，所谓的协助者，也就是说我也帮不了什么，除非他能借助自己的直接经历了解他们的空想。而他目前所有的，只是一堆理论的偏见及其暧昧的价值。将自己卷入危险的事业，却不仅仅是为了自己，同时也是为了我的患者——正是这样的想法帮助我度过许多危险时刻。

（二）进入梦境

在 1913 年的耶稣降临节，我终于有了果断的决定。又一次坐在桌前，思虑自己的忧惧。然后我让自己整个坠落了。突然间脚下的土地好像裂开了，而我也掉进黝黑的深渊之中。我不由得惊慌起来。之后，猝然之间，在一个不很大的深渊中，我好像正站在松软黏湿的泥块上面。虽然是一片黑暗，但我还是感到很安心。过了一会儿，我的眼睛逐渐适应这一片幽暗。在我面前，是个暗洞的入口，其中站着一个枯干的小矮人，整个人都是枯干的皮质。我挤过他身旁，通过窄小的入口处，艰难地涉过冷且深的水，终于到达另一端，站在一处突出的岩石上，见到染红的水晶。我捡起那个石块，发现其下有一个空洞。一开始我也弄不清有什么，不久就看到了流水。流水载过一具浮尸，是一位金发的青年，头上有一处伤口。后来，出现一双巨大的黑色圣甲虫，以及红且热的刚脱离深水的太阳。那光线弄得我眼花缭乱，我将石头摆回穴口，却有液体涌出来，是血。

六天后，也就是 12 月 18 日，做了下面的梦。梦中我在一座孤寂又崎岖的山上，和一个并不认识的黄肤色野人相处。时值黑暗将尽的黎明时刻，东方的天空已露出曙光，而群星也渐消尽。然后听到齐格菲的号角声回荡在群山之间。我知道我们必须去杀他。

第一道阳光射出时，齐格菲高高出现在山顶上。驾着由死人骨头做成的战车，他以飞快的速度冲向陡峭的斜坡。转过弯来时，他被射中了，摔了下来，凄惨悲凉地死去。

因为摧毁如此伟大而又美丽的事物，我心中充满了悔恨和厌恶。担心这场谋杀会被发现，我转而奔逃。但是大量的雨水滂沱而下，我知道这样可以洗尽死者的所有痕迹，已经不会有人再发现这场谋杀了，生活也可以继续下去了，但是无法忍受的罪恶感却依旧存在。

醒来后，我一直在心底回想，却无法了解这场梦。试着要再入睡，但心中却有一道声音说："你一定得了解这场梦，而且必须马上做。"

心中急迫的催促一直高涨、高涨，直到骇人的时刻降临，那声音又响起："不能了解这场梦，你就得射杀自己。"夜间的桌子抽屉里有一把装满子弹的连发左轮手枪，我心里害怕。又开始沉心静意地考虑这一场梦，突然之间，灵光乍现，我了解了。"对了！那不过是这个世间不停演出的问题。"我想齐格菲代表德国人想要达成的成就，英雄式地强制自己的意志得以顺遂，能够肆意地选择自己的方式。"有意志就必定要有自己的方向与道路。"我也会要同样的东西，但现在都已经不可能了。那场梦已清楚地显示，齐格非英雄的态势已不适于我，因此就必须遭到毁灭。

我强烈地同情自己，好像把自己给射杀了。其实呢，是对齐格菲秘密的认同，遭到摧毁。就像一个人被迫牺牲自己的理想和执著时，他必然会感到的悲伤。这样的认同和英雄式的理想主义必须摒弃，因为近于自我意志的事物存在——而个人就必须臣服于这样的事物。那位矮小黄皮肤的野人，率先主动于这场杀戮，实际上象征了一道野蛮的阴影。那一阵雨，则显示意识和无意识之间的紧张已经化解。虽然我一时还无法完全了解梦境的真意，但除了这些少数暗示的，新生的力量已在我心中释放，使我能进行无意识的实验，并求出结论。

（三）寻求自救之道

我整日回想，思考着手幻想时，究竟会发生了什么事——似乎是有一项讯息，以无比的力量出现。许多意象，不仅与我有关，也与他人相关。因此，我不会再将它只归乎自己。从那时候开始，我的生命即已归多数所关切、找寻的知识，从而使今日的科学也无法查明。我必须进行最原始的实验，并且还必须将经验所得，建立于真实生活之中，否则也不过是毫无效力的主观臆测罢了。因此我致力于性灵的服务。我真是爱恨兼具，但这终究是我最大的财富。我努力将自己渡到这片领地内，似乎是我延续和圆融自己生命的唯一方法。

今日，我可以说自己从未失去与内在经历的联系。我全部的工作，全部创始性的作为，都源于大约五十年前的内心奇思异想和梦境。

大概是1921年开始的。而我后半生完成的所有事情，早已包含其中，尽管最初只是情感和意象的形式。

而我自己的科学，是我唯一的自救之道。否则，光是材料就足以绊住我，像丛林中的缠绕植物一般缠住我，令我窒息。我小心翼翼地去了解每一桩意象，每一项自己心灵的创识，并且科学性地将其分类，尤其是将之溶入现实生活中，再予以理解。这一点常被我们忽略，我们常常只让意象出现，对其好奇，事情就仅止于此。我们并未费心去了解它们，更不用说从它们之间的演绎中得到道德上的结论。

同样，认为对意象的了解已经是足够的想法，也犯了一项大错误——这种见解应当停止了。对它们的洞察，必须转化成道德义务。如果不这样做，则易沦为权力原则的牺牲品，所产生的危险反应，不仅伤及他人，也会危及本人。无意识的意象赋予人极重大的责任，不去了解或躲避道德上的责任，都将使个人的生命失去完整，成为痛苦的破碎片断。

一心一意于无意识的意象期间，我决定从任教八年的大学中退休。自己和无意识的经历与实验，使我在知性上的活力丧失。完成"无意识的心理学"之后，我惊觉于自己竟无法读完一本科学性的书籍。这样的情形延续了三年之久。自己既无法与知性的世界同步发展，又不能探讨心中的要务。无意识的意象已彻底把我变得沉默寡言了。而我既不能讨论它，又无法将其整理出头绪来。在大学里，我又处于显著的地位，觉得继续教下去，自己就必须先找出全新、完全不同的定位。在我心中知性状态还是一团疑惑的情形下，若再继续教下去，对青年学生非常不公平。

因而我感到必须作一抉择：继续学院平坦无坡的事业，或遵循心中的意愿、更高的理由，去进行自己感到好奇的工作——从事无意识的实验，直到得到一定论，否则我不出现于公众之间。

那么，成不成为一位教授，又有什么好在乎、好计较的？当然，必须放弃教授的职位，也干扰到我。许多方面我都怒悔自己无法弄出人人都易懂的材料。我甚会狂暴地要与宿命相搏。但是这种情绪非常短暂，不能算数。相反，另一方面的事才显得更为重要。如果我重视内在性格的企求和说法，刺激就会消失。这类的情形，我一再体验，而不只是在放弃学院事业时。事实上，第一次经验时，我还只是个小孩。年轻时，脾气又非常暴躁，每回情绪激动逾桓时，突然间一个大回转，我又会进入深沉的静默之中。此类的情况发生时，我总远离世事——而唯一能令我兴奋的，也似乎只剩遥远的过去了。

不屈不挠和全心投入的结果，没人能了解，我只有极度的孤寂。我担负着无法说明且极易被误解的思想。我可以领悟外在世界和内心世界间的差距，但又看不出现在所了解的二者之间的互动，当时我只看到内外间无以调适的冲突对立。

然而，从一开始我就明了，经过强烈努力后，如果能够表达出心灵经验的真实面，就能与外界的人进行交接。之后，我试着表示这些事物，尤其在我科学性的作品之中，我将尽全力向认识的人转达了解事物的新方法。我知道如果失败了，只有注定绝对的孤独了。

（四）拨云见日

直到第一次世界大战末期，我才逐渐脱离困境。有两件事帮了大忙。第一件事是，终于与那位努力说服我，使我相信自己的幻想具有艺术价值的女士断交。第二件事则为我开始明了曼陀罗的图形。这时大约是1918年和1919年之间。而我大约在完成7篇训诫后，可能是1916年左右，首次画出了曼陀罗的图像。当然，那时还并不真正理解。

1918年至1919年间，每天早上我都在记事本中，画出小的图形图样，即一个曼陀罗，这似乎可以对应自己当时的心境。通过这些图形的帮助，我能够日复一日地体察自己心灵的转变。有一天，我又从那位女士处，得到消息——从无意识中，她再次坚称我的无意识具有艺术的价值，应该认作是艺术。这项讯息令我感到紧张。它真是一点也不愚蠢，且极具说服性。现代的艺术家，都试图从无意识中创造艺术。功利说和自重的观念，隐于此说的背后，不禁令我怀疑，而关于自己的奇想，是不是真的是自然产生，而非自己独断的创造，我自己也不免于有意识的骄傲和冥顽。在意识上，个人极易相信，半途而至的高尚灵感都归诸自己的功劳，而较低级的反应则出自侥幸或者完全陌生的来源。

我也逐渐发现曼陀罗的真正用意："开成、转变，内心世界的恒久反应。"这正是自我，也即个性的完整模式，如果情况良好，就极为和谐，但是其中绝对容不下自欺。

我所画出的曼陀罗，乃是我通过心境的密码，呈现出每天全新的自己。由其中，我看到自己，也即完整的生命如何积极有力地工作。确实来说，一开始我也只是模模糊糊地了解而已，但它们却又非常重要，简直就像稀有的珍宝一般。我也清楚地感觉到，它们是极中心的事物，而我也及时由其中获取自我的鲜活观念。

我也记不清自己画了多少曼陀罗，有很多就是了。作画时，一些问题一直重复出现——这样的过程指向何处？目标为何？就我自己的经验，目前我知道抓不到自己足以信服的目的。它只证实，我一定要放弃自我中极端对立的想法。到底，我还只是短暂地亲近它而已，在我能试图维持的时刻，必须让自己随思绪的波动而走，尽管不知道它会将我带到什么地方。然而，开始绘出曼陀罗图形时，我能看出所有的事情全部的过程，及自己的步履，又导回个别的一项重点，也即中心点。曼陀罗即是中心，是所有方针的典型，是到达中心的方向个性化的途径。

1918—1920 年之间，我开始领悟，心灵发展的终极目标，其实正是自我。它没有直线的发展，只有自我的婉转打探。而制式的发展，顶多只存于开头，之后，一切都将指向中心。这样的洞察使我稳定下来，内心也逐渐趋于平稳。我终于明白，曼陀罗的图像可用来表示自我，我已经获得自己的终极目标。

1927 年，我关于自我和中心的理念，通过一次梦境得到验证。我将它的主旨表现于一个曼陀罗之中，称之为"永远的窗口"。这张图画在"金色花朵的秘密"中又一次出现。一年后，我又新画了第二张图，同样是一张曼陀罗，其中心有一座金碧辉煌的城堡。完成时，我自问："何以如此有中国风味？"其样式及其颜色的调配，显得非常的中国，虽然其间与中国一点也扯不上关系。不久之后，我收到李察·威荷姆的一封信，附有道家炼金术论文的抄本，其题目同样也是《金色花朵的秘密》，应要求，我也写了一篇短评。我立刻研读这篇抄本，因为光是题目就使我的观念——关于曼陀罗和中心的婉转探究——得到意想不到的验证。这件事打破了我的隔离孤独，我了解到了亲近性，并能建立某人和某事的关联。

为了纪念这桩巧合，我在那张极具中国风味的图画下面写道："1928 年我作此画时，呈现出金色的坚强城堡——李察·威荷姆从法兰克福寄给我千年以上的中文原文，那金黄的城堡，即不灭身躯的根源。"

以下是我早先提过的一场梦。在下雨的冬夜里，发现自己在脏乱的都市中。我在利物浦，和六个瑞士人一起走在黑暗的街头。可以感觉到，我们是来自海港，而真正的城市则远在悬崖峭壁之上。我们往上爬，发现有一处广大的广场，点缀着几盏昏暗的街灯，数条街道于此会合。这个城市的其他部分，皆依此广场排列环绕。其中有一座水池，水池中有一座小岛。四周的事物都因雨、因雾、因烟而昏暗不明，这座小岛却异常明亮。其上，有一株开满红花的芒果树。看起来，真像就站在阳光之中，又像树的本身就是光明的泉源。我的同伴都在评论令人心烦的天气，显然并未注意到那棵树。他们谈论到另一位住在利物浦的瑞士人，并且对于他竟然定居于此感到十分诧异，我则完全沉湎于繁花盛开的树木及明亮的小岛之中。

这场梦颇似带有总结的意味。于此已可以明显地看见标示的目标。任何人都不能逾越中心。中心即为目的，所有事情都指向中心。由此梦的启示，我理解方针决定的原型及原则以及生命的意义，都必有其复原的功用。对我而言，这样的见识代表向中心、向目标的接近。

在这一场梦之后，我没有再画曼陀罗。无意识发展的过程，已由这一场梦标示出其中的高潮。它已令我满足，因为它已完全刻画出我的处境。我确定自己正专心致志于某项重要的事物，对此不仅我仍未完全了解，即使我的同僚同样也无人能够了解。这一场梦所带来的清澄阐明，已使我能够以客观的观点，来了解充满我生命的事物。

如果无此异象，我可能失去对环境的认识，而无法把握方针，只好被迫放弃事业。但意象已经弄清楚了，一脱离弗洛伊德，我就知道自己正投入另一项未知。与弗洛伊德决裂以后，我一无所知，步向黑暗。如此进行之际，这样的梦境出现，真是一项恩典。

实际上我花了四十五年的时间，投注于科学工作，体验并记录自己所历练的一切。年轻时，我的志愿是实现科学中的某项事物。但是后来，我遇上这层熔岩，其火热的温度改造了我的生命。这正是不由得我不工作的原因，而我的作品，多少也是极其成功的努力，它们使得辉耀闪亮的事物，最终能与世俗同时代的表象相结合。

追寻内心意象的岁月，其实正是我一生的重要时刻，所有必要的事物都已决定。那时即已开始，其后的细节不过是补充及澄清出自无意识的材料，一些一开始令我不知所措的材料——正是一生工作的基本物质。

四　潜在的意识

　　人类利用说话和文字来表达其所要传达的意义。这些语言不仅充满象征，而且往往也运用一些并非精密的符号或意象来表示，有些是缩写成一串字首。诸如 UN（联合国）、UNICEF（联合国儿童基金会）、UNESCO（联合国教育科学文化组织）还有些则是熟悉的商标、专利药品、标记或徽章的名字，等等。虽然这些本身并没有什么象征，但通过共同的用法或约定俗成，就会产生一个可辨识的意义，这种东西就不再是象征，而是符号，用来表示它们代表的特体。

　　我们所谓的象征是个名词、名字，甚至是个日常生活熟悉的景象，可是在其传统和表面的意义下，还含有特殊的内涵。这意味着象征含有模糊而未知的东西，而且隐而不见。举例来说，许多克利特岛的纪念碑上留下一些用双手斧刻下的图案。这古迹我们都知道，但并不了解它所象征的意义。在一些古老的礼拜堂里发现鹰、狮子和公牛，却不知道这些动物是四福音作者的象征，它与埃及太阳神赫拉斯和他四个儿子的神话故事类似。此外，还有像轮子和十字架等，这些都是众所周知的东西，但在某种情况下，却有象征的意义。

　　因此，当一个字或一个意象所隐含的东西超过显而易见和直接的意义时，就可以称其具有象征性，而且它有个广泛的"潜意识"层面，谁也没法替代这层面下正确的定义，也没法作充分的说明。在沉思和探讨象征时，思想会使用一些超出理性范围之外的观念。车轮可能令我们想到"神性"的太阳的概念，但这时理性一定会认为这想法不适当——人类没法界定"神性"的存在。当我们称某物为"神性"的时候，只是赋予某物一个名字，也许是基于某个信条，但绝非基于确实的证据。

因为有无数事情超出人类理解范围之外，所以不断使用象征的名词来代表我们没法给出的定义，或者是不能理解的概念。这是所有宗教运用象征的语言或意象的一大因素。但这种有意识地使用象征，只是心理学事实中的一个重要层面，人类也会潜意识地或自然地去制造象征——以梦的形式。

　　这一点不易了解，但如果想知道有关人类思想产生作用的方法，就非得了解这点不可。人类从来未曾充分地认知任何事，或者完全地了解任何事，只要你细思片刻就会相信我所言不虚。人能看、听、触摸、尝味，但无论看得多远，听得多清楚，凭触摸所告诉他的，以及尝试的是什么，完全要因他的感官特性而定，这就限制了他对周围世界的认识。用科学仪器，固然可以弥补部分感官的缺憾，如他可以用望远镜增长视域，或用电子助听器加强听觉，但即使最精致的仪器，也只能把远处或微细的东西收入他眼底，或令微弱的声音较为清晰可闻。但无论他使用什么仪器，就某点而言，他只能达到确实性的边缘，至于凌驾其上的境地，则非意识的知识所能超越的了。

　　此外，我们的实际知觉还有潜意识界。事实上，当我们的感官对真实的现象、景物、声音起作用时，它们会从现实领域里被转送到精神里，而在精神里，它们变成心灵事件，而其最终性质并不可知。因此，每一个经验包含数目不定的不可知因素。每个具体的物象在某种特定情况下大都是不可知的，因为我们无法知道"物自身"的本质。

　　这样说来，一定有某些事件我们并没有有意识地注意到。换句话说，这些事件已发生过，但它们被潜在意识吸引，留在识阈下我们一点也没察觉而已。我们只有在直观的刹那或一连串的苦思中，才会逐渐注意这类事件，而且最后知道它们一定已发生过——也许起先忽视它们对情绪和维持生命的重要性，但事后会从潜意识中涌出，并成为一种回想。

　　举例来说，它可能以梦的形式出现。一般而言，任何事件的潜意识面都会在梦中向我们显现，当然，显现出来的并非理性的思考，而是象征的意象。从历史来看，是先有梦的研究，心理学家才能探究意识的心灵事件的潜意识面。

根据上述的证明，有些心理学家推论人有潜意识心灵的存在——虽然许多科学家和哲学家否认它的存在。他们天真地反驳这种推论蕴含有两个"本体"的存在，或者在同一个体里有两种性格。但这正说明那推理的蕴含一点也没错，而且这是现代人所讨厌的，因为有许多人为这种人格分裂所苦。但它绝不是病理的症状，而是一个寻常的事实，这可以从任何时间和任何场合观察出来。人格分裂并不单是精神变态——右手不知道左手在做什么。这状态是一般潜意的症状，是全人类所难以逃避的共同悲剧。

人类发展意识的过程既缓慢又煞费苦心，要达到文明的境地，非得历经穷年累月不可，从发明文字到今天科学发达的社会，这种进化距离真善美还很远，因为人类精神的大部分领域仍然笼罩在黑暗之中。而我们所谓的"心灵"与意识和它的内容截然不同。

不论谁否认潜意识的存在，其实都是在推论我们现在的心灵知识是完整的。很明显，这种说法的错误，就像推论完全知道有关自然宇宙内我们该知道的事一样。我们的心灵是自然的一部分，它的谜层出不穷，永远也没法完全解开。因此我们不能界定心灵或自然，而只能叙述我们认为它们本来是怎样的，并且尽所能说明它们如何产生作用。撇开医学所累积的研究证据不谈，我们还有强而有力的逻辑根据，反对像"没有潜意识"这类的述辞。怀有这种想法的人，只不过代表了世世代代的"厌新创"——害怕新的和未知的东西而已。

这里有几个历史上的理由，反对人类心灵的不可知部分的观念。意识是最新的自然获得物，但仍然在"试验"阶段中。意识很脆弱，被一些特殊的危险胁迫，而且很容易受到伤害。正如人类学家所指出的，在未开化的人间最普遍发生的精神错乱，就是所谓的"丧失灵魂"——其意义和名字一样清楚，是一种显著的意识崩溃。

在这类人中，他们的意识与我们的发展阶段不同，他们认为灵魂（或心灵）并非是个单位。许多未开化的人推论人有一个不亚于他自身的"丛林灵魂"，这灵魂化身在野生动物或树木上，借着这种关系，人类个体有种心灵同一性。这是著名的法国民族学家鲁臣所谓的"神秘参与"。他后来在恶评的压力下不再用此名词，不过我们认为批评他的人不对，其实，"神秘参与"是个众所周知的心理事实，相应个体与某人或某物也许有这种潜意识的同一性。

这种同一性在未开化的人中有许多变化形式。如果丛林灵魂是动物，这只动物就被认为是该人的兄弟。举例来说，如果有个人的兄弟是鳄鱼，那他在鳄鱼经常出没的河流中游泳，也不会受到伤害。

（一）灵魂与信仰

在某些部落里，有人推测一个人有几个灵魂，这种信仰表示某些未开化的人的感觉，他们分别由几个不同的单位组成。这意味着个体的心灵绝没被确实地综合。反过来说，在未受抑制的情绪的突袭下，心灵很容易被吓得变成碎片。

人类学家的许多研究，对这种情形已较为熟悉，上述事例并非与我们的高水准文化生活毫不相干，虽然看来应当如此。我们也会变得分裂，并失去我们的同一性，既会被情绪所支配，也会被情绪改变，或是弄得毫无理智，且无法回忆有关自己或别人的重要事情，因此别人会奇怪："你被什么鬼迷了心窍？"我们谈及能"控制自己"的问题，但自我控制是个难行而值得注目的美德。也许认为自己已在控制之下，然而我们的朋友仍能很轻易地把一些有关我们不自知的事说出来。

毫无疑问，甚至在我们称为高水准的文化生活里，人类意识仍没有达到一个合理的程度，而且仍旧是那么脆弱且易于分裂，这种隔离人类部分精神的包容力是有价值的，它可以令我们在一段时间内在某件事上集中精神，排除任何干扰我们注意力的事情，但有意识地决定要分裂和暂时压抑个人心灵的部分——这种情形只是自然地发生，不为人所知或同意，它与违背个人的意愿之间有所区别，前者是种文化的成就，后者则是未开化人的"丧失灵魂"，这甚至还会引起神经衰弱。

因此，在今天，我们要统一意识仍旧是件疑难重重的事，意识太容易被分裂了。控制情绪的能力是人人都渴望的，但从另一个角度来看，这种做法大有疑问，因为这样会剥夺富于变化、多彩多姿和充满温情的社交活动。

因为这与本节所述相违，我们必须回顾梦的重要性——那些浅薄、不可捉摸、靠不住、模糊以及不确实的幻想。要说明我的观点，我想先叙述梦在过去几年来的发展，以及为什么我下定论说梦是研究人类象征最常用和最方便的资料。

弗洛伊德是这方面的先驱，是他最先尝试以经验为主探究意识的潜意识背景。他推论梦绝非偶然现象，而是与有意识的思考问题息息相关的。这个推论一点也不独断，它以著名的精神科学者的结论为基础，他们都认为精神病的症状与一些有意识的经验有关，这些经验甚至被认为是有意识心灵分裂的范围，它在其他时间和在不同的情况下能被意识。

20世纪初期，弗洛伊德和贝德两人都承认精神病的症状——歇斯底里、特定的痛苦以及变态行为——其实都有象征意味。这些症状都是潜意识的心灵表现自己的方法，就像潜意识可能在梦中出现一样，两者都有相同的象征性。举例来说，一个病人碰到无法忍受的情形也许会痉挛，每当他想吞东西时，他"不能吞下"。在心理受到同样压抑的情形下，另一个病人可能会气喘，"他在家里无法呼吸空气"。第三个病患吃东西时就吐，他"不能消化"。我可以列举许多这类例子，不过这类身体反应只是个形式，潜意识在烦扰我们的时候以此形式表现出来，通常在我们的梦中找到表现的方法。

任何心理学家在听过几个人描述自己的梦后，都知道梦的象征比精神病症状变化更大，它们通常包含如诗如画和逼真的幻想。但如果分析家碰上这种梦的材料而采用弗洛伊德独创的技巧——"自由联想"，就会发现梦最后会归纳成几个确定的基本模式。这种技巧在心理分析的发展中扮演了一个重要的角色，因为它有助于弗洛伊德利用梦作为起点，从而探查出病人潜意识的问题。

弗洛伊德做了个既简单但不失洞察力的观察，鼓励做梦者要不停地谈论他自己的梦意象，以及刺激他心灵的思考，就会露出原形，而且把烦闷或疾病的潜意识背景透露出来。他的观念也许看来非理性而不对题，但经过一段时间之后，就愈来愈容易了解他千方百计想逃避的是什么，他正在压抑什么不愉快的思想和经验。无论怎样努力隐瞒，他说的每件事都直指其心理状态的核心。医生从病人生活的背面中了解许多事情，因此，当他解释病人产生不安意识符号的暗示时，其所说的当与事实相距不远。他最后发现的更证实他的预测。至今，谁都不能对弗洛伊德的压抑理论置一否定词，但也无法补充梦象征形成的明确原因。

弗洛伊德赋予梦一种特有的重要性，作为"自由联想"过程的起点，但过了一段日子，我开始感到这一理论是一种误导，并不适宜应用在睡觉中潜意识所产生的丰富幻想。当某个同僚把他有一次在俄国搭长途火车的经验告诉我时，我才开始感到有疑问。虽然他不认识俄文，甚至不能辨读古代斯拉夫语的字母，但他发现自己在思索火车告示牌陌生的文字，并陷入幻想时，联想到了代替这些陌生文字的各种意义。

一个接一个的观念，令他发现这种"自由联想"搅动了许多旧记忆。而且他发现其中还有些埋藏很久的不如意的很想有意忘掉的事件又重现，令他很不惬意。其实，这就是心理学家所谓的"情结"——可以经常引起心理纷扰的被压抑情绪的主题。

这段插曲令我了解到了一个事实：不一定要用梦作"自由联想"过程的起点才可以发现病人的情结。这说明谁都可以从周围的一点直接进入核心。你可从古代斯拉夫字母开始，也可以从沉思水晶球、祈祷或现代画开始，甚至可以从闲谈开始。在这方面，梦实在比不上任何其他可资实行的起点有用。不过，梦有其特殊的意义，即梦经常由于情绪波动和内容所含的习惯性情结引起。那就是为什么自由联想可引导任何梦进入重大的秘密思考中。

无论如何，就这一点而论，我认为梦本身有些特殊而意义重大的机能。通常，梦有个明确、目的明显的结构，表示一个基本的观念或意图——虽然一般来讲，后者并非可以直接了解到。因此，我开始考虑我们是不是该把更多的注意力集中在梦的实际形式和内容上，而非容许"自由"联想来引致我们通过一连串观念，到达易于由别的方法得到的情结。

这个新看法在我的心理学发展上是个转折点。这意味着我逐渐放弃了与梦的主题相去甚远的联想。我与其集中精神在联想上，还不如专注在梦本身上，相信后者会表达一些潜意识竭力想说出的特殊东西。

我对梦的态度的改变，致使方法必然随之改变，我的新技巧可以顾及一个梦各色各样的层面。有意识的思想说出来的故事都有个开端、发展和结局，但是梦可不一样，它在时间和空间上的重要性都不同，要了解梦，非得从每个层面来探究不可——就像你手中拿着一件不明物体，然后翻来覆去，一次次地细心把玩，直到对它的外形完全熟悉为止。

也许我现在说了不少话，表示我越来越反对采用弗洛伊德起先运用的"自由"联想：我希望要尽可能地接近梦的本身，排除所有的不相干观念，以及可能引起的联想。这样可以令人了解病人的情结，不过我心目中有个更远大的目的，那就是不仅仅希望发现引起精神纷扰的原因，还要找到和联想方法相同的许多其他方法。举例来说，心理学家可以利用文字联想来取得他所需要的暗示。但要知道梦和了解个体整个人格的心灵生命历程，那承认他的梦和梦的象征意象扮演着更重要的角色是十分重要的。

例如，几乎人人都知道性行为可以象征许多不同的意象，通过联想过程，每个意象都导致个体对性交的观念，以及得到任何个体对自身的性态度特殊情结的观念。但我们发现这种情结可以用对一组难懂的俄文字母胡思乱想来代替，因此我得到一个推论，梦能包含一些与性比喻不同的讯息，它之所以这样是有确定理由的。以下的例子是最好的说明。

一个人也许会梦到插钥匙在锁孔里，挥动一根粗重的棍子，或用一根棒槌打破一扇门。这其中每个动作都可视作性的比喻。但事实上，他的潜意识为了本身的目的而选择这些特别意象中的一种——也许是钥匙、棍子或棒槌也含有重大的意义。真正的任务是去了解他为什么梦到钥匙而不梦到棍子、梦到棍子而不梦到棒槌。这样有时甚至会使我们发现呈现出来的意象根本与性行为无关，而只是些不同的心理学观点而已。

从上述的理论，我推论只有在梦中出现清晰可见的质料，才可以用来解释梦。梦本身有限制，它特定的形式告诉我们什么质料属于梦的形式，什么质料与梦的形式无关。当"自由"联想以一种歪曲的线诱惑人远离那些质料时，我使用的方法便是旁敲侧击，主要的对象就是梦的图画。我在梦的图画四周巡回婉转打听，尽管做梦者企图突破梦的图画。在我的专业工作中，时常一次又一次重复这两句话："回到你的梦中。那个梦说什么？"

举例来说，有个病人梦到过一个爱喝酒、衣衫褴褛和粗野的女人。在梦中，这女人看来是他妻子，虽然在实际生活里，他妻子与梦中的女人迥然不同。因此，从表面来看，这个梦极不真实。我的病人立刻反对梦中的女人是他妻子，并且说这个梦是荒诞不经的。如果我一开始就让他进行联想的过程，他必然会竭力回避任何对他的梦不愉快的暗示。在这种情形下，他会以他一些主要的情结来结束——也许那情结与他妻子没什么关系——我们因而无法得知这个特别的梦的特定意义。

那么，在这类显然不真实的过程中，他的潜意识到底竭力要表达什么呢？很明显，它表达一个堕落女性的观念，她与该做梦者的生活有密不可分的关系；但因为投射在他妻子身上的意象是那么不合理而虚假，所以我在找出这不快的意象代表什么东西之前，必须向别的地方看看。

远在中世纪之前，就有心理学家以腺的结构为理由，证明人类同时具有男性和女性的元素，有人说"每个男人里面都有个女人"。我称这种存于每个男性身上的女性元素为阴性特质。这种"女性的"元素本来对环境，特别对女人有着某种较劣等的关系。这元素不仅隐瞒个人自己，而且隐瞒别人。换句话说，虽然某个体可见的人格也许看来相当正常，但他也许隐瞒别人——甚至隐瞒自己——这可叹的局面都是"内在的女人"造成的。

那就是这个特别病人的事例——他的女性面不好。他的梦实际对他说："你在某方面的行为表现得像个堕落的女人。"因此给予他一个警告。

要了解做梦者为什么易于忽视，甚至否认梦的讯息并不难，因为意识天生地排斥任何潜意识和未明的事。我已指出在未开化的人中，存在着人类学家所谓的"厌新主义"。未开化的人用野兽的反应来对付困难而又麻烦的事，但"文明"人对新观念的反应和未开化的人差不多，他们建立心理屏障，以保护自己在面对新事物时免受惊吓。这很容易从任何个体在不得不承认某种出人意料的思想时，以观察出来自己对梦的反应。许多哲学界、科学界，甚至文学界的先驱，都成为他们同时代人天生保守主义的牺牲品。心理学是最新兴的学科，因为它企图讨论和处理潜意识的作用，它已无可避免地碰到了一种极端的厌新主义。

（二）潜意识中的过去与未来

至此，我已描绘出几个有关讨论梦问题的原则，因为当我们想研究人类产生象征的能力时，梦确实是最基本和最易获得的材料。讨论梦最基本的两点是：第一，须把梦当做一个事实，除了有意义之外，我们不该先作假设；第二，梦是潜意识的一种特殊表现法。

人很少以适当的方式去讨论这些原则。不管谁认为潜意识有多粗浅低俗，他必须承认潜意识值得研究，因为它至少与虫同等，很受昆虫学者的注意。如果某些对梦根本没有经验和知识的人，认为梦只不过是些无意义而混乱的存在，他可以随意那样去说；但如果有人假设梦是些正常事件，那么他就必须考虑梦不仅是有原因的，它们的存在有一个合理的原因——而且是有目的的，或者是兼具原因和目的。

现在看看有意识和潜意识心灵的内容结合方法。例如，你突然发现自己记不起你接着想说什么话，但几分钟前，你还记得清清楚楚。或者也许你正想介绍朋友时，名字却在你正要开口那一刹那间溜掉了，你说你记不起来，其实，那个思想已变成潜意识，或至少暂时与意识分开。我们在感官上也发现了同样的现象。如果听一段听度极微的曲调，声音听来似在固定的间隔停止，然后再重新开始。这种变动是由于个人的注意力固定增加或减少，并非曲调有任何变化。

但当某物从我们的意识退去时，它其实是继续存在的，就像一辆汽车在转角失去踪影，消失在空气中一样，然而它只是不在视线之内而已，我们日后也许会再看到那辆车子，到时就会想起暂时从意识中消失的念头。

因此，潜意识的部分包含许多一时隐蔽的念头、印象和概念，除非彻底消退，否则会继续影响我们有意象的精神。举例来说，有个人"精神恍惚"地在房间里走来走去，打算拿些东西。他停下脚步，忘了自己接下来该做些什么事，一脸不知如何是好的样子。双手在桌上的东西中乱抓，好像在梦游似的——他忘掉本来的目的，但还是潜意识地受到其本来的目的之指引。然后他觉察到自己想拿些什么东西。他的潜意识唤起了他的记忆。

如果观察一个精神病患者的行为，就能了解他所做的许多事不像潜意识或盲目的，但如果你问及他，便会发现他自己的行为若不是潜意识的，就是和脑子所想的不一样。他在听，但一句话也没有进耳朵去；他在看，但和瞎子一样；他知道，但一无所得。此类的例子实在太普通了，以致专家很快就明白精神潜意识的内容好像是有意识似的，在这些情况下，你对那些思考、言谈、行动等，绝不敢确定其是否有意识。

这类行为导致许多医生被一些歇斯底里的病人所吐露的谎话所骗。这种类型的人比我们会制造更多的虚伪，但"谎话"对他们而言，不是个适用的字眼。其实，他们的精神状态之所以引起不确实而易变的行为，完全是因为他们的意识被潜意识所干扰，甚至他们的皮肤感觉可以显现同样知觉的波动。有时候，患歇斯底里的人也许感到有针刺他的手臂，有时也许会全无感觉，如果他的注意力可以集中在某一点的话，他整个身体就会完全麻痹，引起这种意识暂时丧失直到紧张松弛为止。那感官认知会立刻恢复原状。不过在整个时间里，他对所发生的事都毫无意识。

当医生对这种病人施催眠术时，他才可以清楚地了解这个过程。要证明病人知道每个细节并不难。手臂的刺痛或在意识晦暗时所作的观察，可使他正确记起到底有没有麻痹或"忘掉"。

我记得有个女人被送到医院时已完全不省人事，当她第二天苏醒过来时，她知道自己是谁，但并不知道自己身在何处，也不知道自己是怎样或为什么住进医院，甚至连日子也不清楚。可是经过我向她催眠之后，她告诉我她的病因，如何来到医院，谁许可她入院。她甚至能说出入院的时间，因为她在进口大堂看见一个钟。所有这些细节都可以证实，在催眠之下，她的记忆就像有意识的人一样之清晰。

当我们讨论这种问题时，通常要依靠临床观察的证据，为了这个理由，许多批评家推论，潜意识和所有微妙的显示，完全属于精神病理学的范围。他们认为任何潜意识表达的神经症或精神病都与正常精神状态无关。但神经症的现象，却绝非完全由于疾病所致。事实上，它们不过是经过病理学夸张的正常事件，神经症的现象之所以被夸张，仅仅是因为它们比正常状态更明显。歇斯底里的症状可以在所有正常人的身上看出来，但初期往往很轻微，以致不易察觉出来。

举例来说，遗忘是一种正常过程，某些意识因之丧失特殊的能力，因为人的注意力已偏歪了。当兴趣转移到别处时，那些他以前所关心的事会留在阴暗中，就好像探照灯射在一个新地区，令其他地区依旧陷在黑暗之中。这是无可避免的，因为意识每次只能完全清楚地保持几个意象不变。

但遗忘的观念并没有停止存在，这些观念固然不能任意再生，但它们以潜在意识的状态出现——正好在记忆间之上——因此它们随时会自然地再次冒出来，甚至已完全忘记好几年的事，往往也会浮现出来。

在这里所说的事情，都是我们有意识地听过或看过以后才会忘掉的，但在看、听、嗅和品尝东西的时候，并没注意到我们会忘记，究其原因，要不是我们的注意力偏歪，就是我们的感官受到的刺激太轻微，以致无法留下有意识的印象。不过，潜意识已把一切记录下来，这种潜在感官认知在日常生活中扮演极其重要的角色。因而在不知不觉的情形下，它能影响我们对人和事两者的反应和处理的态度。

有关这个问题，我发现有个特别有启发性的例子，这是一位教授提供给我的。有一天他和几个学生在乡间散步，并且沉醉在严肃的交谈中。突然之间，他注意到他的思绪被一股来自童年早期的意想不到的记忆之流打断，他说不出这次分神的原因。因为他和学生所说的话，似乎与这些记忆毫无关系。回头细想，发现自己在走过一个农场时，这些第一次出现的童年回忆立即涌现心头。他向学生建议，他们应该回到他开始幻想的地方去。一抵达那里，他注意到鹅的味道，马上领悟到，触发他记忆之流的就是这股气味。

童年时代，他住在一个养了许多鹅的农场，鹅的独特气味深深地刻在他脑海里，留下一个永久不会忘记的印象。当他散步经过那农场时，下意识地注意到那些气味，这种潜意识的知觉唤回他久已忘怀的童年经验。那知觉是潜意识的，虽然注意力无处不到，无处不在，但刺激却不强迫让注意力偏歪，且直接抵达意识那里，不过知觉仍可唤起"已被忘怀"的记忆。

这种"线索"或"引端"的效果，不仅可以解释神经症病状的肇端，还可以说明在情景、气味或声音当中，可令人记起以往情形的良性记忆。举例来说，有个女郎本来在办公室忙着工作，看来既健康又快乐，但过了一会儿，突然间感到头晕眼花，而且还有别的地方不舒服。原来在无意当中，她听到远处传来轮船的汽笛声，这令她潜意识里记起与爱人痛苦的离别，她已尽己所能忘掉这段伤心往事。

且不说正常的遗忘，弗洛伊德曾描述过几个涉及"忘怀"不愉快记忆的例子——那是每个人都急于忘怀的记忆。正如尼采所说，当骄傲过于强烈时，记忆就消退。因此，在失去的记忆中，我们遇到不少因记忆有讨厌和矛盾的性质，而作下意识的遗忘，心理学者称这些为"压抑的"满足。

例如，有个秘书忌妒她老板的伙伴，她习惯地忘记请那个人去开会，虽然那名字清清楚楚地记在她的人名表上。但如果就这点向她提出疑问，她干脆说她"忘掉了"，她坚决不承认——甚至不面对自己——忘掉的真正原因。

许多人错误地高估意志的重要性，认为如果没有决定或意图，他们的心灵就空空如也，但我们必须知道如何小心地区别有企图和无企图的心灵内容，前者源自自我性格，后者则兴起自一个与自我不统一的根源，这是自我的"另一方面"。就是这"另一面"，使得那秘书忘记邀请老板的伙伴。

之所以会忘记我们注意到或经验过的事情，原因实在很多，但他们有许多方法可以记起来。最有趣的例子是"潜在记忆"或"隐藏记忆"。某个作家可能正在不断地写预先想好的计划，而且为故事的伏笔煞费苦心，但他突然要改变初衷，转变故事的内容，或许他有个新构想，或一个不同的意象，或一个全新的陪衬情节。如果你问他是什么东西促使他这样，他可能无法告诉你。他也许没有注意到自己的改变，虽然他现在所使用的材料全新，而且以前从未发现过。不过，有时明确地显示出他所写的东西和其他作家的作品有很多显著的相似点——他相信自己从来没看过那作家的作品。

本人在尼采的大作《查拉图斯特拉如是说》中，发现一个绝佳的例子，作者几乎是逐字地复写一个在1686年的航海日志中报道过的意外事件。

某个机会，在一本大概于1835年出版的书中，我读到这位水手的故事，当我在《查拉图斯特拉如是说》中也发现类似的段落时，不禁对这种独特的文体大感惊讶，因为那与尼采一向的句法大异其趣。我肯定尼采一定读过这本旧书，虽然他没有作注解。我写过信给他仍旧在世的妹妹，她确定她和哥哥在他十一岁时读过那本书，从文脉来看，如果我认为尼采有任何观念采自那本故事书，实在难以令人信服，我倒相信五十年后，那本书的观念不知不觉地溜进了他的意识心灵里。

在这类例子中，虽然未被察觉，但那确实是种回忆。许多同类的事也许会发生在音乐家身上，孩提时代听过的美妙曲调或流行音乐，突然在他成年期所作的交响曲乐章中出现。观念或意象从潜意识中退回到意识心灵中。

目前所说的潜意识，只不过是人类心灵复杂部分的性质和机能的概说，但这已指出潜在的材料可以自然地产生梦的象征。这种潜在材料包括所有的动因、冲动、企图；所有的知觉和直觉；所有理性或非理性的思考、结论、归纳、演绎和前提，以及种种感情的变化。任何一类或所有这些都可作为一时的、部分的或不变的潜意识形式。

这类材料大部分都会变成潜意识，因为——说起来——意识心灵没空间容纳潜意识。有些人的思想失去感情的力量而变成潜在的，因为它们看来变得无趣味或不相干，就是因为有些理由使我们希望将它们推出视线之外。

其实，这样说来，为了使意识心灵有更多空间容纳新的印象和观念，"遗忘"可说是很正常和必要的了。如果没有遗忘这回事，对我们经历过的每件事会留在意识阈上，我们的心灵就会变得无法可想的杂乱。今天，这种现象广为大众所认知，以至于对心理学稍有认识的人，都认为上述的说法是确实不移的。

但就是因意识的内容能在潜意识里消失，从没被意识过的新内容才能从中兴起。举例来说，有人可以微微感到某些东西正要闯入意识里——"某些东西悬而未决"或者"感到可疑"。这种发现，证明潜意识并不仅是过去的贮藏所，而且也充满未来心灵情况和观念的幼芽，这引领我们更进一步地接近心理学。有关这点，争论性的讨论很多，但事实上，加上很久以前有意识的记忆、全新的思想和有创意的观念也能从潜意识中呈现它们自己——这些思想和观念从未被意识过。它们像朵莲花，从心灵黝黑深邃处生长出来，形成潜在心灵最重要的部分。

可以在日常生活中发现这点，有时一些令人左右为难的事会被最出乎意料的新方法解决掉。许多艺术家、哲学家，甚至科学家，都能从突然呈现在潜意识中的灵感中得到了最佳的想象——拥有达到或者取得这种质料的能力，能够有效地把它运用在哲学、文学、音乐或科学发明等的人，就是一般所谓的天才。

我们可以在科学史本身中发现这个事实的证明。例如，法国数学家庞加莱和化学家卡伦对源自潜意识的息外的图形"启示"有重要的科学发现。法国哲学家笛卡儿所谓的"神秘性"经验，亦涉及类似的意外启示，他从中立即看到"所有科学的秩序"。英国作家罗拔·史提芬逊花了数年时间，找寻一个能适合"人类双重本质的强烈感觉"的故事，突然间，《化身博士》这本书的情节在他的梦中显示出来。

我只想指出，人类心灵所产生的这类新资料的包容力，在我们讨论梦象征时，会有特别的意义。因为我在专业的工作里，一次又一次地发现，梦包含的意象和观念，大概不能只以记忆的字眼来阐明，它们的表现从没达到意识阈的新思想。

五 弗洛伊德

我在成为精神病医师的同时，也开始了知识成长的探索。我全然无知地由临床上开始来观察精神病人，从而发现了心理过程中的一项惊人特质。我将这些记录整理成摘要及分类，但却一点都不了解它们的内涵。渐渐的，我的兴趣集中在诊疗过程中所理解到的，比如说，偏执狂、郁躁症及心因性困扰中。从开始我的心理医学生涯起，波艾尔、弗洛伊德及惹内等人的研究工作就给了我极佳的指引及激励。尤其重要的是，我发现弗洛伊德在梦之解析上的技巧，对精神分裂症各种形式的了解有很大帮助。早在1900年，阅读弗洛伊德的《梦的解析》之后，我便把此书搁置一旁，因为并不了解它。在二十五岁时，我的经验还不足以来欣赏弗洛伊德的理论，要到稍后几年，才能懂得去欣赏它。到了1903年，我又重新拾起《梦的解析》，发现它与我的想法竟然如此相关。主要引起我兴趣的是，压抑机制在梦观念上的应用，这对我很重要，因为我常常在单字联想的实验中，遭遇到压抑现象。对于特定单字的刺激，病人或者是不作相关的回答，或者是过度迟缓他反应的时间。随后我发现，每当刺激字触及心理创伤或心理冲突时，此种困扰就会发生。在大部分情况下，病人都未觉察到这一点。当被询及受困扰的原因时，病人常会以怪异而不自然的态度来回答。弗洛伊德的《梦的解析》告诉我，就是压抑机制在作怪。所观察到的正与他的理论吻合，因此我能确实证明弗洛伊德的论证。

然而一旦涉及压抑的内容，情况可就不同了。在这儿我不同意弗洛伊德的说法，他认为压抑作用起因于性创伤。然而，对我们熟悉的许多精神官能症的例子，以我的经验而言，在这些病例中，性问题倒还在其次，其他的因素才是主因。比如说，社会适应的问题，生活环境压抑的问题，以及考虑个人名望的问题，等等。稍后，我将这些例子告诉弗洛伊德，但他并不认为除了性问题以外，其他的因素会是压抑作用的结果，这使我感到极度不满。

刚开始，很难将弗洛伊德在我的生命中适当定位，在熟悉了他作品的同时，我正计划在我的学术生涯上起跑，并即将完成一篇能使我在大学中晋阶的论文。当时，弗洛伊德在学术界是很不受欢迎的人物，那么与他有任何关联都会在学术圈内招致不利。

当我在实验室里一再反省这些问题时，魔鬼对我耳语道："你可以正正当当地发表实验结果及结论，可以压根儿都不提及弗洛伊德呀！"毕竟早在我了解他的作品以前，已完成了我的实验。但同时我又听到另外一种声音"如果你这么做，就好像你对弗洛伊德的事一点都不知情，但这只不过是一桩欺诈，你不能将你的一生构筑在谎言上。"就这样，问题解决了。从那时起，我成了弗洛伊德的同伴并且为他战斗。

1906年，我写了一篇文章，是有关弗洛伊德在精神官能症上的理论，投到《慕尼黑医学周刊》上发表，这个理论对了解强迫性精神官能症有极大的贡献。这篇文章所引起的回响是，两位德国教授写信警告我说，如果我仍然站在弗洛伊德一边并继续替他辩护的话，那么就会危及我的学术生涯。我回信道："如果弗洛伊德所说的是真实的，那我就拥护他。如果必须以限制研究及隐瞒真实为前提的话，我对这种生涯是一点都不在乎的。"但基于自己的发现，我仍然无法认定所有的精神官能症都是由性压抑或性创伤所引致的。在某些病例确是这样，但在其他的例子中则不然。不过，弗洛伊德确实是开启了一条研究的新途径。在当时，人们对他的叫嚣与抗议，我觉得实在是滑稽而可笑。

对于发表在《精神分裂症的心理学》一书上的观念，我并没有得到太多共鸣。事实上，同事们嘲笑我。但经由此书，我得以认识弗洛伊德。他邀请我去拜访他，就在1907年2月间，我们在维也纳第一次会面，从下午一点钟起长谈了十三个小时，中途不曾有过一次休息。弗洛伊德是我所遇见过的真正重要的第一个人——以我那时的经验，

五
弗
洛
伊
德

无人能与他比拟。我注意观察他的一举一动，我发觉他头脑非常聪明且眼神锐利，十分引人注目。然而，我对他的第一次印象仍然纠结不清，因为我无法了解他。

关于他所讲的性理论深深地打动了我。然而，他的言辞并不能消除我的疑虑。在几次场合中，我试图提出我的看法，但每次他总认为是我缺乏经验。弗洛伊德是对的，在那些时日里，我并没有足够的经验来支持我的观点。可以看得出来，性理论在个人及在哲学上对他都是极重要的。但我搞不清楚这么强调性欲到底有几分是出自于他个人的主观偏见，又有几分是立论于可验证的经验。

最重要的是，弗洛伊德对心灵上的态度使我很感疑惑。当一个人或一件艺术品，其精神上的表现（指的是智力方面，非超自然方面）明朗化时，他就怀疑它，并暗示这是性欲的压抑。任何不能以性欲直接解释的他就将之归因于"性心理学"。我反对这个学说，因为推导其结论，将会推导出对文化的灭绝判断。那么，"文化只不过是一场闹剧，是性欲压抑的病态结果。""是的"，他同意道，"就是这样，这就是我们无力去对抗的命运之诅咒。"但我绝不同意这点及任何其他相关的论调，不过，我仍然觉得，我无力去跟他争论出个结果。

（一）泥泞的黑潮

在第一次会面时，还有其他的事让我觉得意味深长。直到我们的友谊结束之后，我才了解到这些事。绝对错不了的，弗洛伊德情绪化地专注于理论已到不正常的地步了。当他一提到它，他的声调就变得急迫，几乎是非常的不安，而平时的批判及怀疑的态度全消失了。一种奇怪而深深感动的表情涌现在他的脸上，这就是使我全然不解的原因。我有个很强的感觉，性对他似乎是某种神。这件事，在三年后（1910年）我于维也纳跟他的一次谈话中，终于得到了证实。

仍然很清楚地记得弗洛伊德是这么对我说的："亲爱的荣格，答应我，绝对不要放弃性理论。这是最最重要的事情，我们必须为它立下教条，并建造一个不可动摇的堡垒。"他很激动地以父亲的口吻对着我说："亲爱的孩子，再答应我一件事，你每个周日都要上教堂。"我有点惊讶地问道："堡垒！要对抗什么呢？"他回答说："对抗泥泞的黑潮，"他犹豫了一下子又说道，"神秘主义的黑潮。"首先，是"堡垒"及"教条"这些字眼令我不安。所谓的教条，那就是说，是没有讨论余地的信条。立下教条，其目的就是来压抑疑惑，而再也没有什么科学上的判断，有的只是个人的权力欲。

就是这件事打击了我们的友谊。我知道我是绝不会接受这种态度的。而弗洛伊德所谓的"神秘主义"其实指的就是哲学、宗教以及新近兴起的超心理学中有关精神的部分。对我而言，性理论也不过是个玄学，也就是说，只不过是个未经证实的假设，就像其他许多理论性的观点一样。科学的真实只不过是适合于一时的假设，但未必能当成永远的真理。

虽然，那时候并没有适当而切实地去了解这点。但我观察到，在弗洛伊德身上有股宗教成分的潜意识突发。很显然，他要我帮忙来建立一道关卡，以对抗其来自潜意识的威胁。

由这次谈话所得来的印象让我更加迷惑，直到后来，我不再视性为重要的或有害的概念，而必须忠实地去面对它。性，很明显，对弗洛伊德比对其他人来得更有意义。对他而言，性似乎是某种宗教上的。面对这么深邃的认定，人们通常会变得害羞而沉默。在几次结结巴巴地说出我的想法之后，我们的谈话就接近尾声了。

我感到迷惑不安，似乎是瞥见了一个新的、未知的领域，其中有成群成堆的新观念向我冲击而来。有一件事倒是很清楚：弗洛伊德总是在强调他的非宗教性，而如今他却在建构新的教条，甚至想要以另一引人注目的表象——性来取代他久已遗失的上帝。而这个神与原来的上帝一样醒目，一样严厉，也一样跋扈，在道德上更是暧昧不明。就好像在心灵上较强的力量都有"神性"或"魔性"，所以"性欲"就接管了这玄妙的角色，成为潜藏的神。

对弗洛伊德而言，性无疑是个神，但他用的术语及理论似乎都只将它定义成只限于生物上的功能。只有在他提及性时的那种感动才会显露出他内在更深的成分。基本上，他想要教导阐明的是——至少对

五　弗洛伊德

我而言是如此——由内在观之，性包含精神在内，都有直觉上的意义。但他所使用的术语太受限制了，因而不足以表达这些概念。他给了我一个印象，实际上，他是在对抗他的目标及自己，以他自己的术语，觉得被"泥泞的黑潮"所威胁，但他比任何其他的人都更想把自己置身于黑色的深渊之中。

弗洛伊德从不反问自己为什么会不断地谈论性，为什么这一观念在他心中会占有如此的地位。也仍未觉察到他的"单一解释"表示已偏离他自己，偏离了神秘的一面。只要仍拒绝承认有这一面，他就绝对无法与自己取得一致。他无视潜意识内容的矛盾与暧昧不明，也不知道由潜意识而来的会有两个极端，有里面及外面两个层面。如果我们只提到外面的层面——弗洛伊德就是这样——那我们只看到整个事物的一半，即由潜意识而来的反作用的结果。

1909年是我们关系决定性的一年，我受邀到麻州迟塞特的克拉克大学演讲联想实验，同时，弗洛伊德也受到了邀请。因此，就决定一起去旅行。当我们在不来梅港碰头时，发生了颇受谈论的弗洛伊德晕厥事件。这是由我对"泥煤沼中的尸体"的兴趣所间接刺激而成的。我知道在德国北部的某些地区发现了所谓的泥沼中的尸体，它们是史前人类的尸体。这些人可能是淹死在沼泽里或被埋葬在那儿。由于尸体所浸泡的沼泽水中含有酸，这些酸会将骨头腐蚀掉但同时也硝化了尸体上的皮肤。因此，皮肤及毛发都完整地保留着，这其实就是天然木乃伊化的过程。在此过程中，尸体被煤块的重量所压平。这些遗骸偶尔也会被荷兰、丹麦、瑞典等地的人挖掘出来。

当我们在不来梅时，我想起了曾读过关于这些泥煤沼中尸体的报道，不过有点记不太清楚，而将它们与城市里铅窖中的木乃伊搞混了。我的这个兴趣引得弗洛伊德不安。"为什么你对这些尸体这么关心？"几次向我问起，他对这整件事表现得过度焦躁。在我们一次同进晚餐时，就在上述的问话中，他突然晕厥了。之后，他告诉我确信所有关于尸体的闲谈都意味着我希望他亡故。对这种解释我非常惊讶，同时，也觉察到他想象的程度——很明显，是这么强烈，以致会使他晕厥。

（二）鸿沟渐形成

在相同的场合下，我在场时，弗洛伊德又昏倒了一次。这是1912年，在慕尼黑的心理分析会议上。某个人把话题转到Amenophis IV（IKhmneton）。其论点是说由于对他父亲的否定态度，他毁坏了他父亲石像的涡形装饰，而在他这位一神教伟大开创者的背后潜藏着杀父情结。这个论点激怒了我，因此，我企图议论道，Amenophis是个创造性及谦卑的宗教人物，不能因其个人对其父的反抗，就对他作这样的论断。正相反，我说，他以荣誉来纪念他父亲，而他所极力破坏的是Amon神。而其他的法老们将他们祖先的纪念碑及雕像以自己的来取代，他们觉得有权力这么做，因为他们是同一位神祇的化身。然而我指出，他们并未开创出新局面，也未开创出新的宗教。

就在此时弗洛伊德昏倒在他的座位上。每个人无助地围在他旁边。我扶起他，带他到隔壁房间，让他躺在沙发上。永远都忘不了他当时看着我的眼神，就好像我是他的父亲。不管是其他的什么因素导致这次晕厥——氧气总是很紧张——杀父的幻想是这两次晕厥的共同点。

在那段时间，弗洛伊德常常暗示我将会是他的继承者。这些暗示让我很难堪，因为我知道永远都不可能如他所希望而很适当地去支持他的论点。另一方面，自己也未达成能受他所重视的评断，又因太尊重他因而不想强迫他最后来接受我的想法。我一点也不因被赋予此重任而乐昏了头，第一，我的个性并不适合做一个领导者。第二，不想牺牲我知性上的独立。第三，这样的荣耀我并不喜欢，因为会让我偏离掉我原有的目标。只有探求真理才是我所关心的，至于个人的声望是不列入考虑范围的。

弗洛伊德有个梦——我并不认为将它所牵涉的细节问题公开是对的。我尽我所能来解释它。如果能提供他私生活的一些细节，那我就能说得更多、更清楚。弗洛伊德对此要求的反应是很奇怪的眼神——一种极端怀疑的眼神。然后，他说："我不能拿我的权威去冒险啊！"就在那一刻，他的权威已丧失殆尽。这句话牢牢铭记在我的脑海中。对此，我们的关系蒙上了一层阴影。弗洛伊德竟将个人的权威置于真理之上。

如我以前所述：弗洛伊德能解释我许多不完整的梦。这些梦都有共同的内容，它包含了许多象征性的题材，其中有一个对我特别重要。因为它而导致了我第一次有"集体潜意识"的这个概念。同时也成了我的书《潜意识心理学》的序曲。

这个梦是这样的，我在一间不知道的两层楼房里。噢！这是我的房子嘛！我人在第二层，里头有一间客厅，装饰成旧式精致的洛可可风格，墙上挂了许多名画。我觉得真奇怪，这会是我的房子，想想"不错啊！"突然我想到不知楼下是什么样子。下了阶梯，到了一楼过道儿的陈设似乎更古老点。我猜想这儿有点十五、十六世纪的味道。家具是中世纪的，地板则铺以红砖。到处都相当幽暗。我从一个房间走到另一间。边走边想，"现在，我总算对这整个房子探究清楚了。"我走向一扇厚重的门，打开它，发现一条通往地窖的石阶。再度走下阶梯，我发现置身在一个相当古老的拱形房间里，我检视墙壁，发现成列的砖块叠在石块上，砖块上涂有胶泥。一看到这个，就知道这堵墙是罗马时代的。我的兴趣大增，更仔细地检视地板，发现是石材地板。在其中我发现了一个环。我将环拉起，石板抬高，又有一条狭窄的石阶通往更深一层。我走了下去，进入一个由岩石所凿成的洞穴，地上有厚的尘土，骨头及破陶器散布一地，就像原始文化的遗骸，其中有两副残缺不全的人类骷髅头。之后，我就醒过来了。

这个梦最吸引弗洛伊德的是那两副骷髅头。他不断地提到它们，并催促我去找出与此梦关联的愿望。对这两副骷髅头怎么想？他们又是什么人？当然，我非常清楚弗洛伊德的意图：在这个梦中找出希望某人死亡的秘密。但到底希望我怎么做？希望什么人死亡，很难接受像这样的任何解释。对这个梦的真正意义我隐隐有些明白了，但当时并不相信自己的判断，我想要听听弗洛伊德的意见，要跟他学习。因此，我顺从了他的意图，告诉他可能是"我的妻子及小姨子"——毕竟，我总得乱扯出任何两个人，告诉弗洛伊德他们的死是值得庆幸的。

那时我刚结婚不久，非常清楚自己根本不可能有这样的愿望。若将我对此梦的解释告诉弗洛伊德，势必会引起一场激烈的争论。我并不想与他争吵，但如果坚持自己的观点，又害怕会失去与他的友谊。另一方面，我想要知道他会如何回答，如果欺骗他，告诉他一些适合他理论的事，他的反应又会如何，于是，我对他扯了个谎。

我的行为会受到非难，但是，非常时期得要采取非常办法！我没有办法给予他任何心灵世界的洞识。我们想法之间的鸿沟太大了。事实上，对我的回答，弗洛伊德似乎是极感安慰。从这一点可以看出他对处理这一类的梦是一点办法也没有，要找出此梦的真正意义，就得要靠自己了。

我明了这房子代表的是一种心灵的想象，也就是说，当时的意识状态再加上潜意识状态。意识以客厅来代表，虽然是古旧的风格，但仍存有人烟。

一楼代表了潜意识里的第一层，我越往下走，就愈会出现怪异与阴暗的景色。在洞穴中，我发现了原始文化的遗骸，那就是在我心里面的原始世界——几乎由意识层面无法到达这个世界。人的原始心灵与动物的灵魂交界，就好像史前时代的洞穴在人肃清野兽之前，是由野兽所居住的。

（三）决裂征兆出现

在这一段期间，了解到弗洛伊德的智性态度与我的是多么不同。我生长在19世纪历史气氛浓烈的贝索，阅读了一些古老的哲学书籍，也获得了心理学史的知识。当我一想到梦及潜意识的内容，就会想作历史上的比较。在求学时代，经常使用库格的哲学辞典，我也特别熟悉18世纪及19世纪早期的作家，这些则构成了梦中第二层客厅的范围。

这个梦指出了我刚刚所描述过的意识层面有更深的知觉范围，例如，久无人烟的中古世纪风格，接着是罗马式的地窖，最后则是史前的洞穴。这些代表了过去的时代以及意识状态的过去各阶段。

就在这个梦之后的几天中，有几个问题一直萦绕着我。像弗洛伊德的心理学是建立在什么前提之下？它是属于人类思想的哪个范畴？

它的人格主义与一般历史上的假设有何关联？我的梦恰好提供了答案。它很明显地指出文化史的基础即是意识层面不断累积的历史。我的梦构成了人类心灵的结构图——它假设属于全然非个人特质的事物摆在心灵的最底层。这是我第一次微微地感觉到个人心灵的最底层是集体性的东西。稍后，在经验渐增及有更可靠的知识之下，我确认它们即是本能的种种形式，也就是原型。

弗洛伊德认为梦只不过是个表面，隐藏在其后的意义早已知悉，而只是从意识层面被邪恶地压制遮盖住而已，我绝不同意这种说法，我认为，梦是自然的一部分，它绝无欺瞒的意思，而只是尽它所能来述说某事，就好像植物或动物觅食一样，都是尽其所能。同样，这些生命形态也无意来欺瞒我们的双眼，倒是因为我们的短视而欺骗了自己。我们的双耳错失些什么，不是它们有意欺瞒，而是我们耳聋严重。早在遇见弗洛伊德之前，我就认为潜意识及梦本身就是自明的，这些都不是可任意增删的自然过程，更不是变法地耍诡计。意识层面的诡计也能扩展到潜意识中的自然过程，这种说法，看不出有什么道理。相反，日常经验告诉我潜意识强烈地在反抗着意识心灵的趋向。

房子的梦引起了我的好奇心，这使我回想到自己对考古学的原有兴趣。在返回苏黎世之后，读了一本有关挖掘巴比伦洞穴的书，并阅读种种关于神话的著作。在这期间，我偶然发现："古代人的神话及象征"——这可把我的兴趣点燃了。我疯狂地阅读，狂热地研究如山堆般的神话资料及诺斯替教作家们的著作，而最后却陷入一片混乱。发觉自己正处于混乱状态，正如同以前在临床时所亲身经验到的一样。

在研究当中，突然发现一位年轻美国人米勒小姐的幻想作品，我对她全然陌生，但这些幻想作品中的神话特质让我灵光大闪，对我所累积而仍无头绪的概念，无疑是个催化剂。有条理而整体的观念渐渐从我所获得的神话知识中成形，这就成了我另一本书《潜意识心理学》。

就在写作这本书时，梦及即将与弗洛伊德决裂的征兆。最有意义的是它的场景位于瑞士、奥地利边境的多山区域中，黄昏之时，遇见一位穿着奥匈帝国海关官员制服的老头，擦身而过，有点佝偻，看都不看我一眼。他的表情暴躁，相当忧郁而焦急，还有其他人在场。有人告诉我这个老头并不存在，是数年前去世的海关官员的鬼魂，"他到现在仍死不瞑目"，这些是整个梦的头一部分。

我着手来分析这个梦，与"海关"相关的，即刻想到"监察"。而与"边界"相关的，想到了意识与潜意识之间的交界，另一方面，想到弗洛伊德的观点与我的之间的交界。在边界上极端严格的海关检查似乎是值得去分析的暗示。在边界上箱子都得打开以搜查违禁品，在检查当中，潜意识的假设就被发现了。对一个老练的海关官员，他的工作使得他习惯于以酸溜溜的眼光来观察世界，我并不反对将这个与弗洛伊德作对比。

在那个时候，弗洛伊德对我而言已丧失了许多权威，但我仍然认为他是非常优秀的人，我将父亲的形象投射于其上。就在这个梦的过程中，这种投射仍然继续维持。一有了这种投射之后，我们就不再客观了——坚持各自独立判断的状态，一方面互相依存，另一方面，我们互相对抗。在这个梦发生的当口，我仍然很重视弗洛伊德，但同时又在批评他。这种分裂态度象征着我对这个情况仍是处于潜意识层面，而且还没解决它。这是整个投射的特质，这个梦催促我有必要澄清这种情况。

海关官员的这段插曲只是这个梦的第一部分，在一段罅隙之后，第二部分跟着来了——这是最值得注意的部分。我身处一个意大利的城市中，中午时分，就在十二点到一点之间。恶狠狠的日光正照在狭窄的街道上。这座城市坐落在山坡上，这使我想起了 Kohlenberg 的贝索。阶梯状的小街顺着山谷而下，贯通整座城市。循着这条小街而下直到一广场，这个城市就是贝索那，但它又是在意大利境内，有点像是 Bergamo。这时正是夏季，耀眼的太阳就在天顶，在炽热的阳光下，什么都给烤得热烘烘的。群众像潮水般地涌向我，我知道这时正是商店打烊人们回家吃中饭的时刻。在人潮中有一位全身披挂的骑士，沿着石阶而来，某人头戴轻钢盔身穿链子甲，全身罩着前后都绣有大红十字架的长袍。

可以想象当时的感觉：在一座现代的城市里，中午人潮汹涌的时刻，突然看到一位十字军骑士迎面而来。而最让人感到怪异的是，在这许多行走的路人当中竟没有人注意到他，好像除了我之外，对于所有的人都隐形了一般。我问自己到底这幽灵是什么，这时，就如同有人回答我一般——但实际上，那儿没有说话，"噢，这是个定期出现的幽灵，这位骑士总是会在十二点到一点之间经过这里，从很久以前就是如此了，每个人都知道这回事。"

骑士与海关官员是对比的人物，海关官员是死不瞑目朦胧而又衰老的鬼魂，而骑士则是轮廓鲜明而又活生生的。第二部分的梦是极端富于精神化的，而在边界上的场景倒是平凡无奇没什么特殊意义，我惊讶竟会去思考这场景的意义。

在这个梦之后的一段时间，我对这位骑士的神话性特征想了很多。在我对这个梦沉思默想了一段时间之后，才对它的意义有点概念。就在做梦的当中，也知道这是十二世纪的骑士，那段时间正是炼金术与寻找圣杯风行的时候。自从我在十五岁第一次读到圣杯的故事之后，这些故事可以说一直对我非常重要。微微觉得这些故事背后必定埋藏有极大的秘密。因此，很自然地认为这个梦应该能将骑士及圣杯的世界，以及他们所追寻的给召唤出来——其实，就最深层的意义而言，那就是我自己的世界，这几乎是与弗洛伊德没有关系的。我整个的存在是从生命的平凡陈腐中寻找尚未知悉的意义。

（四）友谊结束

现在知道为什么对弗洛伊德的人格心理学会这么热衷，渴望知道他的"合理的解答"的真相，并且我已准备牺牲一切来获得答案，现在我觉得我得到线索了。在前往美国的途中发现，弗洛伊德本身也是个精神病患者，有着非常麻烦的征候。当然，他曾告诉我每个人多多少少都有点精神疾病，因此我们必须学会容忍，但我一点儿也不以此说为满足，我很想知道，一个人如何从精神疾病中脱逃出来。很显然，弗洛伊德跟他的门徒都无法了解，如果连祖师爷都无法处理他自己的精神疾病，那心理分析的理论与实际又算是什么？因此，当弗洛伊德宣称要将理论造成某种教条时，我就无法与他一起合作了，没有别的选择，我只好退出。

当我在写作有关原欲的书并即将完成"牺牲"这一章之时，很清楚它的出版将会以弗洛伊德与我之间的友谊为代价。因为我计划将自己对乱伦的观念、对原欲观念以及许多与弗洛伊德不同的想法都置之书中。我觉得乱伦只有在极少数的例子中才能象征个人的混乱——通常乱伦具有高度宗教的含义。因此，几乎在所有的宇宙生成论中及无数的神话里，乱伦主题都扮演了极为决定性的角色。但弗洛伊德只固执于其字义上的解释，而无法捕捉到乱伦所象征的精神上的意义。我知道他永远都不会接受我对这个主题的任何想法。

我将这些告诉我的妻子，并提及我的忧虑。她试图让我放心，她觉得弗洛伊德就算不接受我的观点，也将宽宏大量地不加以反对。但我自己则很清楚，弗洛伊德是不会这么做的。为此我有两个月无法动笔，也正是被这个矛盾所折磨。我该将这些想法保留在心中？或者该冒着损失如此重大友谊的危险？最后，还是决定继续写下去——而这的确也牺牲掉了我与弗洛伊德之间的友谊。

与弗洛伊德决裂之后，所有的朋友及旧识逐渐离我远去。我的书被宣称是一堆垃圾，但我早已预见我的孤独并且对那些所谓的朋友们也不存在任何幻想，这是我事先就已全然考虑过的。我知道现在任何事都濒临危险，对我的非难我也严阵以待。有了这些了解之后，就能提笔再写了，纵然知道我的想法将不会被了解与接受，而且我很清楚"牺牲"这一章意味的就是自己的牺牲。

追忆以往，可以说我独立研究了弗洛伊德最感兴趣的两个问题：古代遗迹的问题及性的问题。广泛的错误是认为我没有重视性欲的价值。但相反的，它在我的心理学上占了很大一部分，是主要的——虽然不是唯一的——心灵整体的表现。我主要的兴趣不在于个人的意义及生物上的功能，而是去探究其精神上的外貌及神话上的意义，进而去解释弗洛伊德所着迷而无法掌握的是什么。关于我对这个主题的想法都包含在《感情转移心理学》里。当性表现了 chthonic 精神时是最重要的，这种精神就是"神的另一面貌"的黑暗面。自从我开始探究炼金术的世界之后，chthonic精神的问题就一直萦绕在我心中。基本上，这个兴趣是由早期与弗洛伊德的谈话中而启发的。当时，我对他深深地被性的现象所感动非常迷惑。

弗洛伊德最大的成就可能在于他认真地对待精神病患者，并进入到他们奇异的个人心灵世界里去。他有勇气让这心灵世界自己来讲话，从而能够透视病人的真正心理。他以病人的观点来观察，对精神疾病有前所未有的深刻了解。在这方面他没有偏见，而且还勇敢地克服了许多成见。就像旧约上的先知一般，他着手推翻虚妄的神，扯下许许多多虚假及伪善的面具，无情地暴露出当代心灵的腐败。面对别人的排斥，他毫不退却畏缩。给我们文明的刺激在于他发现了一条通往潜意识之路，他将梦视为了解潜意识过程所需的最重要知识来源，重新给了人类久已遗失而无法恢复的工具。他阐述了潜意识心灵的存在，而那时这项存在只是哲学上的一项假设。可以这么说，虽然，现代人面对这个概念已超过半个世纪之久，但当代的文化意识层面并未能吸收潜意识的概念。对精神生活有两极性的基本了解也仍有待于未来的努力。

六　梦的象征

有关我们梦生活起源的细节，是大多数象征最初生长的土壤。不幸的是，梦很难了解。正如我早已指出的，梦与由有意识的心灵说出的故事截然不同。在日常生活里，我们考虑想说些什么话，选择最有效的方式来说，而且竭力使得我们的意见符合逻辑。举例来说，受过教育的人会尽量避免使用混淆不清的暗喻，因为这会令他的观点不明确。但梦的构造不一样，看似矛盾而荒谬的意象挤到做梦者身上，连时间的正常感觉都没有，因此，老生常谈的事，都可假定其有蛊惑或险恶的一面。

看来有点不可思议，潜意识心灵竟如此不同地在我们清醒的生活中欺骗我们思想的表面化教条模式，并安排其资料。不过任何人停下片刻回忆一个梦，就会了解这对比，其实这就是一般人说梦难以了解的主要原因。在他正常清醒的经验中，并没什么意义，因此，他并没有故意不理它们或承认困扰他。

如果首先明了处理清醒生活的观念，绝非如我们所认为的那么正确，或许较易于了解这一点。反之，它们的意义会因我们愈深入检讨而愈不正确，原因是我们所听闻或经验的任何事都能变成潜在的——换句话说，能变成潜意识。甚至保存在我们意识心灵里，以及能任意再生产的东西，已养成一股潜意识的暗流，每当回忆起时，都予观念以特色。其实，我们的意识印象很快就假设一种对我们具有重要关系的潜意识意义的要素，虽然我们并非故意关注这潜在意义的存在，或它同时延伸和混淆传统意义的方式。

当然，这种心灵暗流因人而异，并非所有人都相同。我们每个人以个体心灵的背景去接受任何抽象观念或一般观念，因此我们以自己独特的方式去了解和运用。在谈话中，当我用诸如"地位"、"金钱"、"健康"或"社会"这类名词时，我假定别人了解的大致和我了解的差不多，而"大致"这个形容词便是我想提出的一点。这意味着每个字对每个人都稍微有所不同，甚至对文化背景相同的人也不例外。这变化的原因是：一般概念被个体背景所接受，因此以一种略微个别的方式来了解和运用。当人类对社会、政治、宗教或心理学上的体验愈不同时，其意义的分别自然愈大。

只要概念与纯粹的字相等或一致，变化几乎无法察觉出来，而且不会产生实际作用。但需要严格的定义或详尽而仔细的说明时，我们偶尔就会发现最令人惊讶的变化，不仅只在纯知识性地了解该名词上，而且特别在情感的状态和应用上。一般而言，这些变化都是潜在的，因此无法认知。

我们也许易于忘掉这类异点，把它们当做与日常的需要毫不相干无意义的东西。但事实上，它们的存在，表示最实际的意识内容也有易变而暖昧的部分围绕它们，连界定得最小心的哲学和数学概念——深信这些概念并没有包含超出我们所赋予它的意义——实超出我们的假定之上，这是心灵事件，部分照样是未明的。你用作计算的数目本质上并不仅如此。它们同时是神话的元素，但当你把数目当做实际目的时，一定没注意到这点。

简单地说，我们的意识心灵每个概念都有自己的心灵联想，而这种联想也许有强烈的改变，它们可以改变那些概念的"正常"特征。当它在意识标准下漂流时，甚至也会变成一些颇不同的东西。

发生在我们身上的每件事的潜藏面，在日常生活里都扮演一个很不起眼的角色，但在梦的分析里——心理学家处理潜意识的方式——它们却有很重要的关系，因为它们几乎是我们意识思想隐而未见的基础。那就是为什么可以推测一般的对象或观念在梦中——我们醒来后也许大受干扰——有这种重大的心灵意识的原因。

（一）梦的意象

梦中所产生的意象，比清醒时的概念和经验还要来得生动和逼真。其中一个理由是：在梦中，这类概念可以表达潜意识的意义。在我们意识的思考中，压抑自己在理性陈述的界限里——这种陈述没那么多彩多姿，因为我们除掉了大部分的心灵联想。

记得我做的一个梦，连我也感到难解。在梦中，有个人走到身边，然后跳上我的背。对这男子一无所知，除了注意到他提起一些我所作的评论，而且将我的意思扭曲，不过我无法了解这事与他企图爬上我的背之间有何关联。无论如何，在我一生的工作中，经常有人误解我说的话——次数之多，已令我也不知道自己有没有因而生气。现在，有意识地控制个人的情绪反应确实有特定的价值。不久，我通过该梦领悟了这一观点。它采用奥地利人的俗语，转变成一个如画的意象。这句话很口语化，原句是：你可以爬到我背上去。意味着我不在乎你们对我说什么。

可以说这个梦的意象是有象征意义的，因为它并没有直接描述情景，而是间接地用我起先也不了解的暗喻来表达之。当这发生时，它不是故意通过梦"假装"，而只是反映我们不能理解充满感情的全图式的语言。因为在日常生活里，需要尽可能把事情描述得正确无误，而且我们知道以语言和思想两者排除空幻的修饰——因此失去仍旧予以未开化的思想性格和特质。大多数的人把对象或观念所具有的空幻心灵联想交付给潜意识。另一方面，未开化的人仍旧发觉这些心灵习性，他赋予动物、植物或石块以能力，这令我们惊讶而又不能接受。

举例来说，有个住在非洲森林的人，在大白天看见一个夜行物体，他知道那只是巫师的暂时化身。不然，他会把那物体当做丛林灵魂或是部落先人的精灵。在未开化的社会里，树木扮演极其重要的角色，它附在人的灵魂和声音上，令人感到自身与树木同体。有些南美洲印第安人认为自己是红亚拉雄鹦鹉，虽然他们很清楚自己没有羽毛、翅膀和喙。因为在未开化世界里，万物并不像我们"理性"社会一样有明显而严格的界限。

心理学家所谓的"心灵统一"或"神秘参与"剥夺了我们的世界事物。但说实在，就是这种潜意识联想的光环，不仅为未开化的世界增添异彩，而且拓宽了他们的思考领域。失去这种联想到了某一程度，就会当再次遇到时也不认识它。对于我们而言，这种事是在意识阈之下，当它们偶尔再出现时，我们甚至还会觉得有些事不对劲呢！

我曾不止一次替教养良好和聪明的人看病，他们都有些深令他们震惊不已的怪梦、幻想，甚至幻觉。他们都以为精神健康的人不会受到这种痛苦，而如果有人真的看见幻觉，他就一定有病。有个神学家告诉我，幻觉只不过是不健全的征候，因此当摩西和其他先知听到对他们说话的"声音"时，都为幻觉困扰。你可以想象出，当这类事情"自然地"发生在他身上时他所感到的恐慌了。我们一向于自己的理性世界，很少想象一些不能以常理解释的事。未开化的人面对这种震惊的事情不会怀疑自己神志不健全，而自然地他会想到神、精灵或诸神。

不过，影响我们的情绪是如出一辙的。源自我们刻意装饰的文化的恐怖，比未开化的人迷信鬼神更来得令人有紧迫感。现代文化人的态度有时令我记起一个来我诊所的精神病患者，他本人也是个医生。一天早上，我问他近来感到怎样，他说他过了一个不可思议的夜晚，他用水银氧化物替整个天堂消毒过，在进行彻底的卫生工作时，却并没有发现上帝的踪影。在这里，我们了解那人精神有问题，或不对劲。且不说上帝或"害怕上帝"，那显然是种焦虑的精神症或恐惧症。对这种情绪的改变，就像很难改变名字和性质一样。

记得有个哲学教授和我讨论过他的癌症恐惧症。他被一味强迫自己相信有恶性瘤所苦，虽然照过无数次 X 光，都没有发现任何异状。"噢！虽然照不出什么来"，他说："但我知道一定有毛病。"到底是什么令他产生这种念头呢？很明显，它来自一种不通过有意识地熟思过的恐惧。这病态突然征服他，因为它本身有种他没法控制的力量。

有关这个病例，要使这位受过高深教育的人相信他如未开化的人所说的被鬼所迷，实在难上加难。在未开化的文化里，我们至少可假设他们受到神灵鬼怪的恶性影响，但对文明人来说，这是一种不完整的经验,而且他们认为那只不过是幻想中无聊的玩笑。未开化的人"因执不移的现象"并不曾消失,故而照旧和过去一样,只不过以不同且不愉快的方式来诠释。

我曾就这个病例把现代人和未开化的人作了几个比较。这些比较——我会稍后说明——是了解形成人类爱好制造象征的主要原因,同时,也可从中了解梦在表现自己时能扮演的角色。因为有人发现许多梦呈现的意象和联想,与未开化人的观念、神话、祭仪类似。弗洛伊德称这些梦意象为"古代残存物",这用语表明它们是存在于很久以前的人类精神里的心灵元素。这一观点是那种认为潜意识只不过是意识附属物的人的独特看法。

在进一步研究后,我认为这种态度不足采信,应予以排拒。我发现这类意象和联想,是潜意识不可缺少的部分而且可以随处观察出来——不论做梦者是否受过教育,大智或大愚。它们都绝非无生命或无意义的"残存物"。它们仍旧有作用,且因为其"历史"的特性反而显得价值非凡。它们在我们有意识地表达思想和一个较原始、较富色彩及如绘画的表现形式之间形成一座桥。加之这个形式直接投合感受和情绪。使得这些"历史"的联想成为理性意识世界和直觉世界的连接环。

已讨论过在我们清醒生活中"受到控制的"思想和梦中产生的丰富意象之间有趣的对照。现在你可以了解到这两者之所以不同的另一个理由:因为在文明的生活中,剥夺太多它们感情能力的观念,我们真的对它们再没反应。在自己的谈话中应用这类观念,当别人也应用时,我们表现的反应好像是约定的,不过并没有使我们留下深刻印象。我们需要了解更多东西,有效地改变自己的态度和行为,那"梦的语言"就是最理想的,梦的象征有太多心灵的能量,以致我们非集中精神在上面不可。

比如,有个女人,大家都知道她成见很深,而且喜欢对合理的论证顽强抗拒,就算整晚和她争论也没什么效果,她连听也懒得听。有一晚,她梦到自己参加一个重要的社交活动。女主人欢迎她说:"你来参加,真是我们的荣幸。你的朋友都在这里,他们在等候你。"然后那女主人就替她到门前把门打开，做梦者步入——原来是间牛房！

这个梦的语言简单得连笨蛋也了解。那女人起先没有接受这个如此直接打击她的妄自尊大的梦，但无论如何，这个梦带来的讯息，已够她刻骨铭心了。过了一段时日，她不得不接受，因为她不禁看到这个使自己蒙羞的笑语。

这类似潜意识发出的讯息，比大多数人所了解的还重要。在有意识的生活里，我们受到形形色色的影响，比如别人的刺激或许令我们沮丧，办公室工作或社交生活使我们困扰。这些事情诱惑我们走上一些不适合我们个性的顺畅途径。不论是否注意到它们对我们意象的影响，意识在几乎毫无意识下被惊扰。尤其在以下的例子中特别明显：外向的人的精神完全集中在外在的对象，而且隐藏劣等感情和怀疑他自己深潜的人格。

意识愈受到偏见、错误、幻想和幼稚的欲望所影响，其早已存在的鸿沟就会变得愈宽阔，成为精神分裂，而且令生活矫揉造作，与正常的本能、性格和真理相去太远。

梦的一般机能是竭力通过所产生的梦材料——以微妙的方式，重建整个心灵平静——以恢复我们心理上的平衡。这就是我在心灵理论中所谓的梦的补充角色，以解释为什么那些不切实际的人们，或好高骛远的人，或那些自不量力、好大喜功的家伙，经常会梦到飞行或坠地。梦补偿他们人格的不足，同时警告他们在现阶段有危险，如果忽视梦的警告，就会发生真的意外。牺牲者可能跳楼或发生交通事故。

我记得在某个病例中，有名男人涉及几件见不得人的事，他对危险的登山活动逐渐发展出一种近乎病态的狂热，以作为补偿。他寻求"超越自己"。有一晚，梦见自己在一座高山山顶上滑跤，掉进空虚的大气里。当我听完这个梦后，马上意识到将有危险，于是千方百计强调那警告，并劝他少去爬山，我甚至告诉他这个梦预示他会在登山意外中死亡。可是一切都白说了，六个月后，他便"滑进大气里"。那个登山指导员看见他和一位朋友在危险的地方顺着一条绳往下爬，他朋友发现岩架上有个暂时可以立脚的据点，做梦者于是跟着他下去。突然间，他松开手，根据那指导员说："他好像跃进大气里。"刚好掉在他朋友身上，因此两人双双死亡。

另一个典型的例子是，有个自食其力的女人，她的日常生活不仅高尚，而且办事能力又好，但她常做噩梦，向她提起所有各种不道德的事。当我揭发出来的时候，她愤怒地拒绝承认。于是那些梦的威胁愈来愈大，而且常常涉及她经常独自在林中散步，一边沉醉在热烈幻想的异象。我意识到她有危险了，但她对我的警告充耳不闻。不久，她在林中遭到一个性变态者无礼的攻击，如果不是有人听到她的尖叫声赶来，她一定会被害死。

这并没有什么魔术或法力，她的梦告诉我，这个女人秘密地渴求这一类冒险——就像那登山者潜意识地企求发现解决困难的满足。很明显，他们两个都得不偿失，她好几块骨头裂了，而他则赔上了整个生命。

因此，梦有时在意外还没有真正发生前，就可能宣布出来。这未必是奇迹或是先知先觉。我们生命中的许多危机都有段悠长的潜意识历史。我们朝着危机一步步地走去，并没有察觉累积下来的危险。但意识所不能看到的，通常都为我们的潜意识所认知，潜意识能通过梦把消息传达出来。

梦可能以这种方式提醒我们，似乎又不是常常这样，因此，假设有只慈悲的手一到危险关头就制止我们，是相当可疑的。说得确实点，这个慈悲的动力有时发挥作用，有时则停止运作。那只神秘的手甚至可以指出灭亡之路。梦有时被证明为陷阱，或以陷阱的姿态出现。

在处理梦时，我们不能太过天真，因为梦源于一种不大像人类精神的，反而有点像宇宙的气息——一种糅合了美、慷慨和残酷女神的精神。如果想表现这种精神的特征，则不必一味把时间花在现代人的意识上，应该进一步研究古代的神话或原始森林的传说。我并非否定从文明社会进化而来的丰硕成果。但这些成果是拼着损失无数的东西换回来的，而损失的程度，我们很少作适当估量。我之所以比较人类未开化和文明的状态，旨在表明这些损失和成果间的平衡。

未开化的人比"理性"的现代人更易受直觉支配，后者已知道"控制"他们自己。在这段文明化的过程，逐渐从人类心灵较深的直觉层划分我们的意识，甚至最后从心理现象的身体基础来划分。很幸运，我们并没有失去这些基本的直觉层，但它们仍旧是潜意识的部分，即便它们只以梦意象的形式表明自己。这些直觉现象——顺便说，有人往往不晓得这些直觉现象是些什么。因为它们的特性是象征性的——在我所谓梦的补偿作用中担任一个极重要的任务。

为了精神稳定和生理健康，潜意识和意识必须完整地连接，齐头并进。如果这两者分离或"分裂"，心理马上就会产生毛病。有关这点，梦象征是最主要的信差，它们负责直觉和人类心灵理性两地的信息，而且它们的分析使贫乏的意识充实而多彩多姿，以致意识使再学习了解直觉遗忘的语言。

当然，因为梦象征经常在人不知不觉或未了解的情况下消逝，难免有人对它的作用产生怀疑。在日常生活中，了解梦往往被认为是多余的。我通过对东非洲某原始部落的经验证明这一点。令人不可思议的是，这个部落的人否认他们有任何梦，但经过细心和旁敲侧击的谈话后，很快就知道他们像其他人一样有梦，但他们只是相信他们的梦没有意义可言。他们对我说："普通人的梦毫无意义。"认为那些酋长和巫医的梦才有重大关系。因为这些与该部落的福祉有关，所以他们的梦才有意义。

当这些人承认有梦，不过又认为梦没有任何意义时，他们就像现代人一样，以为梦之所以没有任何意义，纯粹是因为他们不了解。但即使文明人有时也注意到梦能使情绪变好或变坏。梦曾被"了解过"，但了解的方式是潜的的。这是一般的情形。唯有在一个梦给人特别深刻的印象时，以及在固定时间间隔重复出现的情形下，大家才会想到要了解一下梦。

因此，我该严厉指责那些愚昧或牵强附会的分析。有些人的精神状况太过不平衡，以致在分析他们的梦时产生极大的危险。在不平衡的状况下，极端偏颇的意识被回应的非理性或"疯狂"的潜意识所截断，这两者不该在没有采取特别谨慎的态度下集合在一起。

说得再简单点，相信现成的梦解析的系统指引，实在愚不可及，不要以为买几本参考书翻翻，看看某个特别象征的意义，就会分析梦。任何梦象征都不能与个体所梦到的象征分开，而且没有哪种解释，可以把梦的意义说得十全十美。每个个体的潜意识的补偿或赔偿的变化实在太多，以致意识心灵无法肯定到底能把梦和梦象征分类到什么程度。

没错，的确有些代表性而经常出现的梦和象征。在诸如此类的意念中：包括坠下、飞行、被危险的动物或敌人迫害、在公共场所穿着奇装异服、在人群中匆匆忙忙或迷路、在手执无用的武器或全然无法防御下搏斗、茫然地一味向前跑。一种典型的幼儿意念是梦到长得无限大或无限小，或是变成另一种东西——例如，在卡洛·路易士的《爱丽丝梦游仙境》一书中，就可以找到最好的例子。但我必须强调，这些意念一定要以梦本身的背景来研究，而不能作为自明的暗号。

回想梦境是个令人值得注目的现象，在一些例子中，有些人从孩提时代到后期的成年生活，一直梦到同样的梦。这种梦往往是企图对做梦者生活态度某种特别的缺憾作一补偿；或者可以溯源至某次令人得到惨痛教训的行动所留下的一些特异的偏见，也许有时是一种对未来重大事件的预测和期待。

过去几年来都梦到一个意念，在此意念中，"发现"我的房子有部分我不清楚的地方，有时是我老早去世双亲的住处——令我大感惊讶的是，在这个住处里，父亲有间用来研究鱼类比较解剖学的实验室，而母亲则经营一家给幽灵访客住的旅馆。这些陌生的客房往往是早已遗忘的历史建筑物，不过仍是我所继承的产业。它包括有趣而古旧的家具，在这串梦的后期，我发现一间旧图书馆，里面都是些我不熟悉的书。后来，在最后的一个梦中，打开其中一本书，发现一大堆不可思议的象征图片。当我醒来时，我的心兴奋得跳了起来。

在这串梦中最后的一个梦未出现前，我向一家专售研究古物的书店订购了一套编辑一流的中古炼金术的书。在文献里发现一句引文，认为这与早期的拜占庭的炼金术有关，于是想查查看。在梦到那本我不晓得的书几个星期后，书店寄来一个包，里面有册十六世纪时期的旧书。这本书图文并茂，其中那迷人的象征图片立刻令我想起那些我在梦中看见的图片。因为发现炼金术的理论是我研究心理学的先锋，所以成为我工作的重要部分，于此，重复出现的梦意念也就一目了然了。那幢房子当然是我人格的象征，是我个人兴趣的意识范围，而那些无名的别馆，表示我期待的意识心灵当时没注意到的新兴趣和研究的范围。从三十年前那个时刻起，我就从未再做过同样的梦。

（二）梦的解析

记号和象征是有分别的：记号往往比呈现的概念意义要少，而象征则往往代表某些比表面和直接意义更多的东西。此外，象征是一种自然而不造作的产物。没有哪个天才可以坐下来，手执笔管说："我现在要发明一个象征。"谁也不肯通过逻辑的结论，或者慎重的意图，得到合理的念头，然后以"象征的"形式表现出来。不论谁把什么奇异珍怪的东西加在这类观念上，它仍旧只是个记号而已，与有意识的思考连接，并非是暗示某些仍旧未明事物的象征。在梦中，象征自然地发生，因为梦是偶然地发生，而非发明的，因此是所有有关象征知识的主要来源。

必须指出，象征并非单单在梦中发生，它们以各种表象明示出现，包括象征的思考和感情，象征的动作和情势。通常来讲，似乎无生命的物体，也在象征模式的安排下与潜意识合作。天下确实有许多说及主人一死，钟也随即不动的真实故事。其中一个便是普鲁士王腓特烈大帝皇宫中的摆钟，当大帝命丧黄泉之际，该摆钟随即停止摆动了。其他较普遍的例子是：当某人魂归天国时，镜子会破裂，或墙上的画会跌下来，还有，在某人情绪波动不安时，他身处的房子会出现极微小而无法解释的破损。即使抱有怀疑态度的人拒绝相信这类报告，而这种故事却总是会突然出现。单就这点来看，就足以证明它们在心理学上的重要性。

不过，象征有许多种，最重要的并非个别的，而是有"集体"性质和起源的象征。这些主要是宗教的意象。信教者假定这些意象是神性的起源——它们曾向人类启示；怀疑者则冷淡地说，它们是被捏造出来的。其实这两者都有错。没错，正如怀疑者所注意到的，几个世纪以来，宗教象征和概念一向是意识细心推敲琢磨的对象。同样，当信教者意指它们的起源，至今已埋在似乎没有人类根源的神秘过去里，一样是确定的。但事实上，它们是"集体表象"，从初期的梦和有创造力的幻想放射出来，而且这些意象是无意识、自然而然的表明，绝非是有意的杜撰。

这个事实——对梦解释有直接和重要的关系。很明显，如果你假定梦有象征意义，那你的解释，会和那些认定梦只不过是掩饰我们已知的情绪或思想的人不同，如果像后者这样，那梦的解释就没什么意义，因为你只会发现你早已知道的事情而已。

为了这个缘故，我通常对学生说："尽你所能地学习象征，然后在分析梦时把象征全部忘掉。"这个忠告有实际的重要性，以致我把它当作一个规则，提醒自己绝对无法充分地了解别人的梦达到正确无误地解释的程度。我这样做，无非为了阻止我自己的联想和反应的奔放，它说不定以不同的方式胜过病人的不安和犹疑不决。这对治疗有很大的效用，分析者可以借此准确地得到梦的特别信息。不过他必须完全透彻地探索整个梦的内容。

我和弗洛伊德一道工作时所做的一个梦，可以说明这点。梦到自己在"家里"，似乎是在二楼的起居室，这房间既舒适又宜人，全是十八世纪的装潢，我奇怪自己从没看过这个房间，不晓得一楼是个什么样子。我下楼去，发现这地方很黑，墙上都是镶嵌板，这里的家具是十六世纪的，甚至更早一点。我的惊讶和好奇心加重，想把这整幢房子的结构看个一清二楚。于是走到地下室，看见门打开着，我沿着石阶梯走到一个较大的圆顶房间，地板是用大块的厚石板铺砌而成，墙壁看来很古旧，细看墙上的灰泥，发现其中掺杂着碎片瓦。很明显，这是罗马式的墙，我变得愈来愈紧张。在角落，看见一块上面有铁环的石板，拉起那石板，看见还有另外一道窄楼梯，通往一个类似史前墓穴的山洞，里面有两个头盖骨、一些骨块以及一些陶器碎片，到这里，我就醒过来了。

如果弗洛伊德在分析这个梦时，照着我的方法去探查它的特殊背景和联想，只会愈想愈远，恐怕他会离题万里，而且忽略了他自己的真正问题。其实，那梦是我生活的简史，是我心智的发展史。我在一幢有二百年历史的房子长大，而大部分家具则更古旧，大概有三百年历史。在思想上，我迄今神游于康德和叔本华两位大哲的哲学中，当时最新的思想是杜威的作品。在这不久之前，仍与深受中古思想影响的双亲同住，他们相信神的无限力量一直统御全世界和人类，这世界已变得陈旧而落后。我的基督教信仰在遇到东方宗教和希腊哲学时，难免会格格不入，这就是为什么一楼会这么安静、黑暗，和无人居住的原因。

而对历史产生兴趣，始于我专注于比较解剖学和古生物学上，当时我是个解剖学会的助理员，对化石时代的人骨醉心不已，尤其对尼安德塔人的研究，以及争论已久的杜博猿人属的头盖骨，更为神往。事实上，这些都是我对那个梦幻的真正联想。但我不敢对弗洛伊德提起头盖骨、骸骨或尸体的事，因为我知道这主题不会受到他欢迎，他怀有我预料他会早死的奇怪念头。后来，他凭以下的事得出结论：我在不来梅对保存木乃伊发生兴趣，那是我们1929年乘船到美国中途上岸观光的地方。因为我从最近的经验中，深深感到弗洛伊德和我之间的精神观和背景，有道几乎无法弥合的鸿沟，所以不愿意把自己的思想发表出来。害怕如果我把自己的内在世界向他敞开，他不仅会瞠目结舌，而且会破坏我们的友情。感到自己的心理上有些不确定，所以几乎自动地告诉他一个有关我的"自由联想"的谎话，以免把个人和与他全然不同的架构点明出来，反正这只有吃力不讨好而已。

我必须为这段对弗洛伊德叙述我的梦的冗长介绍而抱歉。不过这是当人介入真正的梦分析时，遭遇到困难的很好例子。很多事都需取决于分析者与被分析者之间的个人差异。

我很快就发现弗洛伊德企图在我身上找出矛盾的意愿，于是试探性地提议说我所梦见的那些头盖骨可能是指我家里某些人的死因。这个提议使得他满意，但是我却不满意这个"假"结论。

当我在尝试寻找答复弗洛伊德问题的适当答案时，突然被一种在心理学的了解上，扮演主观因素角色的直觉所困惑。我的直觉是那么强烈，只想到如何脱离这麻烦的纠缠，于是我就以撒谎这简单的方法来解决。这样做不仅不高尚，而且在道德上也站不住脚。可是如果不这样做，我就会冒与弗洛伊德争执的危险——由于种种原因，我并不希望这么做。

我的直觉是由出乎意料的洞察力组成，使我认清梦意指"我自己"、"我的"生活和"我的"世界，以及我的整个实体，都在和另一个具有理性和追求自己目标的奇异心灵所建立的理论架构对抗。我霎时就了解我的梦所代表的意义。

这项冲突说明了梦分析的一个重要问题，它不是一种技术，可以像两个人之间用辩证法交换意见，而只要学习、根据规则来适应即可。如果将它视为机械性的技术，做梦者个人的心灵人格就会迷失，而治疗就仅限于一个简单的问题——在分析者和被分析者之间，谁会支配谁？因为这个原因，放弃了催眠治疗，我不愿意用自己的意志压迫别人。希望治疗的过程完全发自病人自己的人格，而不为我的提示所影响，因为那只有短暂的效果。我的目的在于保证和维持病人的自尊和自由，好让他能根据自己的意愿而活。在和弗洛伊德交换意见后，我逐渐领悟到我们在建构有关人和其心灵的一般理论之前，应该学习更多有关我们要处理的人类真正的问题。

个体是唯一的实体，我们愈是轻视个体，一味地朝着人类抽象观念走去，那我们就会愈走愈错，跌进迷阵。在现今社会急剧而快速的改变中，实在需要了解更多有关人类个体的事，因为我们所知有限，而且有很多方面要由个体的精神和道德的素养而定。但如果我们要有高瞻远瞩的眼光，要把事情看得透彻，就非得要去了解人类的过去——人类的现在反而可放在次位。那就是为什么明了神话和象征是非常重要的原因了。

七 性质的同异

在所有其他学科的分析当中，对与个人无关的主题使用假设是合法的。不过，心理学令我们不可避免地面对两个个体之间活生生的关系，他们其中一个若不能除掉自己的主观人格，就不能以其他方式排除个性。分析者和他的病人可以用客观的态度着手于处理双方同意的选择性问题，但他们一旦从事后，整个人格都将涉入他们的讨论中。有关这点，只要双方达成协议，进一步的发展是有可能的。

我们能对最后的结果作出任何客观的判断吗？这只有在我们的结论和个体所属的社会环境的一般有效标准中才能作比较。即使那时，还必须考虑有关个体的精神平衡状态。因为那结果不完全是个集体标准，它还会令个体调整他的社会"基准"。这相当于最不自然的条件。稳健和正常的社会是一般人在习惯上无法一致的，因为普遍的一致在直观人类素养的范围外相当少有。

我们可以把不一致的作用，当做社会中一种精神生活的原动力，但它并非一个目的——而一致也有同等的重要性。因为心理学基本上是根据平衡对立而定，每个判断必须考虑到其反面才可定案，否则不能成立。其理由是心理学的上部或外部没有立足点可以令我们对心灵是什么作出最后的判断。

除了梦需要个别对待这个事实外，为了区别和阐明心理学家通过研究许多个体所收集的材料，某些一般原则是不可残缺的。很明显，单独描述一大堆个别的例子，而不努力了解和找出它们的共同点，以及它们如何区分，实在不可能明确地陈述任何心理学的理论，更不用说教导别人了。任何一般特征都可选作基准，举例来说，可以对"内向"人格和"外向"人格作一简明的区别。但这只不过是许多可行的一般原则中的一个例子，可它能令我们马上了解，万一那分析者是这一类而他的病人是那一类时所产生的问题。

因为任何较深入的梦分析都是两个人面对面的问题，因此两人的态度是否同类，将会造成很大的区别。如果两人属于同一类型，他们可以愉快地相处一段很长的时间，但如果其中一个是外向型，另一个是内向型，相异且矛盾的立场就会立刻引起冲突，特别是当他们没注意到自己的人格类型，或当他们坚信自己是唯一正确无误的类型时，冲突更容易产生。外向的人会选择多数人的意见，而内向的人则反对这种意见，因为它只不过是流行的意见而已。这类误解很容易发生，因为我们无法以自己的心揣度别人的心，你认为有价值的东西，别人未必认为有价值。例如，弗洛伊德解释内向型是种与个人有关的病态，但内省和自知之明却有重大的意义和价值。

在解释梦时考虑这些人格差异是非常重要的，我们不能假设分析者是个超人，可以凌驾这类差异之上，因为他是个医生，只是懂得心理学理论和相当的技术而已。他只有在假定他的理论和技术绝对正确，并可以看穿整个人类心灵时，才感到自己高人一等。但因为这类假定颇值得怀疑，所以他无法确定。因而，如果他以理论或技术来面对他的病人的整个心态，而不用他自己活生生的个体来面对病人，那他就会被内心的疑虑所扰或攻击。

分析者的人格是唯一与病人的人格完全同等的东西。心理学上的经验和知识，并不一定对分析者有利，它们没有令他置身于纷扰之外，他必须像他的病人一样接受测验。因此，他们的人格是否调和、是否有冲突，或是否相互补足，都关系重大。

在许多人类行为的特性中，内向和外向是两种典型。但这两者通常显而易见且易于辨识。举例而言，如果我们研究外向的人，很快就会发现他们在许多方面异于别人，而那些使人成为外向的因素，是一种片面和一般的标准，也没有实际的特征。那就是为什么许久以前，我竭力寻找更多基本特性的原因——这种特性说不定可以作为一种用途，给人类个体特性中明显而无限制的变化一些条理。我往往搞不懂为何有这么多人能用脑却从来不用，也搞不懂有这么多人就是用脑，方法也是笨得要命。此外，我很奇怪为什么许多知识分子和精明的人好像从来不知道如何使用其感觉器官：他们看不见眼前的事物，听不见耳边的声音，不关注他们触摸或尝味的东西。一些人则不注意他们自身的境况而活。

还有些人似乎活在一个意识非常奇怪的状态中，好像他们今天的境况已经达到极点，不可能再有改变，或好像世界和心灵都是静态，永远保持原状似的。他们似乎缺乏想象力，完全而且特别依赖感官的认知。在他们的天地中，根本没有机会和可能性拥有这两种东西——他们只有"今天"，没有真正的"明天"，未来也只是过去的重复。

我想把对过去所遇到的许多人的第一印象告诉读者。不过，我很快就看出来，那些用脑的人是些思考的人——他们运用智能竭力令自己去适应别人和环境，而那些有同等理解力，但并不用脑的人，却只是些以"感情"来寻求和发现他们生活方式的人。

"感情"这个词有说明的必要，例如，有人说到"感情"时，意思大概是"感觉"。但有些人用同样的字表达一个直觉："我感到好像……"

我用"感情"这个词和"思考"对照时，我指价值判断——例如，一致或不一致，好或坏等。根据这些定义，感情并不是情绪（潜意识的），我所指的"感情"是一种理性（有条理的）机能，而直觉则是非理性的（知觉的）机能。直觉是个"预告"，并非自由意志行为的产物，它好像潜意识的事件，要看不同的外在或内在的环境而定，因此不是判断的行为。直觉比较像感官认知，到目前为止，它也是非理性的事件，也主要是根据客观的刺激而定。

这几种机能的类型与意识获得对经验适应力的明显方法一致：感觉告诉你某物存在，思考告诉你那是什么东西，感情告诉你那东西是否宜人，直觉告诉你它从哪里来的和它的动向。

读者应该了解这四种人类行为的标准类型只是许多行为——如意志力、性情、想象力、记忆等行为中的四个观点。它们并非独断的，其基本性质颇适宜作为分类的标准。当我们要求说明父母对子女以及丈夫对妻子的行为时，发现这四种标准特别有帮助，此外，它们对于了解某人的偏见，也有相当效果。

因此，如果你想了解别人的梦，就必须牺牲你个人的爱好和压抑你的偏见。这很不容易，而且会令你不舒服，因为这意味着一种并非个人能接受的道德努力，但如果分析者没有全力批评他自己的立足点，承认这立足点有相对性，其结果不是得不到正确的资料，就是无法完全洞察病人的心思。分析者至少该自动地去聆听病人的意见，慎重地处理，而病人也必须通力合作。由于这种关系对任何了解都免不了，因此非常重要，分析者一定要一次又一次地提醒自己，在治疗中，让病人了解比满足分析者在理论上的期待更为重要。而且病人反对分析的说明并不一定错误，这只表示双方没有"情投意合"。这可能是由于病人仍未到他了解的地步，或是解释不恰当。

在我们努力解释其他人的梦象征时，几乎一定会受到我们想要投射的——借分析者所觉知与思考的东西，与做梦者所觉知与思考的东西相同的假设——来填塞我们理解中不可避免的鸿沟的倾向的妨碍。要克服这种错误的束缚，我经常坚持忠实于特别的梦的前后关系的重要性，而且强调排除所有一般有关梦的理论假设——除了那些对梦合理的假设之外。

从上述所说的来看，相信大家都可以清楚地知道我们在解释梦时，不能放弃一般的规则。当我先前提到梦的全部作用似乎是补偿意识心灵的缺憾或歪曲时，便意含这假设有希望打开了解独特的梦性质的大门。在一些个案中，你可以看出这个作用。

有个病人自视甚高，而且没注意到几乎每个认识他的人都被他的道德优越感气得半死。他来找我，说他梦到一个喝醉的流浪汉在沟渠里打滚——这景象只会唤起他自以为受到委屈的评语："看到一个人竟然掉到这么肮脏的地方，实在很可怕。"很明显，这个梦的不快情景，至少一部分是企图补偿和满足他个人得意扬扬的自我评价，但还有别的，那就是他有个酒鬼弟弟，因此，这个梦也显示他的优越感补偿弟弟的堕落。

记得另一个例子，有个女人对自己深懂心理学而引以为傲，她经常重复梦到一个女人，在日常生活中，她遇到这女人时，对她并没有好感，认为她是个虚荣而不老实的阴谋者。但在梦中，那女人变得很像她姊妹、朋友，而且讨人喜欢。我的病人不了解为什么她会把一个不喜欢的人梦得如此讨人喜悦。但这些梦是告诉她被一个类似其他女人的潜意识人物所"纠缠"。要我这位对人格非常清楚的病人了解该梦的含义，是她的权力情结和隐藏的动机——潜意识的影响——令她不止一次地和朋友发生口角，实在很不容易。她往往为了这事责备别人，而不责备自己。

我们不仅疏忽、轻视和压抑我们人格的"阴邪面"，而且对我们的积极人格也会做出同样的事情。一个很好的例子，有个谦虚，不爱出风头，而且和蔼可亲的人，他似乎总是对自己的谦虚很满意，而且坚持经常小心地表现出来，当请他发言时，他会提出一种博识的意见，但他有时也暗示，某种特定的事情，可以在更高的标准下用较高明的方法来应付。

不过，在梦中，他经常遇到伟大的历史人物，诸如拿破仑和亚历山大大帝等。很明显，这些梦补偿自卑感，但他们还有其他含义。该梦在问，我到底是什么人，竟然会召出这些如此显赫的人物？在这种情形下，那些梦暗含着秘密的夸大狂，来补偿做梦者的自卑感，这种潜意识的伟大观念，使他从现实的环境中孤立起来，而且令他仍一味不顾其他人必须遵行的义务。他感到不必证明——对自己和别人——他的优越判断是基于优越的长处。

其实，他在潜意识地玩无聊的游戏，那些梦企图带这种游戏达到和意识同等的平面，不过方式却奇怪而暧昧。和拿破仑毫无隔阂地共餐，与亚历山大大帝作泛泛之交，绝对都是自卑情结产生的幻想。有人问，梦为什么不能公开而直接表明，且清楚地说出梦要说的话？

有人经常问起这个问题，而且我也问过自己。我往往惊讶于梦似乎总是规避明确的消息或忽略决定性的关键。弗洛伊德假设心灵存在着一种特别作用，他称之为"潜在意识压制作用"，并认为这种作用扭曲梦的意象，令这些意象不可认识，或是令人误解，以欺骗梦的意识——梦的真正主题。为了对做梦者隐藏重要的思想，"潜在意识压制作用"保护他的睡眠，对抗不和谐回忆的冲击。但我很怀疑梦是睡眠的保护人这个理论，因为梦通常会打扰睡眠。

说得恰当一点，梦如果接近意识，就会对心灵潜在意识的内容产生一种"遮盖"作用。潜在意识的状况令观念和意象继续留在一个比它们进入意识还低压力的水平上。在潜在意识状况里，它们失去明确的定义：它们之间的关系减少必然性，而且变得愈来愈含糊地相似，此外还缺少理性，因此变得"令人费解"。

从这个事实来看，我们可以了解为什么梦经常以类似方式来表达，为什么梦的意象不知不觉地滑入另一个意象里。梦采取的形式当然是潜意识的，因为产生梦这个形式的材料都保持着潜在意识的状态。从弗洛伊德所谓的"矛盾意愿"来看，梦并不保护睡眠。他所谓的"假装"，其实是所有在潜意识里的刺激采用的形式。因此梦并不能产生确定的思想。

我们应该了解梦的象征是表达心灵的最重要部分，绝非意识心灵所能控制的。意义和目的并非心灵的特权，它们在整个活生生的自然内运作。原则上，有机体和心灵的生长之间并无相异之处。正如植物长出花一样，心灵创造象征。每个梦都是这过程的证明。

所以本能的力量就借着梦来影响意识的活动。而影响是好是坏，完全要以潜意识的确实内容而定。如果它包含太多应该正常地被意识的东西，那其机能就会变得扭曲和产生偏见。而动机并非基于真正的本能，其存在在心灵上有相当的重要性，这正是因为它们由于压抑或轻视而被移交给潜意识。它们压制正常的潜意识心灵，而且歪曲其自然的趋向，以表达基本的象征和意念。因此，对关心精神不安的起因的心理分析者来说，实在有理由去诱导他的病人去自动地自白，并且应该了解到了解该病人讨厌或害怕的事情。

这就很像礼拜堂的旧式告解，在许多方面都需要现代心理学技巧，至少这是个一般原则，不过，在实践时，事情可不是这样。无法抵抗的劣等感情或过于懦弱，也许都会令自白难以进行，甚至有时要病人面对他自己并不完美的证据也不可能。因此我往往认为在开始时要给予病人一个积极（主动）的见解（展望）才比较可行，这在他接近更多痛苦的内省时，可以提供一种有助益的安全感。

举一个"私下得意洋洋"的梦来说，例如，在梦中和英国女皇一起喝茶，或发现自己和教宗有密切来往，如果做梦者不是个精神分裂症的病患，那实际的象征解释非得看他目前心理的状态而定——即，他自我的状况。如果做梦者高估他自己的价值，很容易表示做梦者的意图是多么不适当而幼稚，而且显示他们幼稚得想和他的双亲平等或超越他们。但如果这是个自卑感的例子——整个无价值的感受已征服做梦者人格的积极面——就不该一直以表示他有多幼稚、可笑，甚至多乖张来挫他的志气。这样做只会残忍地增加他的自卑感，而引导致他不喜欢和反抗治疗。

没有任何治疗技术理论可适合一般应用，因为每个病例都有个体独特的情况。我记得我曾治疗过一个病人达九年之久，因为他旅居海外，所以我每年只能看到他几个星期。从一开始，我就晓得他真正的问题在哪里，但在我们想更进一步找出问题的症结时，却遇到一种强烈的防御反动力，势将我们俩完全决裂。不论喜欢与否，我都要尽力维持我们之间的关系，和依照他的性向，这性向被他的梦支持，这使我们的讨论与他神经症的根源相去甚远。我们的距离这么远，以致我经常责备自己引导病人走错路。他的情况逐渐明显地改善，令我不能残忍地把真相告诉他。

但在第十年，那病人说他已痊愈，而且已脱离一切症状，我惊讶万分，因为按照理论来说，他的情况是不能医治的。他注意到我一脸惊愕的样子，就笑着说："感谢你多年来出尽法宝和耐心地帮助我制住神经衰弱的痛苦病因。我现在打算把前后经过和盘托出。如果以前一直能畅所欲言地谈，我就会在第一次诊断中告诉你。但那会破坏我对你的信赖，那我怎么办？我在道德方面就会破产。在这十年间，我学习信任你，当信心逐渐滋长时，我的情形有了改变。通过这个缓慢的过程我恢复了对你的信心。现在我信心已够坚强，足可以讨论毁灭我的问题。"

然后他坦白地说出他的问题，这令我明白了我们在治疗中要遵行的奇怪过程的理由。起先的震惊是他无法独自面对它。他需要别人的帮助，而治疗的方法就是慢慢建立信心，而非证明临床的理论。

从这些例子中，我学会使自己的方法适应病人需要，不再受到不适用于任何特别例子的一般理论束缚。在过去六十年的实际经验中累积得来的知识，教导我把每个病例都当做新的病例来研究，而且首先要寻求个别了解。有时，我毫不犹豫地埋首于幼稚的事件和幻想的细心研究中。有时我仿佛高高在上，直飞入遥不可及的形而上思考中。那全要学习个别病人的语言而定，同时要随他的潜意识向光明探索。有些例子需要某个方法，而有些需要别的方法。

当人在寻求解释象征时，这尤其真实。两个不同的个体也许有几乎完全相同的梦。举例来说，虽然某个年轻的做梦者和年老的做梦者有相同的梦，但困扰他俩的问题却迥然不同，因此以同样的方式解释这两个梦，实在是荒谬至极。

我想起的例子是个梦，一群年轻人骑在马上横过广阔的田地，做梦者一马当先跳过一条满是水的沟渠，其他人则掉进沟渠里。首先告诉我这个梦的是个年轻人，属于谨慎、内向型。但我又从一个老年人处听到同一个梦，但他却非常大胆，喜欢过冒险而积极的生活。他做这梦期间是个病人，令医生和护士大感头痛：他因违背医疗的规定而真的受了伤。

对我而言，这个实在最清楚不过了，它告诉那年轻人他应该做什么，但却告诉那老年人他正在做什么。这梦鼓励那犹豫不决的年轻人，但那老年人不需要这类鼓励，因为他那股仍然在他心头颤动的冒险精神，才真的是他最大的问题。这例子显示，解释梦的象征，就是要看做梦者的环境和他的心理状况而定。

（一）梦境象征主义中的原型

我已提过梦有补偿作用，这项假设意指梦是种正常心理现象，能将潜意识的反应或自然的冲动转送到意识里。许多梦都能通过做梦者的帮助来解释，因为他不仅提供联想，还能说出梦意象的前后关系，经过这些，我们就可以一窥梦之全貌。

这方法足以应付所有一般事例，比如你的亲戚、朋友或病人在谈话中把他的梦向你吐露。但当谈到引起强迫观念或是情绪澎湃的梦时，做梦者所产生的联想往往不一定能提供令人满意的解释。遇到这类个案时，我们必须考虑到梦中所发生的元素并非个别，因而不能出自做梦者个人之经验。这些元素——弗洛伊德称为"古代残存物"，这种精神形式不能以个人的生活说明，因为它似乎是人类心灵原始的、先天的遗传形式。

就像人类的身体代表各种器官的博物馆，每种器官都有其长期演进的历史，因此我们期待发现心灵也通过相同的方式而被组织，它绝不可能是没有历史背景的产物。我所谓的"历史"，并非意指心灵意识参照过去的语言和其他文化传统的方法来建立自己，我指的是原始人类——他们的心灵仍然接近动物的心理在生物史前史时意识的发展。

这种广大的旧心灵是我们精神基本的形式，就好像我们身体的结构建基于哺乳动物解剖的模式一样。熟练的解剖学家或生物学家那双眼睛发现我们体内有许多这类原始模式的痕迹。有经验的精神研究员能在现代人的梦境图画和原始心灵的产物——"集合意象"和神话意念之间，同样地看到类似东西。不过，正如生物学家需要比较解剖学的学识，心理学家没有"心灵比较解剖学"也无法行事。事实上，如果硬要把上述两家作一区分，那心理学家不仅必须对梦和其他潜意识活动的产物有丰富的经验，而且对广义的神话也必须有深入的了解。没有这种知识，谁也不能认清重要的类推。例如，不可能了解强迫神经症和古老恶魔附身之间的类似。

我对"古代残存物"——称之为"原型"或"原始意象"的意见，经常受到许多缺乏梦心理学和丰富神话知识的人批评，"原型"这个名词，往往被误解为意指某些明确的神话意象或意念。其实这些只不过是有意识的表象，假设这种易变的表象可以遗传，实在很荒谬。

原型是形成这种意念表象的倾向——表象可以在不失去其基本模式下而改变许多细节。例如，敌对教友有许多意念的表象，但意念本身保持一样。批评我的人错误地假设我在研究"遗传的表象"，因此他们忘掉原型的观念，而只认为那是种迷信。他们没考虑到如果原型是始于我们意识的表象，我们就一定会了解，而且当它们呈现在我们的意识时，我们不会惊慌失措。说实在，它们是个本能的"倾向"，就像鸟筑巢，蚂蚁形成有组织的群体一样之明显。

现在必须澄清本能和原型之间的关系：一般说本能是生理上的冲动，而且被感官认知。但同时，它们也在幻想中表示自己，往往却只以象征的意象去显露自己的存在，这些表现就是我所谓的原型。它们没有已知的起源，而且随时随地复制自己。

记得许多例子是有人因为被自己的和孩子的梦所困惑而找我。他们完全无法了解梦这个字眼，因为做的梦有许多他们说不出来的意象，虽然这些病人中有些还受过高等教育，甚至其中有些本身就是精神病医师。

我清楚地记得一个教授的例子，他有个突然而来的幻象，以为自己发狂。他带着非常恐慌的心情来找我。我只从书架上拿了本四百年历史的书出来，并翻开一页，上面印有古木刻，且有叙述他这类的想象的文字。"你根本没理由相信自己发狂，"我对他说，"他们在四百年前就知道你的幻象了。"他因而减轻了恐惧感，而且正常多了。

我还记得一个十分重要的个案，这个人自己就是精神病医师。有一天，他带着本小册子来找我，这是他十岁的女儿在圣诞节时送给他的，上面画有他女儿在八岁时所做的一连串梦，这串不可思议的梦实在是我生平仅见。我颇能了解她父亲不停被这串梦困扰的原因，虽然这串梦天真烂漫，但极为可怕，它们所含的原始意象完全超乎那父亲的理解范围之外。以下是那些梦的关联意念：

（1）"妖魔鬼怪"，一只有许多角且像蛇的怪物，杀死和吞下所有其他动物。但神从四个角出现。其实是四位不同的神，他们使所有死去的动物复活。

（2）升天，异教徒在天堂跳舞庆祝；下地狱，天使在那里做好事。

（3）一群小动物令做梦者吃惊。那些动物的身体变得很大，其中一只吞掉那小女孩。

（4）一只小老鼠被虫、蛇、鱼和人类渗入，因此老鼠变成人。这描写人类始源的四个阶段。

（5）在显微镜下看见一滴水，那女孩看见那滴水充满树枝。这描写世界起源。

（6）一个坏男孩有块泥巴，每个人经过，他都用它一点点丢他们，因此所有路过的人都变坏了。

（7）一个醉妇掉进水里，出来后变得清醒，且获重生。

（8）背景是美国，许多人在蚁堆上打滚，被蚁攻击。做梦者也因惊慌而掉进河水里。

（9）月亮上有个沙漠，做梦者陷在地上太深，以致下到地狱。

（10）在这个梦中，那女孩看见一个发光球体，她摸这个球体，蒸汽放射出来，有个男人出现，把她杀死。

（11）那女孩梦见自己病得很严重，突然间，有些鸟从她的皮肤飞出来，令她豁然痊愈。

（12）一群蚋把太阳、月亮及所有星星都弄得黯然无光，但有一颗例外，就是那颗掉在做梦者身上的星星。

在没有删减的德文原著中，每个梦开始的用语和旧的童话故事一样："从前……"就这开场白而言，那小做梦者暗示她感到每个梦都好像是某类童话，她想当做圣诞礼物告诉她父亲。父亲想借它们的前后关系说明这些梦，但他无能为力，因为他似乎没有对它们作个人联想。

这些梦是不是故意杜撰的，真实性有多大，要看对那小孩子认识有多深而定。在这个例子中，那位父亲深信那些梦是确实的，我对这点毫无疑问，我也认识那个小女孩，但这是在把她的梦给她父亲之前，因此没有机会问及这些梦。因为住在国外，她于该年圣诞节后死于传染病。

她的梦相当怪异，很明显，主要的观念含有哲学意义。举一个梦为例来说，一个魔鬼杀死其他动物，但上帝以神力令它们重生，或恢复原状。在西方国家，这观念可从基督教传统中窥见一二，《使徒行传》三章二十一节有明载。"天必留他，等到万物复兴的时候，就是神从创世以来，圣先知的口所说的。"早期的希腊教会之父认为，到末日时，救世主会恢复万物原来完美的状态，但根据《马太福音》十七章十一节所云，早就有个旧犹太传统，那就是"以利亚，固然先来，度要复兴万事。"而《哥林多前书》十五章二十二节亦有同样的说法："在亚当里众人都死了。"照样，在基督里众人也都要复活。

有人猜测那小女孩在她的宗教教育里碰到了这个思想，但她没什么教育背景，她父母亲虽然名义上是基督徒，但事实上，他们只是从道听途说中知道《圣经》的话语。因此也不大可能把这个深奥的"恢复原状"意念说给那女孩听，而且很明显，她父亲绝没有听过这个神话的观念。

这十二个梦其中九个受到破坏和恢复的主题的影响，这些梦没有一丝受过基督教教育影响的痕迹，反而与原始的神话有着密切的关系。这种关系可以由其他意念——"宇宙开辟的神话"（世界和人类），在第四、第五个梦中出现——中得到证实。相同的关联可以从我刚才引用的《哥林多前书》十五章二十二节里找到。在这段经文中，亚当和耶稣（死亡和重生）是连接在一起的。

基督救世主的一般观念，属于基督教以前英雄和拯救者的主题，虽然他被怪物所吞噬，但终以神奇的方式，把要吞掉他的怪物制服。谁也不清楚这种意念源于什么时候、什么地方。我们甚至不知道如何研究这个问题。不过有一点倒可以肯定，那就是每一代似乎都晓得这是从前一个时期传下来的，因此我们可推测，它源自一段人类还不晓得自己拥有英雄神话的时期。换句话说，那是在他还没有意识地反省自己在说什么的时期。那英雄人物是个原型，自太古时就已存在。

小孩子产生的原型特别有意义，因为我们有时可以确信小孩子没受到有关传统的直接影响。在此例子中，那女孩的家人对基督教传统只有皮毛的认识。虽然，基督教主题也许会以诸如上帝、天使、天堂、地狱和魔鬼等观念作代表，但这小孩在处理这些观念时，却完全与基督教起始无关。

我们看看第一个梦的神，它包含四个来自"四个角"的神。这些角代表什么呢？梦中并没有交代。四位一体本身就是奇怪的观念。但这个数字在许多宗教和哲学里却扮演着极重要的角色。在基督教，它被三位一体所取代，我们必须推断那小孩晓得这个观念。但在今天的普通中等家庭中，谁晓得神话的四位一体？中世纪炼金哲学的门人反而较为熟悉此观念，但这种哲学在十八世纪初就销声匿迹，而且完全荒废了至少两百年。那么这小孩又怎会获得此观念呢？从以西结的幻象？但这又不可能。

我们对那条有角的蛇也会发出同样的问题。没错，《圣经》里的确有许多有角的动物——比如在启示录。但所有这些动物似乎都是四脚兽，它们的大君主是蛇。在十六世纪的拉丁炼金术中，有角的蛇就是四角蛇，是汉密士的象征，也是基督教三位一体的敌人，不过这种说法相当含混，据我目前的发现，只有一个作家主张这种说法，因此这小女孩绝对不可能知道。

第二个梦所出现的意念的确是非基督性的，而且包含一种可接受的逆转价值——例如，异教徒在天堂跳舞，而天使却在地狱做好事。这象征暗示一种相对的道德价值。那小孩怎会发现这种可以和尼采天才相比的革命性概念？

这些问题导致另一个问题：这些梦的补偿意义是什么？

如果做梦者是个原始时代的巫师，我们就可以合理地推测这些梦代表死亡、复活或恢复、世界起源、人类的创造，以及相对价值的哲学主题的变化。如果要以个人的标准去解释这些梦，一定会很棘手，因为需要放弃这些梦。毫无疑问，它们包含"集体意象"，类似教导原始部落年轻人长成成年人的理论。在这个时期，他们知道有关上帝或神的问题，世界和人类如何被创造、世界末日如何来临，以及死亡的意义。在基督文化里，我们何时有机会分配到同样的知识？当然是在青春期。而许多人在老年期（临终前）才再开始想到这些事情。

这个女孩遭遇到这两种情况，她接近青春期，同时也接近她生命的尽头。她梦中的象征并没有指出正常成年人生活的开始，只有许多破坏和恢复的暗示。其实，当我第一次看到这些梦时，就有种惊异的感觉，它们暗示着迫在眉睫的灾难。我之所以有此感觉，是由于我从象征中推论出了特别的补偿意义。这是在那种年龄的女孩意识中不可能找到的。

这些梦打开生存和死亡新而可怕的局面。我们大多数人在老年阶段回顾生命时才会找到这类意象，它们的情况令人记起古罗马人的谚语："生命是个短暂的梦。"因为这小孩的生命就像罗马诗人所说的"牺牲青春的誓约"。经验显示莫名的接近死亡把"预期阴邪面"投射在牺牲者的生命和梦中。而基督教教堂的祭坛一方面正好表示坟墓，一方面代表复活的地方——死亡变化成永恒的生命。

现在我们已明白那小孩的梦是死亡的前奏曲，像禅的公案表达出来。这个讯息不像正统基督教的理论，反而更像古代原始的思想。它似乎始于历史传统之外，在长期以来遗忘的心灵资源中，因为自史前时代，这些资源就助长哲学和宗教思考有关生与死的问题。

看来未来的事以产生特定的思考形式把阴邪面投射在小孩身上。显然它们表达的特别形式多少还是个人的，但一般的模式却仍是集体的。我们不能假设每只新生的动物都能创造本身个别独有的本能，而且绝对不要假设人类个体借新生来发明他们的特殊人类行为。就像本能一样，人类心灵的集体思维模式是天生和遗传的。当事件发生时，它们的作用是和每个人大致相同的。

（二）心灵与意识

属于这类思维模式的感情表现，在全世界是一样的。我们甚至可以在动物中确认这种表现：动物本身是相互了解的，即使它们并不同类。至于有复杂共栖机能的昆虫又如何？它们甚至不清楚自己的父亲是谁，而且谁也没有教导它们，可是它们却能共栖在一起。那我们为何假定人类是唯一得不到特殊本能的生物呢？或他的心灵缺乏所有进化的痕迹呢？

当然，如果你把心灵当做意识，就很容易掉进错误的观念中，以为人类带着一个空虚的心灵来到这个世界，过了几年后，它所拥有的只是个体学到的经验，但实际上心灵是在意识之上。动物没有什么意识，但许多刺激和反应都表示出其心灵的存在，而未开化的人却做了一大堆连他们自己也不了解其意义的事情来。

你可以问问文明人有关圣诞树或复活节蛋的真正意义何在，不过一定会大感失望。其实，他们做什么事时连自己也不知道原因何在。我对这问题的看法是有些事情做过很长时间后，就会有人问为何要做这些事。临床心理学专家经常会碰到一些智能高超的病人，他们的行为举止怪异而无法预测，而且在他们说或做之前，都没有任何暗示。他们是突然被无理性的情绪抓住，因此连他们自己也无法说明。

这种反应和刺激表面上似乎是个人的天性，因此把它们当做特异的行为而忽略掉。其实，它们对于一个完好的本能系统来说，是人类固有的特征。他们的思维方式、为一般人所理解的手势，以及许多态度，都是照着一个早在人类发展反省意识前就已建立的模式。

我们甚至可想象出人类早期的反省能力源自猛烈情感冲突的痛苦结果。现在举个事例说明这点，有个住在丛林的人因抓不到半条鱼，在失望和恼怒之下便把自己钟爱的独子勒死，但不久，当他抱着那瘦小的尸体时，又感到悔恨交加，痛苦异常。这个人会永远记得这伤痛的一刻。

我们不晓得这种经验是否真的是发展人类意识的最初原因。但毫无疑问，同样令人震撼的感情经验，通常会唤起人们的注意力，留心他们的做法。这里有个很名的例子：在十三世纪时，西班牙绅士路韦文在极力追求后，终于获得和他倾心爱慕的女士见面的机会。在那次秘密约会中，她静静地解开衣服，露出乳房给他看，原来她的乳房已被癌细胞侵蚀得腐烂不堪。这次震惊，改变了路韦文的一生，他后来成为一个出色的神学家和伟大的传教士。在这种突然改变的个案中，我们可以证实原型在潜意识中曾工作过很长一段时间，巧妙地安排会导致危机的环境。

这种经验似乎表明原型形式不仅是静态的模式，它们是在刺激中表明自己的动力要因，这正如本能一样是自发的。有某些梦、幻象或思想会突然出现，但无论我们多小心地研究，也无法查出引起它们的原因。这并非意味着没有原因，它们一定有。只不过这些原因那么遥远或晦暗暧昧，以致我们无法看出来。在这种例子中，我们必须等待，直到充分了解梦的意义为止，不然也要等待某些可以解释梦的外在事件出现。

此外，现在梦里的这件事可能潜伏在未来，有意识的思想通常忙着未来和可能性的事，潜意识和梦何尝不然，长久以来，大家都一致认为梦的主要作用是预言未来。在古代，最迟到中世纪，梦在预言方面扮演重要的角色。我可以用一个现代的梦来证实。我在亚盂士都引用的旧梦中（第二世纪）发现了"预知"（或先知）的元素：有个人梦到他看见他父亲死于一幢焚烧中的房子里。过了不久，他自己却死于蜂窝织炎（火或高烧）。

这种事也发生在我同僚的身上。他有次患了极严重的坏疽发热——发高烧。他从前的一个病人也不清楚他患了那种病，但梦到他死于大火之中。那时该医生刚进医院，病刚刚开始恶化，那做梦者什么也不晓得，只知道他的医生患病进院治疗。三个星期后，那医生果然病逝。

从这个例子来看，梦有预期或征候的作用，谁想解释梦，都必须考虑这一面，尤其当有明显意义的梦没有提供足以说明它的前后关系时，该作用更重要。这种梦通常在意想不到的情形下出现，谁也不晓得是什么促使它的。当然，如果我们知道它隐而不彰的讯息，就会了解原因何在。因为只有我们的意识还不清楚，而无意识似乎早已通报我们，而且其所得的结论就表现在梦中。其实，潜意识看来可以像意识一样调查事实，并且从中得到结论。潜意识甚至可以利用一定的事实，来预期它们可能的结果。

就我们所了解的梦而言，潜意识本能地熟虑和审议十分重要。逻辑的分析是意识的特权，我们以理性和知识作选择的标准。但潜意识似乎大部分都是被本能所带动，以符合的思想形式，即原型来表现的。一个医生在描述某种病的过程时，会用诸如"传染"或"发热"等理性的概念。但梦较富诗意，它假设患病的身体是人类世俗的房屋，而发热就是毁坏房子的火。

上述的梦显示，原型心灵处理该情况的方法与亚盂士都一样。某些多少有点不明的性质被它意识本能地领悟到，而且甘受原型的处理。这意思是说，不用意识思想来推理，而改用原型心灵接管预期的工作。因此原型有其本身的本能和特殊能力。这些能力促使它们两者之间产生有意义的解释（以它们象征的风格），并且以它们本身的刺激和思想组织干扰既定的情况。就这点而论，它们的作用就像情结，它们随自己喜欢而任意来去，而且通常以令人尴尬的方式妨碍或修正我们有意识的企图。

当我们经历到伴随原型的特殊魅力时，就可以感觉到它们的独特力量，它们似乎拥有特别的符咒。这种独特的性质也是个人情结的特效，就像个人情结有其个别的历史，原型特质的社会情结也有其个别的历史，不过在个人情结只不过产生个人的偏见时，原型却制造着影响和赋予全民族和历史时代以特色的神话、宗教和哲学。我们视个人情结为意识过偏或态度错误的补偿。同样，宗教性质的神话可以解释为一种人类对一般痛苦和忧虑（饥饿、战争、疾病、老迈、死亡）的精神治疗。

例如，一般的英雄神话总是说一个强而有力的人或"神人"，征服龙、蛇、妖怪、恶魔等邪恶势力，把人类从毁灭和死亡中拯救出来。故事、神圣经文重复的礼仪、庆典，以及用舞蹈、音乐、圣诗、祈祷、牺牲品来崇拜这种人物，会抓住观众超自然感情的情绪（好像以神奇的符咒），而且将个人提升到与英雄同一的地位。

如果我们竭力以信教者的眼光来看待这种情况，或许会了解普通人如何能从他个人的懦弱、无力，以及悲惨中超脱出来，而且几乎有像超人的特质。这种情形通常会维持很长一段时间，而且给予他的生活某种特定的风格，它甚至可以迎合整个社会的步调。

一般推断在史前时期的某些事件中，基本的神话概念都是被一个聪明的老哲学家或先知所"发明"，而且为一班老实不吹毛求疵的人所"相信"。有人说，追求权力的祭司所讲的故事是不"真实"的，只不过是"如意的想法"。现在我要回到那个小女孩梦中的奇特观念。看来她不可能设法去求得它们，因为她发现它们时，也很惊讶，这些她梦到的奇怪观念，实在是些奇特而意想不到的故事，看来非常醒目，亦足以送给她父亲当圣诞礼物。不过，她这么一个简单的做法却已把它们提高至基督教的神秘层面上——救主诞生，加上带着新生之光的新生树的秘密（这是指第五个梦）。

虽然基督和树象征之间的象征关系有充足的历史证据，但如果要那小女孩的父母说明用点燃的蜡烛装饰树以庆祝基督诞生，到底会是什么意思时，他们一定非常尴尬。他们或许会说："哦，这是圣诞节的习俗！"而正确的答案是需要对死去的基督的古老象征意义有深入的了解的。而了解圣母的礼仪和她象征的关系也很重要，但那棵树只提到这复杂问题的一方面而已。

　　我们探查"集体意识"，揭发一个原型模式永无休止的网，但在之前，我们从没把这个网作为意识思考的对象。因此，说来很矛盾，我们比以前任何一代人都更知道有关神话的意义。事实上，在以前的年代里，人类并没有反省它们的象征，只是和它们生活，并无意识地赋予这些象征以意义。

　　以我的经验说明这点。有一次我在非洲和阿刚山的土著相处。每天黎明时分，他们走出茅屋，埋在手里呼吸或吐痰，然后向着第一道阳光张开双手，好像要把自己的呼吸或唾沫献给上升的神——"悔根"（意思和阿拉或上帝相同）。当我问及他们这举动有什么特别意义，为什么要这样做的时候，他们却茫然不知所措，一脸困惑不已的样子。只回答："我们经常都这样做，当太阳升起来时，我们就这样做。"他们对太阳是"悔根"这结论也付诸一笑。其实，太阳的确不是"悔根"，当太阳升过水平线后，"悔根"只是太阳上升那一刻而已。

　　他们的举动我当然很清楚，他们只是盲目去做，却无法了解，从不加以反省。因此无法说明自己的所作所为，我推断他们是把自己的灵魂献给"悔根"了，因为呼吸和唾液是"灵魂物质"的意思。呼吸或吐痰在某种东西上表达一种"魔术似的"效果，举例来说，基督用唾沫治疗盲目的人，或某些地方的人，儿子吸入已死父亲的最后一口气以接管父亲的灵魂。这些非洲人绝不可能——即使在过去——知道任何有关他们仪式的意义。其实，他们的先人也许知道得更少，因为他们不仅对自己的动机没有意识，而且也很少想到自己的所作所为。

　　歌德的《浮士德》巧妙地说道："一开始就是实行。""实行"是绝不能发明的，只能实践，另一方面，思想是人类的新发现。起先，他被潜意识的因素推动去实行，经过较长一段时间后，他开始反省推动他实行的原因，不过确实花了他很多时间才想出那前后颠倒的观念，他必须要去自己实行——他的心灵无法和任何其他与自己不同的刺激力量合作。

我们会对植物或动物发明自己这个观念发笑，不过有许多人相信心灵或精神发明自己，是它本身存在的创造者。事实上，心灵长成现在有意识的状态，就像橡子长成橡树，或蜥蜴类的动物发展成哺乳类动物一样。因为心灵的发展时间很长很长，所以它仍在发展，因而我们受到内在力量的刺激，不亚于外在的刺激。

内在的刺激从一处很深的来源涌现出来，但这来源并非由意识造成，但也不受其控制。在早期的神话中，这些力量称为超自然力量、精灵、邪魔和神。它们今天像过去一样活跃。如果它们应我们的意愿，我们称之为幸福的征兆或推动力，并以聪明人而自许，但如果它们反对我们，我们会说那是噩运或是某人在攻击我们，或引起我们不幸的原因是病理上的，唯一拒绝承认的是：我们依靠超越我们控制的"能力"。

不过，在近代文明人中，确曾获得一定数量的权力意志，他可以随己喜欢任意运用。他知道有效地做自己的工作，而不必采用赞美或斥责的方式，去催眠自己进入工作的状态中。他甚至可以免除每天向神求助，可以实行自己的目标，也可以顺利地把自己的观念带进行动中，然而尚未开化的人似乎被恐惧、迷信，以及看不见的阻碍弄得寸步难移。"有志者事竟成"是现代人的座右铭。

可是，现代的人为了证明自己的信条，不惜付出很大的代价。很明显他的所为缺少内省，他懵然不觉自己的所有合理性和效率都被不受他控制的"力量"所迷住这个事实。他的神和主人魔鬼根本还没消失：它们只是换了新名字，而且令他在不安、懵懵懂懂、心理并发症、不断需要药物、酒、烟、食物的情形下绕圈——甚至还会造成严重的神经衰弱症。

（三）人类的灵魂

　　我们所称的文明意识与基本本能迥然不同，但这些本能还没有消失掉。它们只是和我们的意识失去联络，因此只以间接的形式主张己见。这也许是依靠神经症的本身征候而定，或依靠各种不同的偶发事件而定——诸如不可能的情绪无意间的遗忘，或说错话。

　　人类乐于相信自己是灵魂的主人，但只如果他无法控制自己的感情和情绪，或无法意识到潜意识的安排和决定等无数秘密方式，那么他就绝不是自己的主人。这些潜意识的要素存在于原型的自治权中。现代人不想被区划系统了解他本人分裂的状态。他把某些特定的外在生活范围和个人的行为分别保存在隔开的抽屉中，因此从来都没有碰过头。

　　有关这种所谓的"区划心理学"，记得有一次，有个酒鬼受到某种宗教活动的影响，而且被这种活动的狂热所迷住，以致忘掉喝酒的事。很明显而不可思议地，他是被耶稣治好的，并被当做神圣恩典和教会的见证人，但经过几星期的公开忏悔后，新鲜感消退，他的酒瘾开始发作，又喝起酒来。但这一次，教会认为这是"病理上的"，故很明显不适合耶稣插手，因此他们送他到诊所给医生看，这比神的治疗要好多了。

　　这是现代"文化"心灵的一面，很值得研究一下。这显示分裂和心理上的困扰，已到达令人担忧而惊奇的程度。

　　如果视人类是一个个体，那我们了解人类就像一个被潜意识力量所迷住的人，而人类又喜欢把某些问题藏在分开的抽屉里。但这就是我们应该多考虑我们在做什么的原因，因为人类现在受到逐渐超乎我们控制的自创和严重的危险的威胁。换句话说，我们的世界像神经病患一样分裂，而铁幕标示出区分象征线。西方人逐渐惊觉到东方侵入的权力意志，了解自己必须要采取额外的防御措施，而同时又以其本人的道德和好意而自豪。

　　他没看到的是自己不道德的一面，因为他借着良好的国际惯例掩饰起来，但共和国会有组织地令他当场出丑。

这种事态说明西方社会这么多人特别无助的感受。他们开始了解面对他们的困难是道德问题，并试图以核武器或经济"竞争"政策来解决这个问题，显然于事无补，因为这样会两不讨好。现在我们许多人都知道道德和精神的方法比较有效，因为这两者能提供我们免疫性，以对抗经常增加的传染病。

但所有这种企图都证明是无效的，只要我们确信自己，以及确认我们的敌人错误，那会更有效，且使我们了解我们自己的阴邪面和它邪恶的行径。如果我可以看见自己的阴邪面，就可以对任何道德和精神的传染病和暗示具有免疫。按现状来看，我们暴露于每种传染病中，因为实际做着如"敌人"一般的事情，对我们更不利，我们既看不出，也不想了解自己在良好态度的掩护下做什么事情。

值得注意的是，世界有个大神话（我们称之为幻想，只要我们严加判断，这种虚饰的希望就会消失），它是"金色年代"（或天堂）时间神圣化的原型梦。在这里，每件东西都很足够，可以大量供给每个人，而且有个伟大、正直、聪明的酋长统治这个人类幼稚园。这有力的原型在其初期的形式时就抓紧他们，但绝不因我们以优越的眼光看它，而自世界消失。我们甚至以自己的幼稚来支持它，因为我们的西方文化也是在同样的神话里。我们潜意识里珍爱同样的偏见、希望和期待。我们太过相信社会福利国家（实施社会保障、免费医疗制度）、世界和平、人类平等、不朽的人权、公正、真理，以及地球上的神国。

但令人难过的事实是，人类的实际生活包含一种无情对立的情结——白天与晚上、生与死、幸福与灾难、善与恶。我们甚至不能肯定哪一样能压倒另一样，即善征服恶，或快乐打败痛苦。生活就像是一个战场，它永远都这样，不然，生存就会结束。

一点不错，这种人类的内心冲突使早期的基督徒渴望世界末日来临，或是佛教徒排斥所有尘世的欲望和杂念。如果他们并没有与特别的精神和道德观念合作，以尽量修正他们否定世界的偏激看法，那么很明显，这些基本的答案只能是自我毁灭而已。

我之所以强调这点，完全因为在当今社会里，有几百万人对任何宗教失去信心，这种人不再了解他们的宗教信仰。当生活顺畅如意时没有宗教信仰，其损失是绝对察觉不出来的，但当痛苦或逆境来临时，情形却又不一样了。那时，大家就开始寻求方法，以反省人生的意义，及不知所措和痛苦经验的真谛。

有件事很有意思——根据我的经验——去看心理医生的犹太人和基督徒的人数，比天主教徒多，不过这是可以预期的，因为天主教礼拜堂仍然有责任治疗人类的灵魂。但在当今科学昌明的世纪里，精神病医师动辄问些一度属于神学家研究范围的问题。人类感到这做法，或许会造成很大的争论：如果他们只断然地相信有意义的生活方式神，或不朽。而一谈到死亡，通常就会给予这种思想一个强而有力的刺激。自古以来，人类就有种"超人"和来世乐土的观念。只有今天，他们才认为他们可以在没有这种观念的情况下生活。

因为我们就算用电波望远镜，也没法看到天上的神王座，或肯定天父母仍然或多或少是肉体的形式，因此有人假设这些观念是"假的"。而我宁可说它们确是"真的"，因为这种概念从史前时代就伴随人类而生活了，而且在任何刺激下，还会突破进入意识里。

现代人可以坚持说他能免除它们，而且可以凭坚持它们没有科学证据来支持自己的意见，不然他甚至可能悔恨他确信后的损失。但因为我们对待的是看不见和不知道的事物，那我们为什么要对证据烦恼呢？虽然我们不晓得食物需要盐的原因，但我们一样能从盐的用途中得到好处。也许会讨论，盐的用途只不过是口味的错觉，或是一种迷信的习惯，但它仍旧对我们的福利有贡献。那我们为什么要剥夺证明对危机有帮助，以及能解释存在意义的观点？

我们怎么会晓得这些观念不真实？如果断然地说这些观念也许是幻想，许多人会同意我的说法。但他们所没注意到的是，否定也不可能"证明"宗教信仰的主张。我们全然自由地选择我们采取的观念，但无论如何，它将是一个独断的抉择。

但这有个强而有力的观察得来的理由，说明为何该把心思放在那些绝不能证明的思考上，因为这些思考很有价值而且有用。人类确实需要一些会给予他的生活有意义以及能令他在宇宙间找到一席之地的一般观念和确信。当他深信它们有意义时，就能忍受最难以相信的困境，而且会在最不幸的时刻得以安全渡过。

宗教象征的任务就是给予人类生活一个意义。居于美国西南部的印度安人种族相信他们是"太阳父"的儿子，这种信仰令他们的生活有了一个超过他们有限存在的远景（和目标）。它给予他们足够的空间扩展人格，而且准许他们有个充实的人生。他们的情况比我们文明人——知道自己只不过是没有内在生活意义的牺牲者——更令人满意。

对人类的生存来说，一种较广泛意义的感觉，是提升他浑浑噩噩的生活的东西。如果缺少这种感觉，他会不知所措和遭遇不幸。如果圣保罗只相信自己只不过是个到处流浪的地毯织工，那他就绝不会成为伟大的人物。他真实而有意义的生活潜存在内在的确信中——他是上帝的信差。有人也许会说他是受到夸大之苦，但这个看法在历史的证实和日后数代的判断之下黯然失色。迷住他的神话令他使一个工匠更伟大。

不过，这种神话包含一些还未有意识地发明的象征。它们其实早就发生了。并非是耶稣创造神人的神话，这种神话在它出生前几个世纪就存在了，他本人被这种象征观念所吸引，就像圣马克告诉我们的，这种象征观念把他从拿撒勒木匠的狭窄生活中提升出来。

神话可以回溯到未开化的说故事者和他的梦，还可回溯至那些被自己激起的幻想所感动的人。这些人与后来被称为诗人或哲学家的人并没多大分别。未开化的说故事者并不关心他们幻想的起源，过了很长一段时间后，人们才开始奇怪故事是怎样产生的。不过，在几世纪前，在现在所谓的"古"希腊里，人类头脑进步的程度，足以推测出诸神的故事，只是拟古的和埋葬已久的皇帝与指挥官的夸张传说。人类早已看出神话的内容似乎不可信，因此他们想使神话成为一种普遍可了解的形式。

在近代，从梦的象征中能看到同样的事情发生。我们逐渐察觉在心理学初期时，梦颇为重要。但正如希腊人怂恿自己相信他们的神话只不过是理性的结晶或"正常的"历史一样，一些心理学先驱推论梦并没有意指其表达出来的意义。而梦呈现的象征被视作抑制的心灵内容出现在意识中的奇怪形式，所以被忽视。因此，梦所意指的东西，与明显表示出的陈述浑然不同，这实在是理所当然的事。

早已说过，我与这种观念不一致——因此令我进一步研究梦的形式和内容。为什么它们意指一些与其内容不同的东西？宇宙内是否有任何东西与其原来面貌不同？梦是一种正常而自然的现象，它所指的东西与本身相符。犹太法典甚至说："梦是自身的解释。"产生混乱的原因是梦的内容是象征的，因此有不止一个的意义。象征所指的范围，与我们有意识的心思所了解的不同，因此它们述说的东西，不是没有意识，就是并非全然有意识。

对科学的精神而言，这种有象征观念的现象是令人讨厌的东西，因为它们不能以公式表示出来，令智力和逻辑都感到满意。它们绝非是这种心理学唯一的个案。问题始于"情绪"或情感的现象，这令心理学家白费努力，而且无法下最后的定义。两个个案问题的原因是相同的——潜意识的介入。

我对科学的观点很清楚，充分地了解要应付不能完全或充分地掌握的事实，确实很棘手。这些现象的问题是那些事实是无可否认的，但至今还不能用知识的名词来陈述。因此我们只能从生活中体验，因为生活产生情感和象征的观念。

学院派的心理学家在考虑时，完全忘掉感情现象或潜意识概念（或两者）的问题。不过，它们仍然是事实，临床心理学家至少会注意的，因为感情冲突和潜意识的介入正是其正统学问的特色。他一旦治疗病人，就会攻击这些他认为不合理的东西，且不顾自己的能力，以知识的术语把它们形式化。因此，那些没有经验的临床心理学家们，自然发现当心理学不再是科学家在他的实验室中平静地研究工作，而是真实生活冒险的主动部分时，就很难了解到底发生了什么事情。射击打靶练习与战事不同，医生要在实际的战场上应付许多意外。他必须关心自己心灵的实在性，即使他不能以科学的定义把它们具体化。这就是没有教科书可以指导心理学的理由，我们只能从实际经验中去学习。

解释梦和象征需要智慧，这件事不能制成机械性的系统或公式，

七 性质的同异

然后硬塞进缺乏想象力的脑袋。要进行这件事，不仅需要增加对做梦者的认识，而且需要解释者增强个人的自我意识。每个有经验的工作者都承认些粗略而实际的方法是相当有帮助的，但这些方法必须以慎重而理智的态度来用。虽然可以照着正确的规则，但仍旧会陷在泥沼中，因为他忽略了一些看似不重要的细节，这是作为一个优秀的工作者不应忽视的。纵使一个极有才智的人也因缺乏直觉和感情而走错路。

当我们企图了解象征时，我们不只面对象征本身，而且要面对制造象征个体的整体。这包括研究他的文化背景，了解他的教育程度，以备不时之需。我规定自己把每个例子当做新的提案来考虑。当应付表面工作时，例行的反应也许实际而有助益，但不久就会接触到问题的重心，那时就非得探究生活的本身，因而即使最精密的理论前提也会变成无效的文字。

想象和直觉对我们的了解极为重要，虽然一般人都认为这两者对诗人和艺术家最有价值。其实，在所有高水准的学科里，它们有同等的地位。它们在此扮演着更重要的角色，不仅补充"理性的"智力，而且适用于一些特殊问题，甚至物理等所有应用科学中最严格的一种——也要看本能的程度而定——由潜意识运作。

在解释象征时，直觉几乎是不可缺少的，而且它可以保证做梦者直接地了解象征。虽然可以直观地确信这种幸运的预感，但它却有危险性，十分容易产生错误的安全感。举例来说，它也许诱惑解释者或做梦者进入继续舒适而相对的轻松关系当中，最后以一种相同的梦作为结束。如果含含糊糊了解了"预感"就感到满意的话，那么就会失去真正有知性的知识和道德了解的安全基础，唯有把直觉变成事实的准确知识和其逻辑的关联，才能解释和了解。

一个老实的研究员会承认他无法经常这样做，但如果不经常谨记心头，那就不老实了。科学家也是人，因此他和别人一样讨厌那些他无法说明的事，这实在是最自然不过的事。相信我们今天所知道的东西是所有我们至今能知道的，这实在是个一般的错误观念。没有什么比科学理论更容易受到责难了，因为它本身并非是个永恒真理，却非要解析和说明事实。

（四）象征的角色

当临床心理学家对象征有兴趣时，他最关心的是"自然"象征与"文化"象征的区别，由于前者出自心灵潜意识的内容，因此它们在基本的原型意象上，呈现出无穷的变化。在许多例子中，它们仍旧可以追溯至其古代的根源——即我们在最古的记录和未开化的社会中遇到的观念和意象。在另一方面，文化象征往往是用来表示"永恒真理"的，并且在许多宗教中使用。它们经历许多次变化，甚至多少经过一段有意识地发展，才能成为集体意象，从而得到文化社会的接受。

不过，这种文化象征保持了许多它们原始的神秘或"符咒"。有人注意到，它们能在某些个体中唤出深厚的感情反应，这种心灵的负荷，令他们的偏见起同样的作用，它们是心理学家必须考虑的要素，如果因为它们在理性的言词下看似荒谬或不相干，就不予重视，这可是愚不可及的事。它们不仅是我们精神组织的主要成分，也是构筑人类社会的必要力量，如果没有严重的损失，它们是不能被根除的，而当被压抑或被忽略时，它们的特殊力量就会在无法说明的结果下在潜意识中消失殆尽。其实，在这种情况下消失的心灵力量反而会复生和加强首先出现在潜意识中的任何东西——也许是些迄今仍没机会表示它们自己的意向，或至少不会容许我们的意识空空如也地存在的东西。

这种意向对我们的意识心灵形成一个经常存在和可能有害的阴邪面。纵使那些说不定在某些情况能运用有利影响的意象受到压抑时，都会变成魔鬼。这就是为什么许多好心的人害怕潜意识和心理学的原因。

我们的年代已证明地下之门将会大开是意识所指。在我们世纪（20世纪）的前十年，谁也不会想到悠闲的田园生活中会发生无法无天的事，但却发生在当今世界，而且搞得天翻地覆。自此以来，世界停留在精神分裂症的境况中。不仅文明的西德露出其可怕的原始行为，苏俄也被原始行为所支配，而非洲则更不必说。难怪整个西方世界惶惶不安了。

七　性质的同异

121

人类学家经常描述当未开化社会的精神价值暴露在现代文明的冲击时，究竟会发生什么事。未开化社会的人失去生活的意义，他们的社会组织崩解，而且在德行上腐败。我们现在陷于同样情况中，实际上不了解我们失去什么，因为我们的精神领袖对保证自己的直觉，比对了解呈现象征的神秘更有兴趣。以我来看，信心并没有排除思考（这是人类最强而有力的武器），但可惜许多信教者似乎都相当害怕科学（包括心理学），他们对永远控制人类命运的超自然心灵力量假装看不见。我们已剥掉所有事物的神秘和超自然面，从而再没有什么是神圣的了。

因为科学的知识过于成熟，所以我们的世界变得失去人性。人类感到自身在宇宙间孤立，因为他与自然无涉，而且失去了与自然现象感情的"潜意识认同"。这些已逐渐地失去它们的象征意义。打雷再也不是愤怒的神的声音，而闪电也不是神因报复发射出来的物体。河流再没有精灵、树木不是人的生活根源、蛇不是智慧的具体化、山洞不是大怪兽的家园——现在再没有石头、植物和动物对人类说话，更没有人相信他向它们说话，而它们却能听得懂。他已失去了与大自然的接触，而且失去了这象征关系所供应的深奥感情的力量。

这巨大的损失在我们梦的象征中获得补偿。它们为我们带来原始的自然——它的直觉和独特思考。不过，可惜它们以自然的语言把内容表达出来，我们不仅感到奇怪，而且无法了解。因此要用现代的语言，把它们诠释成合理的字句和概念，这样才能消除其原始的障碍。时至今日，当谈到鬼和其他超理解的意象时，我们再也不会念咒召它们来，我们已不再相信魔术公式和禁忌，我们的世界似乎排拒所有诸如巫婆、法术士等因迷信而形成的精灵，至于狼人、吸血鬼、丛林灵魂以及所有其他住在原始森林的奇怪生灵，那就更不在话下。说得更明确些，世界表面上似乎要净化所有迷信和不合理的元素。不过，人类真正的内心世界是否也一样超脱原始，却是另一问题。"13"这个数字不是仍旧对许多人造成诸多禁忌和限制吗？不是一样有许多个体被非理性的偏见和心象以及幼稚的幻想迷住吗？这些原始遗风和特色在过去五百年扮演着相当重要的角色。

认识这点相当重要，其实，现代人是个奇怪的混合品，因为其特征是经过长年累月的精神发展才续得的。这种混合的东西是人，我们要讨论的就是他的象征，而且我们必须细心地检查他的精神产品。怀疑主义和科学的确信虽然存在于他的心中，但却伴随保守的偏见、过时的思想习惯和感情、固执的误解以及愚昧的无知，等等。

这些就是当代人制造而我们心理学家要研究的象征。为了解释这些象征和意义，最重要的是知道它们的表象是否与纯个人经验有关。

举例来说，有个梦出现"13"这个数字，问题是做梦者本人是否一向相信这个数字不祥的性质，或是这个梦暗示那些仍旧热衷于此种迷信的人。答案对解释造成很大的不同。在第一个情形中，你要推断那人仍旧被"13"的不祥所迷住，因此在酒店的13号房间，或者和13个人坐在一起，都会感到很不舒服，而在后一个情况中，"13"也许只不过是滥用而不礼貌的记号。"迷信"的做梦者仍旧感到"13"的"符咒"，而较"理性"的做梦者，则排除"13"原始的感情色彩。

这种争辩说明：原型出现在实际经验方法的同时，它们是意象也是感情。只有这两者同时存在，我们才可以谈论原型，只有意象的时候，那仅是篇没什么结论的生动文章，但灌注感情的话，意象就会获得超自然的力量（或心灵能力），某类结论必定会从中流出。

有许多人以为原型就像机械性的系统，可以靠背诵来学习。我清楚要抓住这一概念的中心并非一件容易的事，因为我竭力用文字来描述一些无法精确界定的性质。所以坚持它们不是些纯名字，甚至不是哲学概念，这的确是十分重要的。它们是生活的部分，那就是为什么要独断地（或普遍地）解释任何原型是件不可能的事。我们必须说明与此有关的特殊个体的整个生命情况。

因此，对一个虔诚的基督徒来说，十字架的象征只能以基督教的前后背景来解释--除非梦产生一种非常有力的理由优于这点。即使如此，那特殊基督教的意义也该保留。我们不能说，在所有时间和所有情况下，十字架象征的意义都是相同的。如果是这样的话，就会剥夺它的神秘性，使之失去活力，从而变成一个名词。

那些不了解原型特别感情风格的，而以它不过是神话概念的大混合作结论的人，都是些外行的人。以化学观点来看，世上所有尸体都是一样的，但活生生的个体则不然。唯有在我们耐心地竭力探求"原型是什么"和"以何种方式对人生有意义"时，它才会复活过来。

当你不知道文字代表什么意义而随加运用，那将是徒劳无功的。这对心理学而言更为精确——特别是谈到像生命、灵魂、智者、大地之母等原型时。你虽然能了解所有圣人、贤人、先知，以及其他神圣的人，但如果他们只是些意象，而且从没经历过他们的超自然力，那你就等于说梦话一样，因为你并不知道自己在说些什么。你所运用的话语将变得空洞而无意义。只有当你千方百计地考虑他们的超自然力时，它们才能得到生命和意义——即考虑超自然力与人类间的关系。这样，你才能了解它们的名字没什么意义，而它们与你的关系，才是最重要的。

因此，我们的梦产生象征的作用，是企图要带人类的原始精神进入以前没有过的"进步"，或产生区别的意识中，可见它从没有主动地自我反省过。因为在过去的年代中，原始精神是整个人类的人格。而当他发展意识时，他有意识的精神和原始心灵力量失去联络，而有意识的精神从来不知道原始的精神，因为它在产生区别意识的进化过程中被抛弃。

不过，似乎我们所谓的潜意识保存了形成原始精神部分未开化的特征，那些梦象征常涉及这些特征，一如潜意识寻求带回所有古旧的东西，而从这些东西中，精神就想借着演化幻觉、幻想、原型思考方式、基本的直觉等来超脱自己。

这些东西说明了人们在接近潜意识物质时会抗拒，因而害怕的原因。这些古旧的内容不仅是中立或可有可无的。换言之，它们负有重责，因而经常除了讨厌之外，还会引起真的恐惧，它们愈受到压抑，就愈会以神经症的形式影响整个人格。

就是这种心灵力量令它们如此重要，这就好像一个人度过一段潜意识的时期，却突然了解在他的记忆中有道鸿沟——他似乎记不起发生过的重要事情。以至于他推测心灵只是个人的事情，他会尽力恢复在童年失去的记忆。但他童年记忆的鸿沟也只不过是较大损失的征候——损失了原始的心灵。

就好像胎儿身体的演化重复其前史，因此精神的发展同样也经过史前阶段。梦的主要职责便是恢复一种史前以及婴儿期世界的"记忆"，即恢复最原始的本能。这种记忆在某种例子中有种卓越的治疗效能，这一点弗洛伊德在很久以前也看出来了。这确定了婴儿期记忆的鸿沟的观点（所谓健忘症）代表了一种明确的损失，而当其恢复之后，能增加记忆和令生活安宁。

因为小孩身体比较小，缺乏有意识的思考且思考较简单，因此我们不能说婴儿单纯的精神是基于它与史前心灵原始的同一。那"原始心灵"仍旧出现，而且在小孩身上产生作用，是因为人类的进化阶段是在发育未成熟的身体上。如果读者记得我先前说过那小女孩的梦——她把自己的梦当礼物送给父亲——就会了解我的意思了。

在婴儿的健忘症中，我们发现奇怪的神话不断地同时出现在后期的精神状态中。这种意象是超自然的，因此非常重要。如果这类记忆在成年生活重现，它们也许在某些例子中引起严重的心理毛病，而在其他人，它们则很可能产生治疗的奇迹或宗教的转变。它们往往恢复忘记已久的生活片断，因而令生活有目的，并且令人生更充实。

（五）治疗人类与其心灵之间的裂痕

我们的才智曾创造出一个统治自然的新世界，而且使它和一些奇怪的机器住在一起。尤其后者对我们确实很有助益，我们甚至也不可能排除这些机器，或否定它们的作用。人类必定会遵循自己科学而有创意的心灵的冒险暗示，而且赞叹自己的卓越成就。同时，他的天赋显示出发明愈来愈危险的东西的惊人性向，因为它们代表大规模自杀的媒介。

鉴于世界人口急剧增加，人类早已开始寻求控制的方法。但自然也可以借着背叛人类自己的创意预期我们所有的企图。举例来说，氢弹有效地阻止过多的人口。尽管我们因控制自然而骄傲，但我们仍然是它的牺牲品，因为我们甚至没有学习控制自己的天性。这逐步显示

七 性质的同异

125

我们无可避免地走上祸患之路。

再也没有任何神在我们祈求时施以援手，世界上伟大的宗教深为增加的贫血症所苦，因为有帮助的神灵已从树林、河流、群山和动物中消失，而"神人"也在我们的潜意识中偷偷溜走。我们开自己的玩笑，认为它们在过去很不名誉。我们现在的生活被"理性"女神所支配，她是我们最伟大、最茁壮的幻象。在理性的帮助下，我们才能肯定自己已"征服自然"。但这只不过是口号，因为所谓的征服自然，还是被人口过剩这个自然事实压倒，加上我们心理上的无能，没法把政治问题处理得宜，因而引出不少问题。人类还是不断起争执，为了胜过别人而奋斗。这样怎能算作"征服自然"？

因为改变是无法避免的，所以只有从体会经验到实行。改变必须由个体开始。谁也不能寻找和等待别人来做他不愿意做的事。但由于谁也不知道要做什么？所以我们得问自己，潜意识是否知道有些会帮助我们的东西，说不定十分值得。当然，有意识的心灵在这方面似乎不可能派上用场。今天，人类带着痛苦的心情警觉到，他伟大的宗教信仰和不同的哲学观点，似乎都无法供给他强而有力且生气蓬勃的观念，也无法给予他在面对世界状况时所需要的安全和保证。

我知道佛教徒会说：如果人类遵从"八正道"的信条和对"自我"有真切的洞察力，则万物无一不得其宜。基督教会告诉我们：只要人类信仰上帝，我们就会有个更完美的世界。而理性主义者则会坚持：如果人类有才智和有理性，我们所有问题都会得到解决。但问题是他们没有一个能够设法解决自己的问题。

基督徒经常追问上帝为什么不跟他们说话——他相信以前上帝不时会跟世人说话。当我听到这类问题时，总令我想起犹太教会的经师，当他被人问起，为什么在昔日上帝经常显现在世人眼前，而现在谁也没看过他一面的时候，那经师回话说："现在谁也不会卑躬屈膝了。"

这回答一针见血，我们太过醉心和卷入于主观的意识当中，以致忘记上帝主要是透过梦和幻象来向我们说话这个永久不变的事实。佛教徒把潜意识空幻的世界当做无用的妄想抛弃掉，基督徒把礼拜堂和《圣经》放在他和自己的潜意识之间，而那些有理性的知识分子还不晓得意识并非他全部的心灵。尽管这种愚昧已持续了七十多年，但潜意识却是任何严肃心理学研究所不可缺少的基本科学概念。

我们再也不能像万能的上帝一样在判别自然现象的优劣点时，不根据植物学来区分有用和无用的植物，不根据动物学来区分无害和危险的动物。但我们仍旧自得地假定意识有意义，潜意识无意义。在科学里，这种假定会不值一顾。举例来说，微生物有意义或无意义？

不论潜意识将会怎样，它能产生证明有意义的象征，则是个自然现象。我们不能期望一个从没透过显微镜观察生物的人会成为微生物专家，同样，如果没有对自然象征作过审慎的研究，就不能对潜意识作出正确的判断。但一般人太过低估人类的灵魂，以致伟大的宗教、哲学、科学理性主义也不愿意再去考虑人类的灵魂。

尽管天主教礼拜堂承认天主遣派的梦，但许多天主教的思想家却不大想了解梦，这是个事实。我怀疑基督徒是否有条信条或理论，可以让自己愿意卑屈地承认在梦中能感知神遣派的信息。但如果神学家真的相信上帝，他凭什么说上帝不能透过梦说话。

我花了半个世纪以上的时间研究自然象征，得到一个结论：梦和梦的象征并非无聊而没有意义。反过来说，梦提供最有利的消息给那些对了解梦象征不辞劳苦的人。因此，结果当然与世俗的买卖无关。但是人生的意义并非由人的事业来说明，但也不是由想得到钱就有钱来说明的。

在某段人类史期间，所有力量都投注在研究自然上，很少注意到人类的本质，即他的心灵，即使有，那也只不过是研究意识的机能而已。但心灵真正复杂和陌生的那份——从象征产生的——仍旧没被开发。看来似乎很不可信，因为虽然我们每晚从象征那里接受到讯号，而且辩论这些沟通语言似乎太过沉闷，但很少有人受其干扰。人类最伟大的工具——心灵——很少被考虑到，而且经常被断然轻视和疑惑。而心理学所代表的，只是空无一物。

这种极深的偏见到底从何而来？我们很明显太过忙于思考自己的问题，以致完全忘记去问潜意识的心灵认为我们怎么样。弗洛伊德的诸多观念确定许多人对心灵抱着轻蔑的态度。在他之前，心灵也只不过被忽视而已，但现在它已变成一个垃圾堆，为道德所拒绝。

这个观念的立足点肯定是以偏概全，而且不公正，它甚至与已知的事实不符。我们对潜意识的真知灼见，显示潜意识是自然现象——它就像"自然"本身，至少是"自然的"。潜意识包含各方面的人类性格——光与暗、善与丑、美与恶、深刻与肤浅。要研究个体和集体，解决象征的问题是最重要的工作，但至今成绩却并不突出。幸好终于有个开端，最初的成果也很值得鼓动，它们似乎解答了许多至今人类仍无法解决的问题。

八　神秘的东方

　　对某个国家的初次印象就像初逢某人一样——你的印象也许很不准确，在许多方面甚至会错得离谱，但你也有可能领略某些特性或某些光彩。经过两三次拜访，印象远比初次正确后，这些特性或光彩却被遮掩掉了。假如我的读者想将我对印度的任何叙述视作福音的真理，那他就大错特错了。我们可以设想：假如有个人平生第一次到欧洲来，他花六七个星期到处旅行，从里斯本到莫斯科，又从挪威到西西里。除了英文外，他不了解任何的欧洲语言。而且，他对欧洲民族、历史及实际生活的理解，可说是浮光掠影，浅薄异常。因此，他所传达的消息，除了走马看花的印象、梦呓不绝的浮夸妄想、片断猎取的情绪意念以及迫不及待、喷涌而出的个人意见外，还能传达什么东西？我相信他恐怕逃不过"沾不上边、纯粹外行"的讥评。我如果胆敢说出任何有关印度的片言只语，恐怕情况也好不到哪里去。但据说：因为我身为心理学家，所以可以找到很好的口实。人们相信我会看到更多的东西，至少会看到某些人可能忽略掉的特别事物。我不能确定是否如此，而这尚有待读者作最后的判决。

　　孟买平坦，辽阔无涯，其暗绿色的低矮丘陵却突然从地平线处升涌而起，此景很容易令人感觉无限宽广的大陆正在后面。这种印象可以解释我登陆以后，首先的反应是什么：我弄了一部车，走出城市，远入乡野。乡野给人的感觉好多了——黄草、沙地、土屋，菩提树暗绿、巨大而又怪异；棕榈树枯萎无力，因为它们的生命汁液已被吸干了（近头部处成一圆球，可制棕榈酒，惜无缘享受）；牛只骨露匼㿜；男人腿踝细小；妇女则身着五颜六色的纱丽服，一切皆在闲适中而又略带匆忙，匆忙中又有闲适，没有什么可以解释的，它们也不需要解释，因为它们就是它们，既不需要被关心，也一无黏滞，我是唯一不属于印度的人。当我们经过蔚蓝湖泊旁的一带丛林时，车子突然间刹住，不是车子差点辗过潜行的老虎，而是我们发现自己竟然处在当地拍片的外景当中：一位驯兽师从竞技场逃出，另一位白人少女则盛装打扮，仿佛要发生什么事一般。于是，摄影机转动、麦克风疾呼、激昂的衣袖也全体出动。我们吓住了，所以不由自主地，踩在加速器上急速前进。事后，我认为我该再回到城里去，这座城市我还没真正地好好看过。

建于五十年的益格鲁——印度式建筑风格并不迷人，但它显示出孟买的特殊性格——好像我们在某处似曾相识般。孟买的英国性格超过印度的性格，但通往德里的宽大马路起头处之巨门——印度之门——却是个例外。就某种观点来说，此门重现了阿卡巴大帝在法特布希克里建立之"凯旋门"的雄心壮志。在法特布希克里此刻见到的城市，现已成为废墟一片，红色的砂岩千百年来在印度的阳光底下，闪耀着光辉，过去如此，未来也将如此。潮流在时光的海岸来回冲洗，而残留下来的仅是一串串的泡沫。

这就是印度，印度正如我看到的：某些事物永恒不变——黄土平原、翠绿鲜活的树木、灰蒙蒙的庞大巨石、青葱的灌溉水田，还有冠予其上、延伸至遥远北方的冰雪岩石之形上氛围。至于冰雪岩石的北方，则为不可思议的无望障碍。然而，其余的事物摊展开来时，却又像幕电影一般，色泽奇多，形状繁多，并且不断地随时改变。此改变也许历时数天，或历经数世纪，但大体都是过渡性的，如梦幻泡影似的，它只是幻象的一种多姿多彩的面纱。直至今日，春秋鼎盛的大英帝国也势将在印度留下一些痕迹，就像蒙古帝国、像亚历山大大帝、像数不胜数的土著王朝、像入侵者亚历安人等的情况一样——但印度在某种意义下，却未曾改变其庄严的法相。然而，从任何面相来说，人类的生命都显得出奇之脆弱，孟买城似乎是由琐琐碎碎的居民堆积而成，人民过的生活毫无意义，匆忙迫切，喧哗不宁。在永不停息的波浪中，生生死死，永远一样。生命中永无了期的重复，形成了莫名的单调。

在不堪一击的脆弱以及空洞无物的喧嚣中，人们意识到无法衡量的年轮，却意识不到历史。但话说回来，为什么要有载录的历史？像印度这样的国家，根本就不在乎历史。它所有的伟大之处，全都是无名无姓，与任何个体毫无关联，这种情况与巴比伦和埃及的伟大一样。历史开始发挥作用，起源于欧洲国家，但其时已相当晚，而且蛮性未除，它们过去也没有历史。直到此时，事物才开始定型，城堡、寺庙、城市逐渐被建了起来，道路桥梁也铺设了，人们还发现他们有名有姓，住于某处，也发现他们的城市正在大幅扩张。他们的世界也一代一代日益扩大。既然他们看到了事物的发展，他们自然也开始关心起事物的变迁，记载事物发展的始末似乎也就大可一试。因为任何事物总有个走向，而任何人总希望拥有些未曾闻过的可能性，也希望将来（情况）能大有改善——不管在精神层面或世俗方面都莫不如此。

但在印度，似乎没有任何事物不曾在先前出现过千百次以上，即使当今独一无二的人物在以往的岁月中，也活过不计其数。世界就是重新再来的世界，世界的一切在早先已发生过许多次。即使印度最伟大的人物悉达多佛陀也一样，在他身前已有许多佛陀先行走过，而且悉达多佛陀也不会是最后的一位。这也就难怪：为何诸神也要不断降凡转世！"变化之事虽多，毕竟纯粹唯一。"在此种情况下，要什么历史？还有更奇特的，时间是相对的，瑜伽师可以看到过去，也可以看到未来。假如你遵循八正道而行，你会忆起千万年前的生涯。空间也是相对的，瑜伽师可以用灵体行走，穿越海陆几天，其速度一如转心动念之快。你认为真实的东西——包含生命里的是非善恶——全是幻影。你认为不真实的东西，如激情丑陋、淫猥怪异、令人毛骨悚然的神，只要你在炙热的夜晚，聆听使欧洲人太阳神经从天翻地覆的鼓声，聆听它永不停歇、历历分明地鼓了半夜，那么，这种神就会毫无预期地出现，这毫无疑问是一种活生生的真实。由于欧洲人认为他们的头脑才是捕捉世界的唯一工具，因此，当他们眼在观卡达卡利之舞时，如果此舞没有配合从根底创造出新生实在的鼓声的话，它终究只是一种诡异的舞蹈而已。

穿经孟买嘈杂的市集，我不能不心生感触。我感到印度梦幻世界的冲击，我相信一般印度人不会认为他们的世界是梦幻的世界，恰好相反，他们的一举一动，都显现出世界的真实性质紧紧地深烙在他们身上。假如他们不是执著于此一世界，他们就不需要任何有关大无明的宗教或哲学训示，这就像假如我们不像现在的我们，我们也将不需要基督教爱的讯息一样。如果我在《一千零一夜》幻想故事中的人物群里走动，也许我早已被卷入一种如梦似幻的状态。我的欧洲意识之世界已变得极为稀薄。它就像电线一样远离大地，直接延伸，高临地球表面，结果地球看起来就像地球仪一般。

很可能印度才是个真实的世界，而白人居住的，却是个由抽象性质构成的疯人院。（像印度这样）出生、死亡、生病、贪婪、污秽、童騃、虚妄、卑怜、饥馑、恶化，整个人深陷于无知的无意识中，纠葛于善神恶神的狭隘宇宙，以及受符咒图录的保护，也许这些才是真正的生活。所谓生命，应当就意味着大地的生活，在印度，生活并没有被浓缩到脑袋里，它仍然是以全身全躯的姿态生活着。难怪欧洲人会觉得这仿佛如梦幻：印度人完整的生活对他说来，只有在梦中才可得见。当你赤脚行走时，怎么可能忘掉大地？假如你不想知道大地，这需要高级瑜伽的无上功力的帮助才行。假如你想在印度严肃的生活，你可能更需要某类瑜伽的辅助。但我从没看过在印度的欧洲人确实在那边生活的，他们都生活在欧洲，就像生活在弥漫欧洲空气的瓶子当中。其实，我们应该可以不受玻璃墙的阻隔，称心快意地走动，我们应该可以浸润在我们欧洲人幻想已经征服过的事事物物之中。在印度，这些事物都是昭昭明显的事实，使得你不容犹豫地跨出玻璃墙外。

（一）泰姬玛哈陵与商奇浮图

北印度是幅员辽阔的亚洲大陆之部分，可能是受自然环境影响的缘故，我发现当地人们交谈时，音调嘈杂刺耳，其刺耳情形使人联想起粗鲁的骆驼客，或脾气躁怒的马贩子。此地的亚洲服饰繁富多姿，它穿透了温文儒雅的素食者之洁白不染。妇女的衣着极其愉悦动人，许多巴坦人个性高傲，冷漠无情。胡须满面的锡克敦徒则复杂矛盾，极端男性化的残酷无情中混合多愁善感的心绪，在茫茫人海中，他们显现出浓厚的亚细亚风味。从建筑物看来，也可看出印度的原来模样屈从于亚细亚排山倒海的影响。即使贝拿勒斯地区的神庙也都很局促矮小，毫不起眼——除了它们的嘈杂脏乱以外。作为世界毁坏者的湿婆以及嗜血如命、令人毛骨悚然的迦利神，地位似乎显赫得多了。肥胖象头的甘尼沙神则广受祈福，希望他能带来好运。

相形之下，伊斯兰教似乎比较高明，富于精神性，也更进步。伊斯兰教堂纯净美丽，纯然亚细亚的风格。对它不能用"理智"亲近，而应当以全神贯注的感觉契人。其仪式哭泣呐喊，呼求至爱无上的主。这是一种祈求，一种急切的渴望，甚至是一种对上帝的迷恋贪婪。我或许不该称之为爱，但在这些老蒙兀儿人身上，我确实发现爱，一种诗意的、优雅的美之爱。在专制与冷酷的时代，一种天堂似的梦境竟会在石头上立体显像：泰姬玛哈陵。我无法掩抑我对这朵无上之花、这颗无价之宝衷心的礼赞。我也不能不赞叹"爱"终究发掘了沙迦汗的天才，使他成为实现自我的工具。在世上居然真有这么一个地方，能让无形无象，渺不可见，但又被层层圈围、几近拓爱的伊斯兰爱欲之美如神迹般的揭显开来。通过冷酷无情、无可挽回的损失，促使伟大情圣心肝断绝，这是锡拉兹的玫瑰庭园以及阿拉伯宫殿的寂寞院落之纤巧秘密。蒙兀儿寺院及其陵墓也许纯洁肃穆，他们的公共厅堂也许美丽无瑕，但泰姬玛哈陵却是天启之作，它从头到尾，全与印度风格无关。它像一株在肥沃的印度土壤生长的树，它欣欣向荣，它也会开花，但如移至其他地区，它却什么都做不到。它是爱欲的纯粹形式，没有神秘，没有象征，它就是一个人爱另一个人的崇高表现。

同样在北印度的平原上，比蒙兀儿人约早两千年，印度精神早已成熟结果，其生命之本质，我们可以从具有圆满人格的大雄释迦佛陀见到。离阿格拉与德里不远处，即是以佛庵闻名的商奇丘陵。我们在天光明亮的清晨到达此处。此地阳光浓密，空气清新异常，一切显得清晰分明。在石丘顶上，俯视远方的印度平原，你可以看到一个巨大的圆石建筑物，一半埋在土中。根据《涅槃经》的说法，佛陀自己指定埋葬他躯体的方法：他拿起两个碗，将一个翻盖在另一个之上。目前可见的浮图，只是上面的那碗，我们必须自己想象埋在土中的下面那碗究竟是怎么回事。从古以来，圆形就是圆满的象征，对大雄如来来说，这既适合他，也是可以表现其精神的圆形陵墓。此建筑物极端简单、肃穆、但又清晰明朗，与佛陀的训示之简单、肃穆、清晰明朗，完全符合。

在连绵无际的孤寂中，此地有无法言说的庄严，好像它仍在凝视印度历史的片段——这个民族最了不起的天才正在宣扬其高妙的真知。此地方、连着其建筑物、其寂静、其超拔内心翻滚之上的和平以及其对人间之七情六欲的遗忘，这些真正是印度的。它之为印度的"秘密"，就像泰姬玛哈陵是伊斯兰的秘密一般。而且，就像伊斯兰文化的气氛仍在空中流连一般，佛陀表面上固然已被忘掉，而实际上他仍是当代印度教的秘密气息。至少，他得被视为毗湿奴的化身。

（二）亚裔妇女性格

当我和英国代表旅游，一齐参加加尔各答的印度科学会议时，我匆匆忙忙连赶了好几场的招待晚宴。我要趁此机会，谈谈有教养的印度女人。此事说来相当地令人惊奇，因为她们的服饰居然烙上她们是女性的标志。她们的服饰变化最多，风格最强，同时也是自有女人设计服装以来，最有意义的穿着，我强烈地祈求：西洋人的性别之病，总是想把女人变成不伦不类的男童的作风，千万不要借着苍白无力的"科学教育"，而偷偷潜入印度。假如印度妇女不再穿着她们本土风味的服装，这将是全世界的损失。在文明国家中，印度可能是我们唯一可以从活生生的模特儿身上，看出妇女竟然可以这样穿着，以及告诉我们妇女该如何穿着的国家。

印度妇女的服装传达出的讯息，远比西洋妇女半裸半露的晚礼服要丰富得多，西洋妇女的晚礼服真是枯燥无味透顶，了无新意。印度妇女的服饰总是余韵袅袅，兴味无穷，退一步说，即使我们发现它在美感上颇有缺陷，我们也不会觉得我们的品味受到了冒犯。欧洲的晚礼服却是我们性别混乱最严重的病征之一，它混合着寡廉鲜耻，好出风头，无事招摇，而且试图使两性间的关系变得廉价而随意，这真是集荒唐大成之能事。但每个人都了解——或应该了解——异性相吸有其奥妙，既不廉价，也不能随意，它是任何"科学教育"都无法掌握的一种精灵。绝大多数流行的妇女服饰都是男人发明的，因此，你不难猜测其后果如何。当他们费尽心思，用紧腰衣，用腰垫，将这些繁殖力强的种马一律压平，并个个相似之后，他们现在又尝试创造一种雌雄莫辨、孔武有力的半男性化躯体——尽管北方妇女躯体的趋势早已够骨骼虬结，粗壮异常了。他们主张异性一同教育，其目的是求异性之同，而非求其异。但最不雅观的景象，莫过于妇女穿着裤子在甲板上来回梭巡，我时常地怀疑：他们到底知不知道这种形象到底有多难看。一般说来，她们都出自端庄多礼的中产阶级，但却一点也不明智，她们只会随着雌雄莫辨、男女同质的潮流走动。事实很令人悲伤：欧洲妇女，尤其她们那种毫无希望的离谱服饰，如果和印度妇女及印度服装之婀娜多姿但又典雅庄严相比，当真是一点也没有看头。在印度，即使胖女人也有机会表现身材，但在我们这里，她们大概只能活活饿死。

谈及服装，我也必须指出：印度男人同样喜欢清冷舒适。他全身缠着一块长棉布，直至双腿之间。前腿覆盖完密，但后面却很怪异地裸露出来，服装看起来稍有些女人味，但又夹带着孩子气。我们简直不能想象：士兵的双腿如缠绕着这种花布，会是个什么样子。可是很多士兵却穿上这样的服装，外加一件衬衫，或一件欧式的夹克。样子看来相当古怪，但不太有男子气概。北方服装的式样则是波斯型的，看起来不差，而且也有男人味。为什么花哨的服装主要在南方？这也许和母权在南方地区兴盛发展有关。"花哨"的服装看起来有点像过度蓬松的菱状布巾，它基本上是那种非战不竞的衣服，完全适合印度和平主义的心态。

在这种格局当中，几乎不可能有真正的争战。因为争战者只要一争战，马上就会被那片古怪的、缠绕迂回的布巾卷进去。当然，他们的言语与姿态还是可以自由行事的，但你如期望有更精彩的镜头，他们却会止于攻击对方的衣袖袍袄而已。我曾亲眼看到两位八九岁的小孩因游戏而激烈争吵。最后，他们大打出手，我们应该还记得：那种年纪的小孩如果打架，会是个什么样子。但印度小孩的表现则确实很吸引人去看，他们出手很猛，但看来危险万分的拳头一落到对手一英寸左右，就奇迹似的停住了。随后，他们好像还认为刚刚已好好地打了一架，这两个孩子真是教养深厚。这是在南方，如果谈及战斗，北部穆罕默德传下的流风余韵可就要当行多了。

印度教徒给人以温柔的感觉，由此可见其家庭中女性的地位举足轻重，尤其以母亲的角色为尊。这种习俗可能是建立在古老的母权制传统上面。教养良好的印度教徒都有浓厚的"家中小孩"或"好"儿子的性格，他知道他必须和母亲好好相处，更重要的，还要知道该如何做。而从印度妇女处，我们得到的印象也大抵差不多。她们努力研习，形成一种谦恭有礼、内敛自抑的风味，我们当下就有种感觉，觉得眼前相处的人极有教养，也极合社会礼俗。她们的音色一点也不呕哑嘈杂，不激昂高亢，也不含带男性化的声音。和我认识的某些欧洲妇女对照之下，这种音色真是极令人"赏心悦耳"。那些欧洲妇人的声音一下收敛，一下洪亮，一下连绵不断，这样的态度未免太矫揉造作了。

在印度，我有许多机会研究英国人的发音。声音是藏不住的，它会泄露许多东西。你会很诧异有些人士拼命努力，幻想发出愉悦、清新、欢迎、进取、痛快、友善、和睦等的声音，但你知道这只是想掩盖真正的事实而已，但事实的情况恰好相反。这种矫情的声音听起来很令人疲倦，所以你反而渴望听见某些粗鲁、不友善和攻击性的话语。你一定也会发现许多原本极优雅有味的英国男士，却要努力模仿男人本色的腔调，天知道他们为什么要这样做。他们的声音听起来，好像蓄意借着喉头的颤音，使全世界都忘不了他。也有些像在政治集会的场合里演讲，因此，希望每个人都能了解演讲者非常的真诚坦率。最常见的标志是男低音的音调，其调门如同学校发出的男低音，或如同家中儿女与仆人满堂、想要震慑住他们的一家之主的男低音。圣诞老人的声音有种特别的花样儿，大概是受到学院训练出来的那群家伙的影响。我还注意到特别可怕的新手其实人蛮温文尔雅的，我明显可以感受到他们的自卑。想不到要成为印度这样的大陆之主人，竟然要承担起这种超人似的负担！

印度人讲话不带喜怒爱恨，不多表示什么，他们属于三亿六千万人口的印度。女士也是一无沾黏，她们隶属于大家庭，大家庭在地理上则活在一个叫做印度的国家。生活在一个二十五人至三十人挤在一起，由祖母带头的小房子里面，你必须调整你自己，晓得该如何说，该如何做。它将教导你如何说话文雅，行为谨慎，彬彬有礼。这也可以解释轻声细语的音色以及如花朵般的举止是怎么产生的。可是在我们这里，家庭如果人口拥挤，结果恰好相反。它只会促使人们紧张易怒，粗鲁不文，甚至还以暴力相向。但印度人将家庭当做一回事，绝不疏忽马虎或喜怒为用，它被视为生命里不可闪躲，不可缺少，也绝对必要的部分。所以它需要某种宗教来打破这种律则，并使得"无家"成为跨进圣徒之旅的首步工作。由以上种种看来，印度好像特别令人愉悦，容易生活在一起，尤其是印度的女人。而且，假如风格可以被视为整体的人格的话，那么，印度的生活应当是接近最理想的状况了。但态度柔和、音色甜美也不无可能是外交的把戏，或隐藏了什么秘密。我想印度人到底也是人，一概而论是不对的。

事实上，当你（向印度人）要求明确的讯息时，你一定会三番两次，不断踢到铁板，甚至弄伤拇指。你会发现人们对你的问题不一定那么关心，他们关心的反倒是你有什么样的动机，或者关心如何才可以从死巷里溜闪开来，毫发无伤。过度拥挤确实与印度人这种极为常见的性格缺点关联颇深，在群众中要保持个人的隐私，只有高明的骗术才有可能达到。女人全心全意向着母亲与男人。对前者来说，她是女儿；对后者而言，女人需要行事巧妙，使男人在适当的机会里觉得自己真像个男人。至少，我从没看过一般西洋卧室里常见的"战舰"。看到这样的"战舰"，男人不免会觉得自己如同尚未享用早餐前，即已淹死在冷水中的老鼠。

印度人，即意指生活在印度。因此，他们势必要有某种程度的驯化，这点我们做不到，即使得到理想与狂热的道德毅力之帮助，我们也做不到。我们的移民尚未结束，不久前，盎格鲁——撒克逊人才从日耳曼北边迁移到他们的新家园。后来，诺曼人远征斯堪第那维亚半岛，经由法兰西北部，到达那儿。几乎所有欧洲的民族差不多都历经过类似的经验。我们的信念始终不变，"只要幸福所在，即可成为祖国。"由于坚信此一真理，我们都变成狂热的爱国者。由于我们还能流浪，也愿意流浪，我们认为不管如何，没有什么地方是不可住的。但我们还没想到：在拥挤不堪的家庭里，我们也应该可以彼此相处。或许我们认为还有本钱大吵特吵，反正事情弄砸了，"西方以外"还有良好而开阔的田园。至少，表面上看来似乎如此，但事实上却早已不是这样的了。连英国人都不是想要在印度定居，他们只是注定要在那边过完他的任期，所以只能尽量利用此段期限。也正因如此，所以所有发出希望蓬勃、痛快淋漓、精力弥满、热情有力等诸种声音的人士，他们所想的，他们所梦的，依然还是逃不开萨克斯区里的春天。

（三）信仰的嬗变

印度北邻亚洲，南接印度洋，位于西藏与锡兰（斯里兰卡）之间，其领土在喜马拉雅山山脚与阿丹姆斯桥处突告结束。锡兰与印度差异之大不下于与西藏间的差异。在印度领土的任一地方我们都可发现到"大象之迹"——巴利文经典曾如此尊称大雄佛陀的训示，此事颇堪玩味。

佛陀的救赎正道是哲学与神迹的一体化，其结合非凡可观，但为什么印度后来反而丧失了这种最伟大的荣光呢？这点我想我们都知道，因为人类不可能永远处在觉悟与勇猛精进的巅峰。佛陀是位突如其来的侵入者，他扰乱了历史的行程，而历史的行程后来又压过了他。印度宗教就像座宝塔般，诸神如蚂蚁般往上爬升，它从最底层雕刻的大象处爬升至建筑物最顶层中央的抽象性莲花。最后，诸神变成了哲学的概念。身为十方世界精神导师的佛陀说道：悟道者甚至可成为他的神之导师及救赎者（不像西方"受启蒙"者所宣称的，人只是他愚蠢的弃儿），这明显的是过头了些，印度人的心灵在整合神祇方面，还没达到可以"使他们依赖人类心灵才能成立"的程度。在奇迹中（任何的天才都可说是种奇迹），人类的心灵可以扩充至极。佛陀自己本人如何能够获得这样的慧见，而又没有丧失掉自我，这真是奇迹。

佛陀将诸神缓慢转化成概念，这样的行为干扰了历史的行程。但真正的天才总是侵入者，也是干扰者，他从永恒的世界向时空的世界说话，所以他总是在正确的时间里说些错误的话，因为在历史的任一时刻里，永恒的真理从来没有真实过。转化的行程总必须暂停一下，以便消化天才从永恒之库中创造出来的彻底非实用之事物。但反过来讲，天才也是他所处时代之治疗者，因为他透露出来的任何永恒真理都具有医疗的机能。

然而不管怎么说，转化过程的远程目标才是佛陀期望的，只是要达到此目标，往往不是一代甚或十代可以完成的。它需要更长远，至少几千年的时光，因为人类的意识如果没有飞跃发展，就不可能实现预期的转化。最多我们仅能"信仰"，就像信仰佛陀说的，或基督说的一样。神佛的跟从者明显会这样做，他们假定——就像"信徒"永远会这样做的一样——信仰就是一切。当然，信仰之事非同小可，但它只是意识实体的代用品，这种实体基督徒原本应归拨到尔后的来生才有的。此种"尔后"意指人类预期的未来，这纯粹是宗教的直觉才可以预期的事。

佛陀从印度生活及宗教里消失了，其情况远比我们设想尔后大灾难落到基督教身上时，耶稣即将消失的惨状还要惨，甚至于比希腊罗马宗教从今日的基督教里消失的情况还要严重。印度人不是不对它的大师之精神感恩怀念，无疑，我们可以看到古典哲学的兴趣复苏得相当可观，某些大学如加尔各答或贝那劲斯都有很重要的哲学系，但它们主要着重的乃是印度古典哲学以及数量庞大的梵文文献。巴利文经典显然不在其研究的领域内，佛陀也不能代表真正的哲学，因为他要向人类挑战，而这不是哲学需要做的事。哲学就像其他科学一样，需要充分的理智游戏，自由自在，不受道德或人为的纠缠之干扰。但同样，有极少数的人也需要做点"有关它的事情"，但不必要一头栽进远超过他们耐心与能力之上的伟大议题。毕竟，这些议题还是对的，只是多少有些"路漫漫其修远兮"罢了。天才神圣的性急质躁也许会干扰一般市井小民，甚至会激怒他们。但经过数代之后，这些市井小民会变得只是纯粹数目字的意义而已，事情一向如此。

我现在想说些很可能会冒犯我的印度朋友的话语，虽然事实上我毫无此意。据我的观察，有件事情相当独特，一位真正的印度人并不思想，至少也不是我们所说的"思想"的意义，在这方面他与初民非常接近。我的意思并不是说他是初民，而是他思考的历程令我们联想起初民创造思想的途径。初民的理路主要是种无意识的功能，他只感受其结果。在从原始时代起就未曾中断过，几乎绵延一气的文明里，我们竟然也可以目睹到这种特殊的状况，这或许不算太匪夷所思吧。

我们西方则从原始时代开始，就遭到一种高出一大截的文明的心灵及精神的入侵，因此，其演进突然被打断了。我们的情况虽然不像黑人或波里尼西亚人那么糟——他们和比他们高出无限的白人文明相遇是极为突然的——但本质上并没有什么两样。我们被阻挡的时刻，依旧是处在野蛮的多神教时期，而多神教被排除或被压抑的时期也不算太久，它只是数世纪以来的事。我相信这样的事对西洋人的精神会造成很大的扭曲，我们的精神被扭转到一种我们尚无法所及，也不可能真正名副其实的状态。但要达到这样的状态除非是意识心灵与无意识两者真正的分离，否则不可能达到。我们的意识确实已从非理性与本能冲动的沉重负荷中获得解脱，可是我们付出的代价却是牺牲了人的整体性。我们的人分裂成为意识人与无意识人。意识人日渐驯化，因为他已从自然人或初民的状态中脱离出来。一方面我们越来越讲规矩，越重组织，也越来越理性，可是一方面仍是处在一种强压抑住的初民地位，与教育及文明彻底绝缘。

这就可以解释为什么我们会放纵自己，胆大妄为，无法无天。也可以解释下面活生生的可怕事实：我们爬上科技事业的山峦越高，我们越可能误用发明，也越可能趋向危险邪恶。试想人类精神的胜利有多伟大！我们已有能力在高空飞翔，千百年来人类朝思暮想的美梦终于成真。但我们也应当试想现代战争中落弹如雨，轰炸不停的景象，难道这就是所谓的文明！这样的现象无疑更展现了一项无法否认的事实，即当我们的心灵高升，征服长空之际，我们的另外一个人格，也就是被压抑在下的蛮性个体却已直坠地狱。千真万确，我们的文明可以以其成就感到自豪，但我们也应当为自己感到羞愧！

这条路确实不是人类走向文明唯一可以走的路，而且也绝不是一条理想的坦途。我们可以设想另外一项比较令人满意的取代方针。可以不片面发展人性，而是从人的全体性出发。我们可以在人的意识层面上，再加上一种环绕大地、向下扎根的原始层面之重量，在经过这样的过程后，我们可以避免上下两阶层致命的解体。当然，费尽心力想和今日的白人做这种实验是无济于事的，这样只会导致白人内在生命发生更悲惨的道德问题或思想问题。然而，假如白人不想使用他自己聪明绝顶的发明摧毁自己的种族的话，他早晚必须严肃考虑如何进行自我教育。

不管白人最终的命运如何，我们至少可以举出一个拥有原始性格的基本特征，而且其人从头到尾整体都照顾到，未曾稍有疏漏的文明来。印度文明及其心性和它的庙宇非常相似，印度庙宇的雕刻中，不管神圣野蛮，只要是众生的形形色色，它都搜罗殆尽，因为它代表整个宇宙。这就可以解释为什么印度看来如梦似幻。因为当我们被推回到无意识的状态时，我们发现到此间的世界未分化，无文明，原始如初。这样的状态我们也只能梦想及之，意识则势必排斥之。印度代表文明人的另一条途径，这条途径里没有压抑，没有暴力，没有理性主义。你可以在同一市镇、同一街道、同一庙宇及同一里邻里面，看到文明发达至极的心灵与最原始的心灵同肩并列，两无嫌弃。在精神内涵最丰富的心灵创造物中，你可以辨识出活生生的原始性格之痕迹，而在褴褛半裸的文盲村夫的忧郁眼神中，你又可以读出无意识的冥契主义之真理。

我以上所说，只是想用以解释我所谓的"无思"究竟是怎么回事。我可以坦然宣称：谢天谢地，幸亏有一种人未曾学习过思考，而是一直体受他的思考。这种人不断将他的神只转化成一种建立在本能上的形色思维。他抢救了他的神，他的神与他同活同在。你当然可以说这样的生活是非理性的，既丑恶又残忍，而且病死交替，可怜不堪。但这不多少也显示了充实圆满，并带有深不可测的情念之美吗？确实，我们可以说印度人的逻辑理路相当可笑，当我们看到一些支离破碎的西方科学竟然可以和我们所谓的迷信携手并肩，和平共存时，很难不迷惑万端。印度人毫不介意表面上看来无法调解的矛盾吗，它只是此种思想本身一种特殊的性质，与人无关，因此人无需为它负责。思想是如其自如地呈现着，不是人制造出来的。印度人并不想将大千世界的一切精微一一展现，他只想朗照全球。他当然不知道我们（西方人）可以将活生生的世界夹紧在两个概念之间，动弹不得。我们是否曾停下来想过：就在"概念"一词本身里，即藏伏着多少征服者的意味概念，意指"彻底抓紧某物"，这就是我们理解世界的方法。但印度人的"思想"，是视野的增进，而不是侵入并掠夺尚未征服的自然界。

假如你想学得无上法门，印度可以教导你。你不妨将自己包裹在道德优越感的大衣底下，走到科那拉克的黑塔，坐在遍布迷人的猥亵作品之壮丽废墟的阴影中，细读慕瑞编写的一本富有情趣的老书《印度手册》，这本书会告诉你看到这种令人扼腕的景象，要有怎样的震撼！它也告诉你进入庙宇的时间应当选择黄昏，因为在灯火照耀下，它们看起来会"更邪恶"，这多有趣呀！然后你应该仔细分析你的反应、感觉以及思想，而且态度要尽可能的诚恳。这当然需要花费一些工夫，但假如你做得好的话，最终你还是会大有收获，对你自己以及一般的白人，都可以了解更多，这在其他地方可能都是闻所未闻的。如果你真能做到上述所说，印度之旅绝对会有所启发，从心理学的观点来看，更是值得大肆鼓吹的——虽然它也可能令人极端头痛。

九 印度的圣者

　　海恩·西玛尔长年以来对帖鲁旺那玛喇伊地方的圣者非常关心。当我从印度归来时，他首先问我的就是这位南印度的智慧长者的状况如何。我未曾拜会希里·喇嘛哪，我这位朋友是否觉得罪无可免，或者难以理解。他对这位圣人的生平及思想如此热衷，因此，如换成他的话，他一定不会失掉拜访他的机会。此事不足讶异，因为我了解西玛尔深入印度精神极远，他最强烈的渴望乃是（有生之年）能亲眼目睹印度。可惜，此事已经不可能实现。他唯一能够访问的机会在"二战"前夕就永久失去了，但他对印度精神抱持的观感，反而因此更衬显得壮丽非凡。在我们合作的事业上，他引导我深入东洋灵魂深处，其洞见之珍贵，真是无价可拟。他不仅具有丰富的专业知识，更重要的，能够明确掌握住印度神话的意义与内涵。很不幸的，神灵钟爱不白之头，他竟然也逃脱不了英年早逝的命运。给我们的，乃是我们对一位跨越专业藩篱的英才倏然消逝的悲恸，但我们如转向人类立场考量，又不得不庆幸他留给了我们"不朽的果实"此一礼物。

　　自洪荒世纪以来，一直有"圣者"传递印度神话与哲学的智慧。西洋的"圣者"一词事实上是无法表达东洋圣人的本性及其外观的。印度的圣者是灵秀印度的体现者，在文献中，这样的人物我们屡见不鲜。这也难怪西玛尔会对最近、但也是最好的修成肉身的例子，也就是对化为希里·喇嘛哪形躯的人物那么着迷关怀。在这位瑜伽行者身上，他看到了真正的"雷司"之化身。"雷司"是见道者，也是哲学家，他既是传说中的人物，也是历史的人物，他可跨越任何的世代，再度显现。

也许我应该访问希里·喇嘛哪，但假如有机会再度旅游印度，以便弥补我的疏漏的话，恐怕我的抉择仍然一样，我不会去亲自拜访这位杰出挺秀的人士。尽管良机不再，但我相信我做的是合理的，因为我不相信他真的是独一无二，举世无匹。他事实上是种典型，前已有之，后也将有来者，借此之故，我根本没必要去采访他。只要在印度任何角落，不论在拉玛克里斯那，在拉玛克里斯那的门徒，在佛教的僧侣，或在印度日常生活中的芸芸众生里，我都可以看到他。

他的智慧语言，事实上也是印度精神生活的一种"暗示"。就这点意义而论，希里·喇嘛哪乃是印度大地土生土长的"人中之人"，也是真正的"人子"。他是种"真实"，真实之顶则是种"现象"。从欧洲人的眼光来看，这种现象是独一无二的，但在印度，他仅是白色向度上的一点白点（他的白所以还能被人提及，只因还有相当多的面相是黑的）。总的来说，在印度我们得阅斯人斯事多矣，因此到头来，我们只希望能少看些。印度风土繁富，人种复杂，但却渴望彻底的单纯。此种单纯性也见于此，它渗入印度的精神生涯，如同愉悦的香气或曲调般。它遍地皆同，一体平铺，其相却又变化无穷，绝不单调。要了解此义，读读《奥义书》或佛陀的话语就够了。此处所闻，诸地皆闻。它出于万曲所唱，它现于万姿所显。任何村庄、任何乡道皆有枝干广分之大树，树阴底下，皆有人努力地消灭自我，期使繁富变殊之世界沉没到"一多并起之同体存在"。这种基调在我耳旁反复出现，毫不做作。很快，我已经无法摆脱它的咒力。随后，我绝对认定：没有人可以逾越此点，印度的圣人更不行。假如希里·喇嘛哪说出的话与这种曲调不能同唱，或者他宣称他懂的事物超出上述的论点的话，那么，他所领悟的一定是错。因为如能与印度古调谐音，圣者就对了，如发出了别种曲调，他就错了。在炎热的印度南部，这种无力慵散、低音呢喃的论证特别适应其风土，所以我毫不感到懊悔竟然没有到帖鲁旺那玛喇伊地方参拜。

然而印度毕竟深不可测，我虽然不去寻找圣者，但最后还是和他会面了，而且是按照一种很符合我个性的方式。在查马克的首府催马幢，我巧遇一位圣者的门徒，他个子矮小，谦虚自抑，社会地位可视同小学教师，他总是让我想起亚历山大的鞋匠，影像极为清晰。在阿那托·佛兰司的小说中，此鞋匠被天使派遣至安东尼处，他被视为一位比安东尼还要伟大的圣人典型。我们这位矮小的圣人也像鞋匠一样，有无数的小孩正需要抚养，尤其为了长男的教育，他的牺牲更大。圣者是否一定聪慧，反过来说，智者是否一定是圣人，此事大大可疑，但此处我无意检讨这两个息息相关的问题。但不管怎么说，在这位谦虚和气、虔诚好似幼童的灵魂身上，我遇见了一位全身奉献，吸收智者智慧的人。不仅如此，除了智慧与圣洁外，他还在生活中"将俗世吞食净尽"，这点已超越了他的老师。我深怀感激，庆幸能与之会面，我相信不可能会有再好的事情降临到我头上来了。对我来说，通体智慧或通体圣洁的人，如罕见的蜥蜴的骨骼，他最多只会引起我的兴趣，却根本无法让我感动流泪。相反，在超越无明的泛我存在与扎根黝黑大地的人性弱点间的失调矛盾，却可吸引到我。印度永恒不变的万古基调，总是在继续编织网幕或将之劈裂的矛盾间来回演唱，此事最是可人。人到底如何才能够看见无影之光？能够听见无声之默？能够获得无愚之智？不管怎么说圣之体验应当是最辛酸苦劳的一种体验。与我会面的这位人士，感谢上天，仅是位小号的圣者，他不是耸立在黑暗深渊上的耀眼尖峰，也不是生就戏弄自然的可敬可惊的异种别产。他仅是能将智慧、圣洁与人性合为一炉，协调共生，使彼此之间愉悦欣喜，和平丰饶，相忍相让。不纠葛限制，不彰显特别，不怪异引人，也不大声以色，更无需传递特别的讯息。但就在海风轻拂，椰叶摇晃，轻柔呢喃之中，具体体现了年代悠久的古文明。他已在幻影幢幢之存在中发现"意义"，在束缚中发现解放，在败北中发现胜利。

纯白无瑕的智慧与纯白无瑕的圣洁，要见到，恐怕只有在文献上才可见到，也只有在那里，它们的声名才不会受到挑衅。《道德经》里，老子言语奥妙，精彩绝伦。但老子在山坡西侧与舞蹈少女共庆暮年生命，大概也就不足为训了。尤其令人难堪的，大概就是一般人容易忽略的"纯白无瑕"的圣人躯体——假如我们相信美是上帝最巧妙的产物时，事情也就很明显了。

（一）生命中"自我"与"自己"的矛盾

希里·喇嘛哪的思想读起来很是漂亮，在他那里我们看到的是纯粹印度式的风格：永恒的呼吸，排斥世界，也为世界所排斥。它是各个时代里的歌谣，它如同夏夜的蟋蟀鸣声，回响着万物之音。这种曲调建立在单一的伟大主题上，虽然它的单一性质常被五彩缤纷的千种反光掩盖住，但事实上它是印度精神的永恒愉悦，亘古未断，而且绝不疲怠。它最年轻的化身，即是希里·喇嘛哪本人。这种曲调是种戏剧性的对照，对照的一方是"阿汗卡拉"（我执或自我意识），另一方是我执紧死系住的本我。圣者也称阿特曼为"我之我"，因为本我确实在体验中被视为主体之主体，也就被视为自我真正的来源及其操控者。但自我反过来也一直想消纳本我赋予它的自主性，并占为己有，而这种（错误的）努力始终持续不断地进行着。

西洋人对这种冲突不会不了解：只是对他来说，冲突就是人与上帝的关系。现代的印度人已大大地采纳欧洲人的语言习惯了，因此，"本我"或"阿特曼"基本上被视为等同"上帝"，就我个人的亲身经验所知，确实是有这种现象。然而，西洋人提出的对立关系是"人与上帝"，印度人刚好相反，他的对反方式或对应方式乃是"自我与本我"。在与"人"的概念对照之下，"自我"明显地是种心理学的概念，"本我"也一样——我是说假如用"我们的"思路判断的话我们往往倾向于设定：在印度，"人与上帝"的形上学命题已被转移到心理学的层面。可是我们如再仔细观察后，即可真相大白，发现事情并不是这样，因为印度人"自我"与"本我"的观念并不是真正的心理学的性质，我们甚至可以理直气壮地说：它与我们"人与上帝"的性质并没有两样，它同样也是形上学的。印度人缺少知识论的观点，就像我们宗教语言里的情况一样。换句话说，他们仍处在"前康德"的阶段。因此，我们如从认识批判眼光见到的多种错综复杂的关系，也就是形而上的存在与形而下的存在、或超越的与人类经验之相互否定的关系，类此种种，在印度是不被人知的。但在这点上，我们西洋人事实上是更无知的。此外，如谈及印度所谓的"自己"一词，我们发现他们认定"自己"是种事实，它就是这样的存在，这样的概念事实上也是"前心理学的"。心理学就不能这样做，我们且不论心理学意味着什么，但它不能否认人会有戏剧性的冲突，波涌起伏，可是它对内心世界的贫乏或富裕，终究仍保有发言的权利。进一步说，我们虽然对自己独特及矛盾的性格极为熟稔，但我们也意识到下列的事实：即借我们手头能够利用的少数手臂，我们尝试辨认出本质上仍属朦胧未知的某物，而且我们希望能够用心灵结构的方式表现。只是此结构如与已知部分的性质相较，两者可能仍旧不太相称。

这种认识论上的限制使得我们对所谓的"本我"或"上帝"这些词语，远远保持距离。"本我＝上帝"这个恒等式震慑住了欧洲人。但这正如希里·喇嘛哪及其他诸人显示出来的一样，这是种独特的东洋——心理学在此除了承认它根本毫无能力分判两者外，不能妄赞一语。心理学观点能够派得上用场的，仅是先确认本来的"自己"此一经验事实展现出来的宗教的诸种征候，以及在"神"的名目下相结合的诸种体验语言的领域。虽然宗教昂奋的现象远超出知识论批评所能企及的范围——这种特色也见于所有情念的表现——但人因渴求认知这样的现象，所以常不免我执我固，冥顽不灵，甚至会绝对坚持"反抗神的"或"恶魔"般的信念。这种思考方式对具有思考能力的人而言，到底是得是失，自然是个问题。总之，早晚他的理智会和紧紧系缚着他的情念对上，为了了解究竟发生何事，他会力求从纠结缠绕的情念中脱身出逃，如果此人行事慎重，意识清醒的话，他将会不断发现：至少他某部分的经验是人为的解释。这样的解释是有限的，就如同罗耀拉的例子一般。当他在幻视中乍见多眼蛇时，最初将它看作神圣的源泉，随后则改正过来，将它视为恶魔的起源作为灵魂根源的"自己"与神一般无二，因此，当人存在于"自己"当中时，他不仅是包容在神之中，而且，现实上他就是神。希里·喇嘛哪在这点上，阐释的相当明快，无疑，人神等同也是一种解释。同样，将"自己"视为最高善，是一切希求渴望的目标，这也依然是种解释——虽然这种经验现象的特点是先验的，也是任何宗教昂奋（凭依）现象不可或缺的构成因素，但这无碍于批判的知性会对这种心灵特性之正当性提出质疑。对于这样的质疑，知性要如何解答，很难看得透，因为知性完全缺乏此方面的必备标准。任何可以解答的标准反过头来，还是会遭遇批评，人们会质问其正当性何在。所以我们此处唯一能决定的，乃是心灵事实在此占有极大的优势这一点而已。

（二）因修行而形成的人格状态

东洋修行的目标与西洋冥契主义的目标相同，两者都想将重力的中心从自我往自己移，从人往神的方向动。这也就意味着自我在自己中，或人在神中消灭。希里·喇嘛哪实际上如不是或多或少已经吸纳到"自己"当中去，要不然就是他极为努力，坚持不懈，想将他的自我在本来面目中的"自己"里消绝掉。罗耀拉在《灵操》一书里，也显现了类似的努力，他要将人"固有的所有物"，即人的自我存在，尽其所能，从属于基督。与希里·喇嘛哪同代的一位前辈喇嘛库里秀哪对于"自己"的关系，也会怀着类似的态度，只是在他的例子里，自我与自己间的矛盾更加突出罢了。希里·喇嘛哪虽然对他的弟子强调消灭自我是精神努力的本来目标，但对他们世俗的职业仍抱着"理解"的宽容态度。在这方面，喇嘛库里秀哪则迟疑多了，他说道："只要依附在自我之上的探究依然存在，智慧与解脱皆不可能，生生死死亦永无了期。"同时，他也承认"我执"能达到三昧境界，解脱自我的人极少极少……我们也许可以毁灭他一千次，但"我"的意识还是会再度回来。今天你可以砍掉无花果树的枝干，明天你会发现新芽仍在茁壮。最后，他甚至暗示自我是毁灭不了的，他却说："如果'我'的意识挥之不去，那么，就让它留下，充当上帝之仆好了。"和这种对自我的让步相较之下，希里·喇嘛哪绝对是比较激进的，如果用印度的传统来看的话，当然又是比较保守。两人中，喇嘛库里秀哪虽然较为年长，但反而较为现代，这应当是他受西洋精神的影响远深于希里·喇嘛哪所致。我们可以设想"自己"乃是整体心灵（即全体意识与无意识）的本质，因为它表现出来的，"确确实实"如同心灵发展所欲达成的目标，这不是任何有意的期许或意见揣测所能拟议的。"自己"总是落在一种历程之中，它的内容主题也是在此历程中形成的，其范围会超出意识的藩篱之外。唯有经过长时期的作用影响，我们才有可能感觉到其存在。对这种自然的过程抱着反省的态度后，我们不免会开始对某些事情感到怀疑，因此，从一开始就会将"自己＝上帝"这一公式排除在外。因为这种公式显现自我溶解在"阿特曼"中，这是宗教及伦理的唯一目标，它体现在希里·喇嘛哪的生涯与思想中。在基督教冥契主义里，情况也一样，不同的只是词语上有出入而已。此公式施行的结果，必然会贬抑生理的与心理的人性，也就贬抑活生生的躯体及"阿汗卡拉"并想将它毁灭——对于人的灵性，则大加赞扬。希里·喇嘛哪因此称呼他自己的身体为"这片土块"。但我们如果不取上述途径，而批判性地考虑人类经验是那么的错综复杂（情念的因素加上解释的因素）的话，我们恐怕不得不承认：自我的意识还是很重要。而且也不得不承认：没有阿汗卡拉此种身躯，绝对不可能有人可以主宰任何发生的事物；既没有和被说成"土块"（身躯）相连在一起的圣者之个别性自我（这不是极端明显吗？），也就没有所谓的希里·喇嘛哪可言。纵使我们同意希里·喇嘛哪的话：他确实已达到无我的境界。但只要阿特曼此种自我一说话，我们便知道这依然是意识的心灵构造与身体相合后，语言的沟通才有可能。生理的、心理的人性确实麻烦无比，但没有了它"自己"将会空无一物，正如安迪斯·斯留修司早已说过的：

> 我知道若没有了我，
>
> 上帝片刻难活，
>
> 我若逝世，他——
>
> 也将消失。

"自己"内部具有与目标类似的性质，要表现此种目标，不能依赖意识的参与。完成目标的冲动是无从被否决的，其情况就像我们不能否决自己的自我意识一样。但人的自我意识也常会专横地提出自己的主张，而且往往或明或暗地去反对不断流转的自我之需求。实际上，"自己"可以说毫无例外的，总是处在一连串无休无止的折中协调之间。意识我与自己苦心孤诣，力求维持天平的均衡——假如一切都顺利的话，或许也可以做到。而任何一端如果摆得太过的话，通常会被视为"不能再进行下去了"。当然，"极端"之事如果发生的极为自然，本身也不坏。我们只要了解它们的意义，善于使用的话，它们也会给我们足够的机会去实现，这的确值得我们庆贺。在这些人当中，有极少数的人与世隔绝，超脱事外，他们往往禀赋奇绝，意识的幅域比我们常人来得丰富，也来得广——但这只限于他们反省的能力没有瘫痪时才谈得上。因为宗教的狂热（凭依）或许出自神恩，但也可能来自地狱里的恶魔。即使意识的云彩可以达到最高的目的，一如在我们的掌握之中，但随之而带来的，不免是狂妄自大，腐败自然随着产生。我们唯一可靠且持久不变的收获物乃是可持续增高、可持续扩大的反省能力。

有关的陈腔滥调且先不论，但很不幸，没有任何的哲学命题或心理学的命题不会立刻逆转回去的。因此，反省之为物，它如不能在一切混沌、诸种极端中站稳脚步，而视自身为自足之目的，那么，它也只是一种限制而已，这就如同纯粹的动能本身只会导向疯狂一样。任何事物如要存在，一定都需要有它的对立面，否则，一定会流于空虚梦幻，一无所有。"自我"需要"自己"，反之亦然。这两者的变化关系，东洋人探讨特多，体验特深，远非西洋人所能体悟。东洋哲学虽然与我们极不相同，但对我们来说，依旧是笔难以估量的宝藏。但是，"想要拥有它，必须先努力求得它。"西玛尔以传神之译笔，借着笔端，传递给我们希里·喇嘛哪的话语。在这份最后的礼物之译文中，再度融合印度精神世世代代储存的最高智慧，以及圣者个人的生涯及志业。这也显现印度民族想要再度解放"根源"时，其努力是艰苦卓绝，勇猛精进的。

（三）东洋传统的借鉴

　　东洋民族今日正面临着他们的精神价值急速崩坏的威胁，而取代这些精神价值的，却谈不上是西洋精神里所产生的最优良产物。从这个角度出发，我们可以说：喇嘛克里斯哪与希里·喇嘛哪可视同现代的先知，这两人和他们民族间的关系，就像旧约里的先知和他们"不信神"的以色列子民一样，都扮演一种"补其不足"的角色。他们不但呼吁他们的同胞要记住自己源远流长的精神文化，他们还将此文化体现出来，成为一种发人深省的警告标记，以免在新奇的西洋文明带来的物质性技术以及商业性的俗世追求中，忘记了灵魂的追求。目前正腐蚀西洋人心灵的，乃是人们在政治上、社会上以及知识上不遗余力地追求权力，拼命扩张，贪婪攫取，永不满足。这种情况也流传到东方来，其势莫之能遏，其后果亦无从衡量。以前灵魂赖之以生存或极力追求的东西，现在许多已消灭得无影无踪。文明的外在化确实一方面除去了许多灾害——除去这些灾害似乎符合人民的期望，对人民非常有利，但根据经验所示，只要顺着此步骤再向前发展，我们往往也要付出丧失精神文化的可观代价。我们如能生活在装备齐全、卫生设施良好的房子里，无疑会非常愉快。但这依然没有解决如下的问题：房子居住者到底是"谁"？也没有回答：他的灵魂是否也享受到同样的秩序井然，清净不染，一如他的房子对他的外在生活所展示的一样？性格完全外向的人永远不会满足所谓的基本需求，他永远会不断追求更多更好的东西，但由于他的成见使然，他所追求的这些东西永远是在他之外。他忽略了：纵使他的生活表面上看来很成功，而内心里却依然不变。因此，假如他拥有一辆车子，而多数人却有两辆，他就会因贫困不如别人而懊悔莫名。无可否认的，人的外在生涯可以日趋改善，渐臻完美，但如果内在的我不能与之并驾齐驱的话，这些事物即毫无意义可言。满足"必需品"，确实是幸福的源泉，其价值无法衡量。但假如内在之我从此出发，不断要求，我们可以说：绝没有任何外在的财物可以满足此种要求。当人在追求现世的荣光之际，这样的声音越少听见，内在之我越会变成现实的生活情境里无法言喻的不幸及无法理解的失意的源泉，与原初预期的结果南辕北辙。生命的外在化一变而为无可救药的苦痛，人竟然不能理解：为何受苦的原因是出自他自己。没有谁的永不满足有过一丝一毫的怀疑，反而认为这是他合法的权利。他从来没有想过：这种世俗的精神食粮如片面发展的话，及乎极至，必然会严重扰乱均衡。这就是西洋人之病，他们贪婪攫取，冒进不已，除非全世界皆已受其贪欲波及，否则，他们是不会停下来休息的。

东洋的智慧与神秘虽然以他们固有的语言表露出来，无法模拟，但对我们而言，可称道者依然不少。它们提醒我们：我们文化里面原本也拥有类似的东西，可是后来却被遗忘了。他们也提醒我们注意内在自我的命运——我们早就将它搁置一旁，视同无足轻重。希里·喇嘛哪一生的言行不仅对印度人意义非凡，对西洋人其实也很重要。它们不仅是"个人的断烂朝报"，对人类来说，它们显示一种警讯，警告我们正面临在麻木不仁与凌乱失序的混沌当中。从深层的意义来看，西玛尔最后的著作可视为一种证言，它告诉我们当代印度先知一生的志业，当我们尝试着去解决心灵转换的问题时，这位先知可被视为一种典范，他感人至深，这绝不是偶然的。

十 冥想与心理

　　我的朋友海恩·西玛尔曾指出：印度的宗教建筑与瑜伽的关系极为密切。叹其不幸早死，未享天年，实令人痛惜，这也是印度学的一大损失。任何人如曾拜访过婆罗浮图地区的遗迹，或目睹过巴哈咻与桑奇的宝塔，纵使他以前对印度人丰盈多姿的生活一无所知，仍然会不由自主，深深感受到此处的心灵倾向与视野和欧洲人大异其趣。对久经希腊训练的欧洲人而言，印度精神涌溢而出的丰饶形象，显现出某种奇特的视野，乍看之下，令人难以亲近。西洋人的智性心灵捕捉的是外来的事物，正如哥蒂夫德·凯勒说的，"我们的眼帘承受的是黄金般的丰富世界，我们的眼睛不妨任意享受。"而我们对于内在世界的理解，也是从外在繁富灿烂的印象推测而知。甚至，还认为从外界汲取内涵，是建立在"感觉之中不存在者，心灵之中也不存在"此一原则上面。这个原则在印度却恍若无效，印度思想与印度艺术仅是"呈现"在感官世界，而非来自于感官世界。虽然它们的展现，时常可见到惊人的感性色彩，但它们真正的本质，虽然不能说是超感觉的，却是非感觉的。它们不属于感觉、躯体或色香的世界，也不是从变形型式中再生的人之情热，或经由印度灵魂的创造性所显现的写实情热。诸奇形怪状之物即从中生起，并融入熟稔的大地情景中。任何人只要到过南印度喀拉拉地区，并仔细看过令人回味无穷的卡达卡利舞者之扮神相貌，即可发现：这当中所看到的任何姿态，没有一样是"自然的"，到处都是诡谲古怪，不是"不及人"，要不就是"超乎人"。舞者并不像一般人用走的，而是用滑的；他思考时不是用他的头，而是用他的手。即使他的脸孔也在镂青面具的后面消失不见。我们的日常生活世界里面，找不到一丝一毫，足以和这奇伟壮观的情景相比的。

当观赏此一景象时，观者好像被带进了梦幻世界，因为只有在这样的世界里，我们才觉得所遇到的，仿佛有些相似。然而，不管我们所见到的卡达卡利舞者是真人真事，或是仅为庙宇的雕刻，都不是黑夜的幽灵幻象。他们极具动感，任何细节都均匀调和，其展现仿如有机体般。他们并非消逝者残存下来的影子或鬼魂，相反，这些潜存的实体可以在任一时刻跨越存在的界限而显现出来。

任何人只要全心全意，沉醉在这些印象中，马上就可以发现：印度人并不认为这些姿态如梦似幻，而是当成真实看待。其实，这些姿态触击到我们内心深处时，其力道非常遒劲充沛，难以形容。同时，我们也可发现：当人越被感动时，我们的感官世界也越会潜入一种梦幻中，恍如我们已走在神祇的国境，一切具体逼真。

欧洲人在印度旅行初眼乍见者，到处都呈现一种外在的肉体性。然而，此种见解并非印度人所见的印度，这并非他们的真实。所谓真实，据德文所示，正是"现出来的"。对我们来讲，凡现出来的东西之本质，就是外在现象的世界。但对印度人来讲，却是灵魂。感觉世界在他们看来，仅是假象。他们所看到的真实，反而近似我们称呼的梦幻。

在宗教修行方面，东西方的奇妙对峙显现得最为清楚。我们常说宗教的提升或宗教的高扬，因为我们认为上帝是宇宙的主宰，宗教是主内兄弟爱的宗教，我们仰天高耸的教会里，有崇高的祭坛。相对而言，印度人讲究的是禅定，经过冥想，向内沉潜。他们认为神性隐藏在一切事物的内部，尤其是在人里面。印度古代的庙宇，其祭坛往往比地面低二三尺，深藏地中。而且，我们感到羞耻、遮遮掩掩的性器，印度人却视为最神圣的象征。我们相信行动，相对而言，印度人却深信无疑。我们宗教的修行是祈祷、敬畏、赞美，印度人认为最重要的却是瑜伽。我们认为瑜伽乃是潜藏在种无意识的状态，但印度人却赞扬为最高级的意识状态。瑜伽乃是印度精神最雄伟的展现。同时也是产生这种精神独特走向时，时常使用的工具。

（一）《观无量寿经》的冥想

　　然而，什么是瑜伽？"瑜伽"就其字义而言，乃是"拴上车轭"之意。意即降优心灵的本能冲动，也就是降优梵语所说的（烦恼）之意。瑜伽的目的就是要拴住这些力量，因为它们将人类系缚在这个世界之上。这个梵语词汇如果借用奥古斯丁的话来说，相当于"傲慢"与"欲求"。瑜伽的种类各式各样，但它们的目标完全相同。在这里，不想一一介绍，我们想提出来的，便是除了纯粹心理的冥想之训练法以外，还有一种叫哈达瑜伽的，特别值得注意。哈达瑜伽可以说是一种体操，主要是用以训练呼吸及维持奇异的躯体姿势。在这一讲里，我想举出一种瑜伽经典加以说明，这一经典对于修瑜伽的心路历程，洞见得相当深邃。此一经典是佛教的经典，但知者不多，它虽然是用中文写成，但最早是由梵文翻译过来的。著作的年代可以逆推到公元424年，这本经典叫做《观无量寿经》，德文译本称之为《阿弥陀佛冥想的经典》。此一经典在日本评价甚高，隶属于所谓的有神论系统之佛教（净土信仰）。此经典描述原初的佛陀（本初佛或摩诃佛显化为五位冥想的佛陀——禅定佛或禅定菩萨——时的教义。五位冥想的佛陀之一即为阿弥陀佛，亦称"无量光佛"——可放出无量光芒的夕日之佛陀。此佛乃是极乐世界之主，如果释迦牟尼，也是历史上出现的佛陀，是目前世界导师的话，阿弥陀佛则可称为这个世界的保护者。而饶有趣味的是，阿弥陀佛崇拜中，有种类似食用祭仪面包的圣餐仪式。他常被画成手中持着赋予生命的长生食物或盛装圣水的容器。

　　这本经典的导言起自于故事，里面的内容此处不用细表。它大致是说有位皇太子（阿奢世）想夺走双亲的生命，皇后对此极端苦恼，所以只好向佛陀求助，祈求他能派遣两位弟子目莲及阿难下来。佛陀听到后，决定满足她的愿望，因此，两位弟子乃立刻显现。同时，释迦牟尼佛本身也在她的面前现身。释迦牟尼佛指给她看一幻觉，幻觉中有十方世界，从这十方世界当中，她可以选择来生希望投胎的国土。皇后选择了阿弥陀佛居住的西方国土。佛陀于是教导她来生能够进入阿弥陀佛领土时所需具备的瑜伽。当教导她诸种繁多的道德法则完后，他又说出底下的一席话：

十三层的冥想——定善观

你与众生，应当专心毋逸，念头萦于一处，遥想西方。那么，当如何想呢，我今说明如下：谓想者，凡一切众生，除非天生目盲，否则都可看到日落。因此，你当兴起意念，凛然静坐，凝视西方落日，此时需要心意坚定，毫不做作，直到获得夕日之冥想，此际夕阳欲坠，状如悬鼓。既经由观想，获得夕日后，不管尔后闭目开目，皆需使此意象清晰明了，毫无滑动。此造就称之为"日想"，也是冥想之初阶。

我们前文已说过，所谓落日，乃是用以比喻能使人长生不老的阿弥陀佛。经文继续描述道：

其次，当做"水想"。凝观清水，想它澄洁空鲜。此意象亦当令它清晰明了，毫无滑动。千万不要因思虑松散，以致消失不见。

前文业已说过，阿弥陀佛能惠赐我们长生不老之水。

既然见过水后，当起"冰"想。想到冰晶莹剔透，你应作琉璃想，此意想成就之后，可见到大地内外皆为琉璃所做，清晖灿烂。此琉璃下面，有金刚七宝金幢，支起琉璃大地。此一金幢八方八楞具足，八方之每一方，皆由百宝组成。而每一宝石皆有千种光明，每一光明都带有八万四千色。这些光色反映到琉璃地上，其效果一如亿万太阳齐照，难以一一分辨。琉璃地面之上，复有黄金之绳布罗其间，并以七宝做成之枢纽加以区分，各部分皆相当洁亮分明……

当这种观想成功时，你当冥想其中的事物，一一不许放过，一一皆极分明。不管开眼闭眼，此中意象皆不令流失。除了睡眠时间以外，你当永远记住此事，永藏心中。能达到此种观想阶段者，可以说已然粗见极乐国土。假如能达到三摩地（三昧，一种超自然的法尔安然境界）时，对于此佛国净土之细处，更可看得一一分明，然而却无法具体言说。这种观想可以名之为"地想观"，称作第三观。

所谓的"三摩地"（三昧），意指"往内翻转"。此时的境界就是世界所有的关系全被消纳到内在的世界里来。据金幢所示，"三摩地"乃是八重道的第八个阶段。

随之，即冥想阿弥陀佛国土中的宝石之树——即宝树观，然后再继之于观水——即宝池观。

极乐国土有入池之水，每池之水都由七种宝石构成，每一宝石都轻柔温雅。其产处乃是来自宝石之王处，宝石之王亦名为如意珠王，它可一一圆成所有的祈求……在每一宝池中，有六十亿七宝莲花，每一莲花皆弹丸团，圆，而且周边恰好相等……宝石之水流转于花丛上下，其声婉转悦耳，清脆可人，演说苦、空、无常、无我等诸种无上之波罗蜜（智慧）。此声也赞美十方诸佛之法相圆满（三十二相），及由此衍出的诸种优越性质（八十随形好）。从如意宝王处，还会涌现出微妙难名、雅致无比之金光，金光随之化为百宝色鸟，鸟之鸣声甘甜谐和，极具魅惑。且能常思念"佛"，常思念"法"，并赞美"僧伽"。这就是八种功德水之知觉——八功德水想，也是冥想的第五个阶段。（第五宝池观。）

关于冥想阿弥陀佛本体，佛陀教导王妃如次："在七宝组成之大地上，作莲华之花想。"此花有八万四千片花瓣，每一花瓣有八万四千条花脉，每一花脉都可放出八万四千条光明，"每一光明皆可一一清晰了见。"（第七华座观）

已作此观后，即当观佛陀本体。或有人问：当如何观？因所有如来佛陀的精神身体皆是自然原理（即"法身界"），所以可遍入一切众生心想中。当你们心头观想佛时，你们的心即在佛中观想到三十二种完美法相以及伴随而来的八十种"好"。事实上，佛由心自成，即心即佛，十方世界佛陀具足溥博正道之知识，其广如海，如溯其渊源，便可发现都是从意识与思想生起。总而言之，当一心不乱，冥想如来佛陀、觉者、神圣而开悟之诸佛。当观想诸佛时，当先观想意象，不管睁眼闭眼，皆可见到一紫金宝像，端坐于莲花之上。

既已看到佛像端坐，心窍因此得以清明，观极乐国土、七宝庄严宝地等，了了可见……见到这些事物时，务令其清澈不移，恍如观览你的双掌一般……（以上第八像观。）

通过此经验者，同时也就见到十方世界一切诸佛……做这种观想的人，被称做观一切佛身。但因为观想佛身的缘故，所以也就是观想佛心。诸佛之心皆是大慈大悲，因慈悲无量无涯，佛陀以此广摄众生。能修得此观想的人死后舍身，转投他世，可以生在诸佛之前，而且可获得断念之心无生忍，毫不沾染，尔后生起之一切事物。所以智者应当收拾心意，集中一处，冥想无量寿佛。（第九真身观。）

习得此冥想者，不会处在胎儿之状态，反而会在洁净奥妙的诸佛国土间，自由来去。（第十一观，决定往身。）

见到此事时，当起心观想，设想自己生于西方极乐世界，处在莲华之花中，盘腿结跏趺坐。此时，当观想眼前莲花闭合，其次再观想莲花盛开。莲花开时，复设想有五百色的亮光来照身上。并设想你眼目张开，见到诸佛菩萨遍满空中，且听到水、鸟、树木及十方诸佛皆发出音声。（第十二之普想观。）

接着，佛陀又告诉阿难及韦希提，如下所述。

如一心一意，想往生西方的人，先当观想池水莲花上，有一丈六之佛像结跏趺坐。我们前文业已说过：佛陀实际的躯体无涯无际，其广大迥超出一般凡夫俗子所能意料之外。然而，因为阿弥陀佛如来昔日愿力效应之缘故，凡有人忆想到他时，必然可以完遂自己的意愿。（第十三之杂想观。）佛陀的纶音盘旋不断，占据了好几页。

经文继续论道。当佛陀说教终了，王后韦希提与五百侍女因亲闻佛陀说法，刹时见到无边广袤之极乐世界，也见到了阿弥陀佛的灵身及二位菩萨（观音与势至）的身躯。韦希提心生欢喜，乃赞叹道："此事得未曾有！"言毕，当场悟道，并获得永不随事转的断念之心（无生忍）。她的五百位侍女也发愿，想要达到无上的最高智慧；并期望往生佛国。世尊完全记下她们的祈求，并预告她们可以往生彼岸佛国，以体验到诸佛现身眼前之三昧境界。

修行不及者如何往生——散善观

在补论部分，谈到有关未悟者的命运处，佛陀总结瑜伽的修行如次。

如有逼于苦痛，无暇念佛的人。善友应当告诉他：你若不能心中念佛，专一修行，至少也当念"南无阿弥陀佛"，而且态度要虔诚，音声不令中绝。当一方面念佛时，一方面也要不断冥想"南无阿弥陀佛"，前后十回。由于赞扬佛名之故，因此在声声念念中，可以免除掉八十亿劫的生死之罪。而且在命终之际，还可看到金莲花开，状如日轮，停驻面前。就在这一念之间，他即可以往生极乐世界。（九品往生、下品下生项。）

以上所述，正是我们关心的瑜伽修行的主要内容。经文分成十六种冥想法，此处仅略举其中的部分。但纵然如此不足，对于冥想阶段的说明——浑然出己、豁然顿悟之"三昧"乃其最高的位阶——大体也足够了。

（二）自己催眠，主动想象

这种修行的初阶，正是将精神集中在摇摇欲坠的夕阳之上，南部热带地方，太阳纵将西沉，其光线依然强烈炙人，因此，即使只是短暂一瞥，还是可以感受到强烈的残像。此时，如闭上双眼，暂时也还可见到太阳。众所周知，凝视钻石或水晶球等闪亮炫目的物体，是一种催眠的方法。凝观太阳，应当也同样具有催眠的效果——当然，此处不能真正催人倦眠，因为"冥想"太阳时，必须凝定在太阳上面。这种冥想是对太阳的形状、性质以及意义的一种反照，一种"清明显现"，甚至可以说是一种"活生生的再现"。由于底下一连串的冥想修行中，圆形的地位非常重要，因此，我们大可认为：圆形的太阳盘成了尔后环状幻觉的模型，这就如同它所发出的强光，预启了后来放射光芒的幻象。事情至此经文即可以如此说道："观想已成。"

下一步的观想是水观，水观并非建立于感官印象上，而是通过能动性的想象方法，冥想出反光的水之意象。然而，依据经验，我们知道水面很容易完全反射阳光。因此，不得不将水观想成"闪耀而透明"的冰。经过这套程序，太阳意象中非物质性的亮光一变而为水之物质形象，再变而为固体之冰之形状。此种训练之目的，明显的是要使幻象具体化，以让它有血有肉，得以成形。让它在我们熟稔的物质世界中，也可以占据一席之地。换句话说，我们可以从心灵素材中，创造出另外的一种实在。此种透明的冰是青色的，但它可变成青色的琉璃，再变为坚固的宝石，接着转化为"大地"。此"大地"当然是"闪耀而透明的"。在这"大地"上，创造出一种安稳不动，绝对现实的基盘。而此一青色透明的大地就如同玻璃湖般，穿过它明亮的结构，可以洞观它的底层为何！

接着，所谓的"金幢"又从此底层照耀兴起。而此处当注意的是，在梵文里"幢"，它带有"象征"或者"记号"之意。因此，我们也不妨谈谈象征如何兴起。很明显，"伸展至圆阵之八方八楞"的象征，其用意乃是代表大地之底往八方放射之体系。经文所谓"基底之八隅"皆因金幢之故，"一切盈满"。此体系之闪耀，其光芒"何啻于亿万个太阳"，由此可见太阳残像之明亮度，已增加到难以衡量——而放射之能量，也大幅激增。"黄金之绳"布遍体系，紧密如网，此观念似乎颇为怪异，但它的意思其实是说：此体系即经由此种方式，紧密缠联在一起，再也难以拆离。但万一这套方法失败了，或者因失误而招致土崩瓦解，其情况如何呢？很可惜，经文并没有稍加解说。在能动性的想象过程中，如发生病态幻觉之搅乱现象，不是不可能的，相反，对专家而言，这种事毋宁经常发生。因此，在瑜伽之观想中，借着金绳此一意象，强化内面之稳定性，此种方法一点也不令人费解。

经文虽然没有明说，但往八方放射之体系，应当即是阿弥陀佛国土。在此天国之中，长满了亭亭玉立、清雅可人的树木，尤其重要的是，阿弥陀佛国境之水，在与八角形大地相互配合之下，水池也被安排成八个。池水的源头是颗中心之宝石"如意珠王"，一颗可许愿之珍珠，它用以象征"难以攀企之财富"，一种至高的价值。在中国的艺术中，它常被造成明月状，而且是和龙连接在一起。流水吐妙音，其间包含对立的两极，它正在宣扬佛教的基本教义："苦、空、无常、无我"，凡存在皆苦，凡我执都是无常，只有了解非存在（空）与无我以后，才可以使人从这种迷妄中获得解救。由此看来，吟唱之流水无异于佛陀之训诲。而此处的救赎之水、智慧之水，如借用奥瑞瑾的话说，即是一种"教导之水"。同样的，水流源头之珠宝为如意珠王，用以指涉如来佛陀。因此，紧随而来的，是要经过冥想，重构佛陀的意象。由于这种意象的形成，正是奠基在冥想之中，因此，我们也可以了解：所谓佛陀，只是瑜伽学者能动的精神而已。换句话说，也就是冥想者自己本身，并非他人。这并不只是说佛陀的意象出自"人的心灵与思想"，而且也还意味着：制造这些思想意象之"精神"，就是"佛陀本身"。

十一　与佛同质

　　在八角形的阿弥陀佛国土中央，有朵浑圆的莲花，佛陀即静坐其间进行冥想。佛陀大慈大悲，垂悯众生，其意象极为显著。然而，观想境界中，由内在本质显现出的佛陀，其实就是意指冥想者本来的自己。他体验到自己是宇宙唯一的存在，是至高无上的意识，同时也就是佛陀本身。要达到此最终目标，必须先经历长期的锻炼，锻炼心灵具有重构意象的能力，如此才能使学者从虚妄的自我意识所建构成的愁苦虚假世界中解放出来。反过来说，也才能达到心灵的另一极，在此极中，梦幻泡影的世界已被抿除无余。

（一）瑜伽的根本精神

　　我们这里看到的经文，并不是保存在博物馆里断编残简的古文献，因为它目前仍以诸种不同的花样，活生生地藏在印度人的灵魂当中。对欧洲人而言，这些经文记载的可能都是些古里古怪、琐碎不堪的生活枝节，但对印度人而言，这些经文却渗透到他们生活与思想中的每一方位。塑造印度人的精神，并加以软化的，并不是佛教，而是瑜伽。佛教是从瑜伽的精神导出的，瑜伽比佛陀发动的历史改革要古老多了，也普及多了。我们如想从最底层了解印度的艺术、哲学与伦理，我们首先必须去体会瑜伽的精神。我们如按照惯例，仅想从外在了解它，肯定是无济于事的，因为这种方式与印度的精神性本质完全不相应。然而，在此我想先提出警告，在我们西洋人中间，时时可见到有人对于东洋的修行方法产生共鸣，因此，他们常原封不动，全面仿效。然而，做这样的事情通常除了使我们西洋的理智失去灵光外，其他一无所得。当然，如有人不管在伦理层面或在实际层面，都愿意放弃欧洲的一切，成为彻底的瑜伽修行者，他在菩提树下，敷盖鹿皮，结跏趺坐，毁身灭名，终了一生，那么，我承认他对于瑜伽的理解，可以达到像印度人一般。但假如做不到的话，他不应该假装对瑜伽非常内行的样子，不能放弃西洋的理性，也不应该放弃，相反，形而上的模仿以及狂热的倾倒，才该制止。在我们理性可能达到的范围内，应该尽量去理解瑜伽。瑜伽的奥秘对于印度人而言，就像耶稣教信仰的神秘对我们的关系一样，甚至更为重要。我们不能容许异教徒揶揄我们信仰的秘仪，同样，乍看之下显得诡异的印度修行，我们也不要认为他们愚昧荒唐，否则，会封锁充分理解它的道路。目前，欧洲正处在合理主义与启蒙主义的弥天大雾中，因此，基督教教义的精神内涵早已消失不见。故我们对于认识不清的事物，很容易低估其价值。

说到头来，我们若要彻底理解某一事物，还必须借用欧洲的方式才行。确实，人有时凭借心情理解的成分较多，等到要找出足以与有待理解的内容配合，并能加以适切表现出来的理智的形式时，才会发现困难重重。相反，也有专凭头脑理解事物的，科学思考的方式最能凸显此点，在这种情况下，通常无视心情的存在。对我们而言，应该先采取第一种重心情的方式，再采取第二种重理智的方式，这种做法只能留待读者的善意体谅及协力合作才可做到。此处要做的首要工作，却是想先动动我们的头脑，是否能发现在瑜伽与欧洲式的理解之间，有条隐藏性的桥梁？并试试看能否重新架构起来？

（二）各种意象的象征体系及其意义

为了成此目的，我们不得不再度讨论前文已列举过的象征系列。但这次我们考虑的，正是它们内容的意义。首先，系列的冥想中最早出现的是太阳，太阳是光芒与温暖之源，同时，它无疑也是有形世界的中心点。然而，太阳之为物，其象征总是指向生命的赋予者，它是神性的或是代表神性的一种意象。在耶稣教的世界里面，就很喜欢用太阳来比喻耶稣。生命的第二种源泉是水，水在南方各国中，意义非

凡。在耶稣教的比喻体系中，它的象征地位也很重要。比如说，从天
国流下的四条河川或从神殿旁的山腰流出的泉水等意象，都是如此。
第二种所说的泉水，还被比喻成耶稣基督腰伤处所流的血。谈及此处，
我们还可联想到耶稣和井旁的撒玛利亚妇女对谈的传说，以及由耶稣
身体涌溢而出的生命之水之象征。冥想太阳与水，一定要和心理观念
上的相关意义连接起来，冥想者也因此得从眼前可见的现象，转向现
象背后的精神迈进，即冥想者逐渐转移到内在的心灵领域上来。此时，
太阳与水的物质性、对象性已被剥夺掉，它们所象征的，反而是心灵
的内容，这是象征每个人灵魂之中的生之源泉。我们的意识其实并不
是我们自己的产物，而是从连我们都不知的深处涌现上来的。意识从
孩童开始，即逐渐觉醒，而且终其一生，每朝都会从无意识状态的深
眠中生起。意识如同孩儿，它从无意识的原始母胎中，日益成长。我
们如果严密考察意识过程的话，可以发现它不仅受到无意识的影响，
而且还以无可计量的、自生自发的观念，以及灵光乍闪的思绪，从无
意识中不断生起。冥思阳光与水的意义，就如同深深潜入灵魂的源头
一样，也要潜入无意识本身。

此处可以看出东洋精神与西洋精神的差异，这种差异就如同我们
前文已区别过的，类似高祭坛与深祭坛的区别。西洋人总是追求高扬，
东洋人则重视沉潜，喜向深处探求。和印度人相比，欧洲人认为物性
俨然、质地甸重的外在真实，留给他们的印象更深刻也更犀利。因此，
欧洲人总喜欢高举自己，遥遥超出此一世界，而印度人却转过头来，
喜欢走向幽邃玄远的，饱含母性的大自然里去。

基督教的默想，比如说罗耀拉的《灵操》一书所显现的，也是
要集中一切感觉，尽量捕捉圣像，使它具体化。同样，瑜伽行者观察
水时，先要使它变成冰，其次变为琉璃固定下来，在此基础上，才能
建立起他所谓的坚固"大地"。我们也不妨说说，他在自己的心境中，
筑构起坚固的实体，借着此实体，他赋予他内面的、也是心灵世界内
的诸形象，一种具体的实在性，这种实在性是可以取外在世界而代之
的。此处，他首先所见到的，乃是如同湖水或海水反射阳光时，呈现
出的一种湛清水面状（这也是我们西洋人梦中，时常出现的无意识之

象征）。在反光的水面下，潜藏着幽邃悄然，玄之又玄的未知深度。

这正如经文所述，青石是"透明"的，此处意味着：冥想者的眼力可以渗透到灵魂的秘密深处。换句话说，他可以看到以前看不到的或是意识不到的。就物质层面来讲，太阳与水是生命的泉源；就象征层面来讲，它也意味着无意识的内在生命中，一种本质的秘密。至于"金幢"，乃是瑜伽行者透过琉璃大地所能见到的象征，它象征着意识的泉源摊展开的诸形状，而这些在早先时候都是无形无象，看也看不见的。到了"禅定"时，冥想者进入深之又深，沉之又沉的境地，无意识即显露出了明确的形状。当意识之光不再照耀外在的感官世界的事事物物时，它即可朗现黝黑幽深的无意识。当感官世界及其牵绊而起的思虑完全被抿除时，内在的世界就会清清楚楚地浮到表面上来。

（三）探求无意识时面临的难题

东洋的经典此处所触及的心灵现象，欧洲人要理解，可谓极端困难。在欧洲人看来，外界的表象一旦废除，与外界事物关联的心灵一旦成为真空，那么，他立即会陷入主观的幻想状态中。但是，这种幻想与本书经文的意象风马牛不相及。幻想很难预期获得好的评价，一般往往被视之为廉价物，并不值得珍惜，因此，也就容易视之为毫无益处且无意义，故须要排除在外。然而，这样的一种幻想其实是种"烦恼"，它是失序的、混沌不明的本能驱力，瑜伽想要驾驭的，正是此物。罗耀拉的《灵操》所追求的，也是相同的目的。这两种方法都提供冥想者对象，并加以冥想，以完成其目的。同时也通过集中意念，冥想意象，将一些毫无价值的幻想排除在外。这两种方法，不管是东洋的还是西洋的，都想直截了当达成目的。在宗教气氛浓厚的场合训练冥想，或许可以修得正果，这点我不怀疑。可是，如果没有这样的前提，事情通常不会上轨道，有些后果甚至极为凄惨。人一旦照耀到无意识的领域，他也就立即踏入了朦胧不明的个人无意识范围，这些通常是他想要遗忘的，也是他不想对别人或对自己透露的，他不会相信：这些根本不是真的。因此，当他能尽量不要去碰到这黑暗的一隅时，也就自认为可以逃之夭夭，彻底撇清。然而，这样的行为根本不可能躲开这黑暗的一隅所发出的力量，也不可能达成瑜伽预期的功能之吉光片羽。只有真正穿越此黑暗领域的行者，我们才可以预期他可以有更大的进展。总而言之，原则上我反对欧洲人毫无批判地采用瑜伽的修行方法，因为我非常了解：欧洲人有逃避他们黑暗的一隅之倾向。故由此出发，当然一切都会变得毫无意义且毫无价值。

西洋的世界中，可以和瑜伽相比的，一直没有发展出来，其深层的理由，也即在此。我们西洋人对于个人的无意识之恐怖光景，一直有深不见底的畏惧感。因此，欧洲人通常总喜欢将自己的事暂且搁置一旁不论，然后向旁人论道，事情该如何如何。认为改善全体须从个人做起甚至从自己做起的想法，我们根本连想都没想过。不但如此，许多人甚至认为窥视自家内部景象，是种病态的行为，它很容易令人忧心忡忡。至少有某位神学家曾对我如此断然宣布过。

我先前说过：可以和瑜伽媲美的东西，西洋人并没有发展出来，这种说法也不是很严密妥当的。因为相应于我们欧洲人特殊的观点，我们也发展出一套处理"烦恼"的医学心理学（精神分析），我们称呼此为"无意识的心理学"。从弗洛伊德开始，此一运动即对人性中阴影面的重要以及它对于意识的影响，皆有所体会。因此，无意识的问题相当引人注目，亦广受讨论。但是，弗洛伊德心理学关怀的事事物物，我们的经文却缄默不语，认为事情早已处理过了。瑜伽行者对于"烦恼"的世界虽然非常熟悉，可是他们的宗教带着"自然"的性格，因此，对我们西洋人面临"烦恼"时，常有"道德上的冲突"一事，可说完全陌生。伦理上的两难窘局，使得我们自身与我们阴影的部分分离开来。印度的精神是从自然处生长起来的，相形之下，西洋的精神却与自然对立。

（四）超越个人的无意识领域

对我们而言，琉璃大地根本不可能透明，因为有关"自然本性中的恶之问题"，还没有解决。问题"应该"是可以解答的，但决不能依托肤浅的理性主义之论证，以及靠着理智性的喋喋不休，获得答案。伦理上负责任的人可能可以给予正确的答案，可是想要求得廉价的处方或执照等东西，肯定是不会有的。我们除非付上了最后的一毛一厘，否则，琉璃大地绝不会变得透明。我们的经典对于个人空想构造成的幻影世界，也是对个人的无意识领域内的诸多事物，采用一种象征的形式加以说明。这种象征乍看之下，颇为怪异。它是种几何形的结构，光线从中往外放射，分成八等分，即"八方物"。在此图中心，显现佛陀坐在莲花上，此处最关键性的体验乃是：冥想者获得终极知识，知道他自己本身就是佛。因此，导入此故事中的命定情节，也就一举解决了。往中心集中的象征，无疑是意念高度集中的状态。但诚如前文所说，要达到此一状态，需将感觉世界的印象以及联系客体表象之关心等抿除掉，以彻底实行往意识背后翻转的修行方式。等到不但与客体相连的意识世界消失不见，连意识中心的自我也邈然无踪时，光明灿烂的阿弥陀佛世界即可显现。

如用心理学的观点来看，这可以说显现出个人的空想与冲动的世界之背后（或下方），一种无意识的深层内容即可变得明晰可见。与早期"烦恼"之混沌无序两相对照之下，我们可以说此时是秩序极端严整，且复和谐交融。如再和早期的杂乱纷纭相比，此时象征菩提曼荼罗——显现顿悟之咒术圈轮——蕴涵万有，化为一体。

当黝暗混沌的个人无意识变为透明，一种超个人的、涵摄万有的无意识便可随之呈现。我们的心理学如何评断印度人这种观点呢？现代心理学这样认为：个人的无意识只是上面的一层，它建立在一种性质完全不同的根基上面，这种根基我们称之为集体无意识，为什么要提出这样的名称呢？因为这种深层的无意识与个人的无意识以及其纯粹个人性的内容不同，它在深层的无意识中之意象带有明显的神话性格。换句话说，如从这意象的形式与内容判断，它与遍布各地、构成神话根基的那些原生观念是颇为一致的。这些原生意象也不是个人性的，而纯粹是超个人的，因此，也是对一切人都通用的。总之，它显现在所有民族与所有时代的神话与传说中，而且也见之于毫无任何神话知识的个人身上。

西洋的心理学可以科学地证明：在无意识深层，有种纯一的向度，因此，它实际上可以达到和瑜伽相同的境地。我们探讨无意识时，发现其间虽有形形色色的神话主题，却显现了无意识自体之多样性。但是其结局却同样归结于一个中心，也是一种放射状的体系。这体系反过来也成了集体无意识的中心或本质。瑜伽的洞见与心理学的探究相当一致，此事颇值得注意。此中心的象征，我称之为"曼荼罗"，这个术语在梵语中有"圆"的意思。

一定会有人质疑：到底怎么回事，科学居然可以得到这样的结论？我们的回答是：达到上述的目的有两条途径，第一条是历史的。比如我们研究中世纪自然哲学（炼金术）的内观法时，可以发现圆——尤其是四分割的圆总是被反复使用，以象征中心的原理。很明显，这种方法是从教会使用的四象性之比喻借来的。在这种比喻当中，或以四福音书的作者环绕着"荣光的耶稣"，或配上天国的四条河川，或配上四方风等意象，情况可就不一般了。

第二条是经验的——心理学的。在心理治疗的某个阶段，患者时常会自发地描绘曼荼罗的图案，这种事情或许肇因于他们的梦中所见，要不然就是为了急于补偿内心之混乱，所以觉得有必要凭借严整统一的圆形来满足它。比如瑞士的民族圣人福留耶的尼古拉斯就曾经历过这种类型的经验。直到今天，我们还可以在莎克榭露的管区教会，见到描绘他经验的三位一体之幻象。他通过某位德国密契主义者的小书中所画的圆形，成功地溶化了伟大而畏怖的幻象，这些幻象曾使他从内心底层为之撼动。

然而，莲花中结跏趺坐的佛陀，用我们的经验心理学该如何解释？从理论上讲，西洋的曼荼罗中，应该冠上耶稣——在中世纪时期，西洋确实也有过这样的象征形状。然而，多数现代人体验到的曼荼罗，假如它真的自动生起，而没有受到成见或外来的暗示作用，那么，我们是看不到耶稣的影子的；至于莲花座中的佛陀意象，自然也就更看不到了。但从另外的观点来看，希腊正教的等边形十字"中"、或者明显地模仿佛教的图形等例子，却又不时可以看到。这种奇妙的事情极令人感兴趣，但此处却不能再予讨论。

然而，基督教的曼荼罗与佛教的曼荼罗间，其差异诚然微细精妙，可是距离也是很大。基督徒在默想中，不能说我就是基督，而只能如保罗般的说道："不是我，而是基督在我中间生活。"可是我们此处的经典却说："汝当知，汝即为佛。"根本上说来，这两种告白是相同的，因为佛教徒如要达到这种认识，他必须先"无我"。但在表现的方式上，其差异之大却是难以衡量的。基督徒只能"在基督中"完成目的，但佛教徒知道"他自己"就是佛。基督徒要走出变动万方、以自我为中心的意识世界，但佛教徒却"当下"安居于他内在本性的永恒基础上。人内在的本性可以和神性或普遍的存在合而为一，在印度其他的宗教中，我们也可以看到相同的思考方式。

十二 变与中国特质

我不是汉学家，但因为曾接触过《易经》这本伟大典籍，所以愿意写下这篇序言，以作见证。同时，我也想借此良机再向故友理查德·尉礼贤致敬，他深切地体会到他翻译的这本《易经》在西方是无可比拟的，在文化上也有相当重要的意义。

假如《易经》的意义很容易掌握，序言就没有必要写。但事实却不是这样，重重迷障正笼罩在它上面。西方学者往往将它看成咒语集，认为它太过晦涩难懂，要不然就是认为它毫无价值。理雅格的翻译，是到目前为止唯一可见的英文译本，但这译本并不能使《易经》更为西方人的心灵所理解。相对之下，尉礼贤竭尽心力的结果，却开启了理会这本著作的象征形式的途径。他曾受教于圣人之徒劳乃宣，学过《易经》哲学及其用途，所以从事这项工作，其资格自然绰绰有余。而且，他还有多年实际占卜的经验，这需要很特殊的技巧。因为尉氏能掌握住《易经》生机活泼的意义，所以这本译本洞见深邃，远超出了学院式的中国哲学知识之藩篱。

（一）占卜之为物

尉礼贤对于《易经》复杂问题的说明，以及实际运用它时所具有的洞见，都使我深受其益。我对占卜感兴趣已超过三十年了，对我而言，占卜作为探究潜意识的方法，似乎具有非比寻常的意义。我在1920年代初期遇到尉礼贤时，对《易经》就已经相当熟悉。尉礼贤除了肯定我所了解的事情以外，还教导我其他更多的事情。

我既不懂中文，也从未去过中国，但我可以向我的读者保证，要找到进入这本中国思想巨著的正确法门，并不容易，它和我们思维的模式相比，实在距离太远了。假如我们想彻底了解这本书，当务之急是必须去除我们西方人的偏见。比如说，像中国人这样天赋异禀而又聪慧的民族，居然没有发展出我们所谓的科学，这真是奇怪。事实上，我们的科学是建立在以往被视为公理的因果法则上，这种观点目前正处于巨变之中，康德《纯粹理性批判》无法完成的任务，当代的物理学正求完成。因果律公理已从根本处动摇，我们现在了解我们所说的自然律，也只是统计的真理而已，因此必然会有例外发生。我们还没有充分认识到：我们在实验室里，需要极严格地限制其状况后，才能得到不变而可靠的自然律。假如我们让事物顺其本性发展，就可以见到截然不同的图像：每一历程或偏或全都要受到概率的干扰，这种情况极为普遍，因此在自然的情况下，能完全符合规则的事件反倒是例外。

正如我在《易经》里看到的，中国人的心灵似乎完全被事件的概率层面吸引住了，我们认为巧合的，却似乎成了这种特殊心灵的主要关怀。而我们所推崇的因果律，几乎完全受到漠视。我们必须承认，概率是非常的重要，人类花费了无比的精神，竭力要击毁且限制概率所带来的祸害。然而，和概率实际的效果相比之下，从理论上所得的因果关系顿时显得软弱无力，贱如尘土。石英水晶自然可以说成是种六面形的角柱体——只要我们看到的是理想上的水晶，这种论述当然非常正确。但在自然世界中，虽然所有的水晶确实都是六角形，却不可能看到两个完全相同的水晶。可是，中国圣人所看到的却似乎是真实的，而非理论的形状。对他来说，丰富的自然律所构成的经验实体，比起对事件作因果的解释，要来得更重要。因为事件必须彼此一一分离后，才可能恰当地以因果处理。

《易经》对待自然的态度，似乎很不以我们的因果程序为然。在古代中国人的眼中，实际观察到的情境，是概率的撞击，而非因果链会集所产生的明确效果——他们的兴趣似乎集中于观察时概率事件所形成的缘由，而非巧合时所需的假设的理由。当西方人正小心翼翼地过滤、较量、选择、分类、隔离时，中国人情境的图像却包容一切到最精致、超感觉的微细部分。因为所有这些成分都会会聚一起，成为观察时的情景。

因此，当人投掷三枚硬币，或者拨算四十九根蓍草时，这些概率的微细部分都会进入到观察的情景之图像中，成为它的一部分——这"部分"对我们并不重要，但对中国人的心灵来说，却具有无比的意义。在某一情境内发生的事情，无可避免地会含有特属于此一情境的性质。这样的论述在我们看来，可以说陈腐不堪。但这里谈的不是抽象的论证，而是实际的状况。有些行家只要从酒的色泽、味道、形态上面，就可以告诉你它的产地与制造年份。有些古董家只要轻瞄一眼，就可非常准确地说出古董或家具的制造地点与制造者。有些占星家甚至于在以往完全不知道你的生辰的情况下，却可跟你讲你出生时，日月的位置何在，以及从地平面升起的黄道带征状为何。我们总得承认：情境总含有持久不断的蛛丝马迹在内。

换句话说，《易经》的作者相信卦爻在某种情境运作时，它与情境不仅在时间上，而且在性质上都是契合的。因而对他来说，卦爻是成卦时情境的代表——它的作用甚至超过了时钟的时辰，或者历表上季节月份等划分所能做的，同时卦爻也被视为它成卦时主要情境的指引者。

（二）偶然的一致之意义——同时性

这种假设蕴含了我所谓的同时性这种相当怪异的原则，这种概念所主张的观点，恰与因果性所主张的相反，后者只是统计的真理，并不是绝对的，它是种作用性的臆说，假设事件如何从彼衍化到此。然而同时性原理却认为事件在时空中的契合，并不只是概率而已，它蕴含着更多的意义，一言以蔽之，也就是客观的诸事件彼此之间，以及它们与观察者主观的心理状态间，有一特殊的互相依存的关系。

古代中国人心灵沉思宇宙的态度，在某点上可以和现代的物理学家比美，他不能否认他的世界模型确确实实是心理——物理的架构。微物理的事件要包含观察者在内，就像《易经》里的实在需要包含主观的，也就是心灵的条件在整体的情境当中。正如因果性描述了事件的前后系列，对中国人来说，同时性则处理了事件的契合。因果的观点告诉我们一个戏剧性的故事：D 是如何呈现的？它是从存于其前的 C 衍生而来，而 C 又是从其前的 B 而来，如此，等等。相形之下，同时性的观点则尝试塑造出平等且具有意义的契合之图像。ABCD 等如何在同一情境及同一地点中一齐呈现。首先，因为物理事件 AB 与心理事件 CD 具备同样的性质；其次，它们都是同一情境中的组成因素，此情境显示了一合理可解的图像。

易经六十四卦是种象征性的工具，它们决定了六十四种不同而各有代表性的情境，这种诠释与因果的解释可以互相比坍。因果的联结可经由统计决定，而且可经由实验进行控制，但情境却是独一无二，不能重复的，所以在正常状况下，要用同时性来实验，似乎不可能。《易经》认为要使同时性原理有效的唯一法门，在于观察者要认定卦爻辞确实可以呈现他心灵的状态，因此，当他投掷硬币或者区分蓍草时，要想定它一定会存在于某一现成的情境当中。而且，发生在此情境里的任何事情，也都统属于此情境，成为图像中不可分割的部分。一把火柴扔到地板上后，可以形成符合那个情境的图式。但如此明显的真理如真要透露它的涵义，只有读出图式以及证实了它的诠释以后，才会有可能。这一方面要依赖观察者对主观与客观情境具有足够的知识，一方面要依赖后续事件的性质而定。这种程序显然不是习于实验证明或确实证据的批判性心灵所熟悉的，但对于想从和古代中国人相似的角度来观察世界的人士来说，《易经》也许会有些吸引人之处。

（三）请教《易经》

我以上的论证，中国人当然从未想过，不但未想过，而且事情还恰好相反。依据古老传统的解释，事实上是经由神灵诡秘方式的作用之后，蓍草才能提出有意义的答案。这些力量凝聚一起，成为此书活生生的灵魂。由于此书是种充满灵的存在，传统上认为人们可向《易经》请问，而且可预期获得合理的答复。谈到此处，我灵光一闪，突然想到：如果外行的读者能见识到《易经》怎样运作，也许他们会感兴趣。为此，我一丝不苟，完全依照中国人的观念做了个实验：在某一意义下我将此书人格化了，我要求它判断它目前的处境如何——也就是我将它引荐给英语世界的群众，结果会怎样？

虽然在道家哲学的前提内，这样的处理方法非常恰当，但在我们看来却显得过于怪异。可是，即使精神错乱导致的诸种幻觉或者原始迷信所表现出来的诸种诡谲，都不曾吓着我，我总尽量不存偏见，保持好奇，这不就是"乐彼新知兮"吗？那么，此次我为何不冒险与这本充满灵性的古代典籍对谈一下呢？这样做，应当不至于有任何伤害，反而还可让读者见识到源远流长、贯穿千百年来中国文化的心理学方法。不管对儒家或者道家学者来说，《易经》都代表一种精神的权威，也是一种哲学奥义的崇高显现。我利用投掷钱币的方法占卜，结果所得的答案，是第五十卦——鼎卦。

假如要与我提的问题之方式相应，卦爻辞必须这样看待：《易经》是位懂得告谕的人士。因此，它将自己视作一座鼎，视作含有熟食在内的一种礼器，食物在这里是要献给神灵歆享的。尉礼贤谈到这点时说道：

鼎是精致文明才有的器物，它示意才能之士应当砥砺自己，为了邦国利益牺牲奉献。从这里我们可以看到文明在宗教上已达到巅峰。鼎提供牲礼，献给上帝……上帝的明命则在先知与圣人身上显现，因此，尊崇他们即代表尊崇上帝。通过了他们，上帝的旨意应当谦卑地接受下来。

回到我们的假设，我们必须认定：《易经》在此是在给自己作见证。

当任何一卦的任何一爻值六或九之时，表示它们特别值得注意，在诠释上也比较重要。在我卜得的这个卦上，神灵著重九二、九三两爻上的九，爻辞说道：

九二，

鼎里面有食物，

我的同伴却忌妒我，

但他们不能伤害我，

何其幸运！

《易经》说它自己："我有（精神）粮食"。分享到伟大的东西时，常会"招来忌妒"，忌妒之声交加是卦象里的一部分。忌妒者想剥夺掉《易经》所拥有的，换句话说，他们想剥夺掉它的意义，甚或毁掉它的意义。但他们的恶意毕竟成空，它丰富的内涵仍然极为稳固，它正面的建树仍旧没有被抢走。爻辞继续说道：

九三，

鼎的把柄已更改，

其人生命之途受到阻碍，

肥美的雉鸡尚未被享受，

一旦落雨，悔恨必有，

然幸运必落在最终的时候。

把柄是鼎上可以把捉的部分，它指出了《易经》（鼎卦）里的一个概念。但随着时光流逝，这个概念显然已有改变，所以我们今天已不再能够把握《易经》，结果"其人生命之途受到阻碍"。当我们不再能从占卜睿智的劝谕以及深邃的洞见中获得助益时，我们也就不再能从命运的迷宫以及人性的昏暗中辨别出明路来。肥美的雉鸡是餐盘上的精华，大家却不再想动它。然而，当饥渴的大地再度承受甘霖，也就是空虚已被克服，痛失智慧的悔恨也告一段落时，渴望已久的时机终再降临，尉礼贤评道："此处描述一个人身处在高度发展的文明中，却发现自己备受漠视，其成效备受打击。"《易经》确实在抱怨它的良质美德受人忽视，赋闲在地，可是它预期自己终将会再受肯定，所以又感到自我欣慰。

（四）《易经》答语之意义

针对我向《易经》质询的问题，这两段爻辞提出了明确的解答，它既不需要用到精微细密的诠释，也不必用到任何精构的巧思以及怪诞的知识。任何稍有点常识的人都可领会答案的涵义，这答案指出一个对自己相当自信的人，其价值却不能普遍为人承认，甚至于连普遍为人知晓都谈不上。答者看待自己的方式相当有趣，它视自己为一容器，牺礼借着它奉献给诸神，使诸神歆享礼食。我们也可以说：它认定自己为一礼器，用以供应精神食粮给潜意识的因素或力量（神灵），这些因素或力量往往向外投射为诸神——换句话说，其目的也就是要正视这些力量应有的分量，以便去引导它们，使它们进入个体的生命当中，发挥作用。无疑，这就是宗教一解最初的涵义——小心凝视，注意神奇存有。

《易经》的方法确实考虑了隐藏在事物以及学者内部的"独特性质"，同时对潜藏在个人潜意识当中的因素，也一并考虑了进去。我请教《易经》，就像某人想请教一位将被引荐给朋友认识的先生一样，某人会问：这样做，这位先生是否觉得高兴。《易经》在答复我的问题时，谈到它自己在宗教上的意义，也谈到它目前仍然未为人知，时常招致误解，而且还谈到它希望他日可重获光彩——由最后这点显然可以看出：《易经》已瞥见到了我尚未写就的序言，更重要的，它也瞥见了英文译本。这样的反应很合理，就像我们可从相同处境的人士预期到的情况一样。

但是，这种反应到底是如何发生的呢？我只是将三枚小铜板轻掷空中，然后它们掉下，滚动，最后静止不动，有时正面在上，有时反面在上。此种技巧初看似乎全无意义，但具有意义的反应却由此而兴起，这种事实真是奥妙，这也是《易经》最杰出的成就。我所举的例子并不是独一无二的，答案有意义乃是常例。西方的汉学家和一些颇有成就的中国学者很痛心疾首地告诉我：《易经》只是一些过时的咒语集。从谈话中，这些人士有时也承认他们曾向算命的相士——通常是道教的道士——请求占卜。这样做当然"了无意义"，但非常怪异的是：所得的答案竟然和问者心理学上的盲点极度之吻合。

西方人认为各种答案都有可能答复我的问题，我同意这种看法，而且我确实也不能保证：另外的答案就不会有同等重要的意义。但是，所得到的答案毕竟只能是第一个，而且也是仅有的一个。我们不知道其他诸种可能的答案到底能为何，但眼前这个答案已令我非常满意。

重问老问题并不高明，我不想这样做，因为"大师不贰言"。笨拙而繁琐的学究式研究方法，总是想将这非理性的现象导入先入为主的理性模式，我厌恶这种方式。无疑，像答案这样的事物在它初次出现时，就应当让它保持原样，因为只有在当时，我们才晓得在不受人为因素的干扰下，回归到自体的本性是个什么样子。人不应当在尸体上研究生命。更何况根本是不可能重复实验，理由很简单，因为原来的情境不可能重新来过。每一个例都只能有一个答案，而且是最初的那个答案。

再回到卦本身。鼎卦全体都发挥了那重要的两爻所申论的主题，这一点毫不奇怪。卦的初爻说道：

鼎颠倒了它的足，

以便清除沉滞之物，

有人娶妾为的他儿子的缘故，

无怨无诉。

《易经》就像一只废弃的鼎，翻转在一旁，无人使用。我们需要将它翻转过来，以便清除其沉淀之物，爻辞如是说道。这种情况就像有人在他的妻子没有子女时，才另娶妾妇一样，《易经》所以再度被人触及，也是因为学者再也找不到其他的出路后所致。尽管妾妇在中国有半合法的地位，实际上，她也只是尴尬地暂处其位而已。同样地，占卜的巫术方法也只是为求得更高目标时所利用的方便途径罢了。虽然它只偶尔备用，但它的心理却没有怨尤。

第二、第三爻前已述及，第四爻论道：

鼎足折断，

三餐四散，

污及其臣，

何其不幸。

鼎在这里已开始使用，但情况显然已很糟，因为占卜被误用了，或者遭到了误解。神灵的食物掉了一地，其人颜面尽失。理雅格如此翻译："臣民将因羞愧而脸红"。误用鼎这类的礼器真是大不敬，《易经》在此显然坚持自己作为礼器应有的尊严，它抗议被亵渎而使用。

第五爻论道：

鼎有黄色的把柄金色的环，

永保不断。

《易经》似乎重新正确地（黄色）为人理解，即透过了新的概念，它可被掌握住，这概念甚有价值（金色）。事实上也确是如此，因为有了新的英文译本以后，此书比起以往更容易让西方世界接受。

第六爻则说道：

鼎有玉环，

大吉大利，

无往不前。

玉以温润柔美著称，假如环是用玉制成的，整个容器看来必定是绮丽精美，珍贵非凡。《易经》此时不仅是踌躇满志，而且还是极度的乐观。我们只能静待事情进一步的发展，但同时也得对《易经》赞成新译本此种结果，感到称心快意。

在上述这个例证当中，我已尽可能客观地描述占卜运作的情况。当然，运作的程序多少会随着所提问题方式的不同，而有所不同。比如说，假如某人身处在混乱的情景里，他也许会在占卜时现身为说话者的角色。或者，假如问题涉及他人，那个人也许会成为说话者。然而，说话者的认定并不全部依赖所提问题的态度而定，因为我们和伙伴的关系并不永远由后者决定。通常我们的关系几乎全部仰赖我们自己的态度。因此，假如个人没有意识到他自己在关系网中所扮演的角色，他终将会感到惊讶：怎么会和预期的恰好相反。他自己就像经文偶尔指引的一样，可能成为主要的角色。有时我们将某一情境看得太严重，过分夸大了它的重要性，而当我们请示《易经》时，答案会指向潜藏在问题里面一些被忽略的层面，这种情况也可能发生。

刚开始时，这样的例子也许会使人认为占卜虚妄不实。据说孔子所得的答案仅有一次是不理想的，他得到了第廿二卦，贲卦——极具美感的一个卦。这使人联想到苏格拉底的神职对他的劝导："你应该多来些音乐。"苏格拉底因此开始玩起长笛。在执著理性以及对生命采取学究态度方面，孔子与苏格拉底难分轩轾，但他们两人同样不能达到此卦第二爻所劝说的"连胡须都很风雅"的境界。不幸的是，理性与繁琐的教学通常都缺乏风雅与吸引力，所以从根本上看，占卜的说法可能并没有错。

还是再回到卦上来吧，虽然《易经》对它的新译本似乎相当之满意，而且还甚为乐观，但这不能保证它预期的效果确实可在大众身上看出。因为在我们的卦里有两爻具有阳九之值，我们可由此知道《易经》对自己的预期为何。依据古老的说法，以六（老阴）或九（老阳）称呼的爻，其内在的张力很强，强到可能倒向对立的一方上去，也就是指阳可转变成荫，反之亦然。经由此种变化，在目前的案例上，我们得到了第三十五卦，晋卦。

此卦的主旨描述一个人往上爬升时，遭遇到的命运形形色色，卦文说明在此状况下，他究竟该如何自处。《易经》的处境也和这里描述的人物相同。它虽如同太阳般高高升起，而且表白了个人的信念，但它还是会受到打击，无法为人相信——它虽然继续竭力迈进，但甚感悲伤，可是，"人终究可从女性祖先处获得极大的幸福"。心理学可以帮助我们理解这段隐晦的章节。在梦中或童话故事里，祖母或女性祖先常用来代表无意识，因为在男人的无意识中，常含有女性心灵的成分在内。如《易经》不能为意识接受，至少无意识可在半途去迎纳它，因为《易经》与无意识的关系远比意识的理性态度要来得密切。既然梦寐中的无意识常以女性的形态出现，对这段话很可能就可以作如此的理解，女性（也许是译者）带着母性的关怀，关怀此书。因此，对《易经》来说，这自然是"极大的幸福"。它预期可普遍让人理解，但也担忧会被人误用——"如鼠般前进"。因此，要留神那告诫，"不要将得失放在心上"，要免于"偏心"，不要对任何人强聒不舍。

《易经》冷静面对美国书籍市场的命运，它的态度就和任何理性的人面对一本引人争议的著作之命运时，所表现出来的没有两样。这样的期望非常合理，而且合乎常识，故而要找出比这更恰当的答案，反而不容易。

（五）我的解释的立场

这些都在我写下以上的论述前发生，当我得到此点结论时，希望了解《易经》对于最新的情况抱着什么样的态度，因为既然已加进了这种场合，情况自然也会随着我所写的而有了变化，我当然也希望能聆听到与我的行为相关的事。由于我一向认定学者对科学应负责任，所以不习惯宣扬我所不能证实，或至少理性上不能接受的东西。因此，必须承认在写这篇序言时，我感不到太多的快乐。要引荐古代的咒语集给具有批判能力的现代人，使他们多少可以接受，这样的工作实在很难不令人踯躅不前，但我还是做了，因为我相信依照古代中国人的想法，除了眼睛可见的外，应当还有其他的东西。然而尴尬的是，我必须诉诸读者的善意与想象力，而不能给他周全的证明以及科学严密的解释。非常不幸，有些用来反对这具有悠久传统的占卜技术的论证，很可能会被提出来，这点我也非常了解。我们甚至不能确定：搭载我们横渡陌生海域的船只，是否在某地漏了水？古老的经文没有讹误吗？尉礼贤的翻译是否正确？我们的解释会不会自我欺骗？

《易经》彻底主张自知，而达到此自知的方法却很可能得到百般误用，所以对于个性浮躁、不够成熟的人士，《易经》并不适合使用它，知识主义者与理性主义者也不适宜。只有深思熟虑的人士才恰当，他们喜欢沉思他们所做的以及发生在他们身上的事物。但这样的倾向不能和忧郁症的胡思乱想混淆在一起。我在上面就已提过，当我们想调和《易经》的占卜与我们所接受的科学信条时，会产生很多的问题，我对此现象并没有解答。但毋庸多言的是，这一点都不怪异。我在这些事情上的立场是实用主义的，而教导我这种观点的实际效用的伟大学科，则是精神治疗学与医疗心理学。也许再也没有其他的领域，使我们必须承认有这么多不可预测的事情，同时再也没有其他的地方，可以使我逐渐采用行之久远，但不知为何运作的方法。有问题的疗法也许会不期而愈，而所谓的可靠方法却可能导致出乎意料的失败。在探讨无意识时，我们难免碰到非常怪异的事情，理性主义者常常心怀恐怖，掉头走开，事后再宣称他什么事情都没有看到。非理性，它盈满生命，它告诉我：不要抛弃任何事情，即使它违背了我们所谓的理论（理论在最好的情况下，其生命仍甚短暂），或者不能立即解释，也不要抛弃。这些事情当然令人不安，没有人能确定罗盘到底是指向真实还是指向了虚幻，但安全、确定与和平并不能导致发现，中国这种占测的模式也是如此。那方法很显然是指向了自我知识，虽然它总是被用在迷信之上。

我绝对相信自我知识的价值，但当世世代代最有智慧的人士都宣扬这种知识是必要的，但结果却一无所成时，那么宣扬这样的识见是否还有用处？即使在最有偏见的人眼中，这本书也很明显地展露了一种悠久的劝谕传统，要人细心明辨自己的个性、态度以及动机。这样的态度便吸引了我，促使我去写这篇序言。关于《易经》的问题，我以前只透露过一次：那是在纪念理查德·尉礼贤的一次演讲中说出来的，其余的时间我都保持着缄默。想要进入《易经》蕴含的遥远且神秘之心境，其门径绝对不容易找到。假如有人想欣赏孔子、老子他们思想的特质，就不应当轻易忽略他们伟大的心灵，当然更不能忽视《易经》是其灵感的主要来源这一事实。我知道：在以前，对于如此不确定的事情，我绝不敢公开表露出来。我现在可以冒这个险，因为我已八十几岁了，民众善变的意见对我几乎已毫无影响。古代大师的思想比起西方心灵的哲学偏见，对我来说价值更大。

（六）坎与井

我不想将个人的考虑强加于读者身上，但前文已经提过，个人的人格通常也会牵连到占卜的答案里面。当在陈述我的问题时，也请求占卜对于我的行为直接评论。这次的答案是第二十九卦，坎卦。其中第三爻特别重要，因为这爻里面有六（老阴）之值。这一爻说道：

前进复后退，深渊重深渊，

危殆若此，且止且观，

十二 变与中国特质

苟不如斯，必陷深坎，

慎勿如是行。

假如在以前的话，我将会无条件地接受劝告："慎勿如是行"，对于《易经》不发一言，因为我没有任何的意见。但在目前，这样的忠告也许可以当做《易经》工作方式的一个范例来看待。事实上，目前求进不能，求退不得。谈占卜的事情，除了上述所说的以外，再也不能多说什么。想往后退，将我个人的见解完全舍弃，也做不到。我正是处在这种状况当中。然而，事情很明显，假如有人开始考虑到《易经》，将会发现它的问题确实是"深渊重深渊"。因此不可避免的，当人处在无边无际的危险以及未经批判的思辨中时，必须要"且止且观"，否则人真是会在黑暗中迷路。在理智上还有比漂泊在未经证实的可能性之稀薄空气中，不能确知到底所看到的是真实或是幻象，难道会有比这更令人不安的处境吗？这就是《易经》如梦似幻的氛围。在其中，人除了依赖自己容易犯错的主观判断外，其余一无可恃。我也不得不承认，这一爻非常中肯地将我撰写上述文字时的心情表达了出来。此卦一开始即令人欣慰的文字也是同样的中肯——"假如你是真诚的，在你的内心里你已成功。"——因为它指出了在此具有决定性的事物，并不是外在的危险，而是主观的状况，也就是说：人能否真诚。

这个卦将处在这种处境里的主动行为，比作流水的行为模式，它不畏惧任何危险，从悬崖纵跃而下，填满行程中的坑坑谷谷（坎也代表水）。这就是"君子"的行为以及"从事软化事业"的方式。

坎卦确实不是很让人舒畅的一个卦。它描述行动者似乎身处重重危机，随时会落入花样百出的陷阱里面。我发现深受无意识（水）之左右、精神病随时会发作的病人，坎卦通常最易出现。假如有人较为迷信，很可能他会认为这个卦本身就含有这类的意义。但是就像在解释梦境时，学者必须极端严格地顺从梦所显现的真实状况，在向卦象请教时，人也应当了解他所提出问题的方式，因为这限制了答案的诠释。当我初次请教占卜时，正在考虑撰写的《易经》序言的意义，因此我将这本书推向前，使它成为行动的主体。但在我的第二个问题里面，我才是行动的主体，因此在这个例子当中，如果仍将《易经》当做主体，这是不合逻辑的，而且，解释也会变得不可理解。但假如我是主体，那种解释对我就有意义，因为它表达了我心中无可否认的不安与危殆之感。假如有人斗胆立足在这样不确定的立场，他会受到无意识影响，但又不知道它的底细，毕竟在此情况下，不安危殆之感当然是很容易产生的。

这个卦的第一爻指出危险的情况："在深渊中，人落入了陷阱"。第二爻所说的也相同，但是它接着劝道"人仅应该求得微小的事物"，我竭力实践这项劝谕，所以在这篇序言里，我仅想将中国人心灵中《易经》如何运作的情况铺展出来，放弃了对全书作心理学的评论这个雄心勃勃的计划。

我简化工作的情况在第四爻可以见到，它论道：

一碗饭，一樽酒，

碗樽皆是土罐作，

呈献由窗牖，

如此必无咎。

尉礼贤如此评论：按照惯例，一个官吏在被任命前，总要敬献某些见面礼以及推荐书信，但此处的一切都简单到了极点。礼物微不足道，没有人赞助他，所以他只好自我介绍。但假如存有危急时互相扶助的真诚心意，那这就没有什么好羞愧的。

第五爻继续谈论受困的题旨，假如有人研究水的性质，可以发现它仅流满到洼坑的水平面，然后会继续再流下去，不至于搁置在原先的地方：

深渊不过满，

只满至水面。

但假如有人看到事情仍不确定，他受不住危险的诱惑，坚持要特别努力，比如说要评论等，这样就只会陷入困窘之境。最上一爻非常贴切地描述道：这是一种被束缚住、如置囚笼的状况。无疑，最后一爻显示人如果不将此卦的意义牢记在心，会产生怎样的后果。

在我们这个卦的第三爻有六（老阴）之值，这阴爻产生了张力，遂变为阳爻，并由此另生一新卦，它显示了新的可能性或倾向。我们现在得到的是第四十八卦，井卦。水的洼洞不再意味着危险，相反，它指向了有利的状况，有一口井：

> 因此君子可激励百姓工作，
>
> 劝勉彼此互相扶携。

百姓互相帮助的意象似乎是要将井重新疏浚，因为它已崩塌，充满泥渣，甚至连野兽都不能饮用。虽有游鱼活在里面，人们也可捕捉得到它，但是井水却不能饮用，换句话说，也就是它不能符合人们的需要。这段描述使人忆起那只颠倒在地，不为人用的鼎，它势必会被安装上新的把柄。而且，就像那鼎一样，"井已清理，但仍然无人从中饮水"：

> 我心伤悲，
>
> 人原可汲其水。

危险的水坑或深渊皆指《易经》，井也是如此，但后者有正面的意义：井台有生命之水，它应当重修后再度使用，但世人对此却毫无概念，因为樽已破裂，再也找不到可以汲取此水的器具了。鼎需要新的把柄与携环才能把握得住，同样，井也需要重新规划，它含有"清冷之泉，人可饮用"。人可以从中汲水，由于"它很可靠"。

在这个启示里面，《易经》很明显的又是言说的主体，它将自己视同活水之泉。以前的卦爻描绘人面临危险的情况时得非常详细。它指出世人随时会出乎意料，并陷入深渊之中。但他必须奋力跳脱出来，以便发现古老的废井。这口废井虽埋没在泥沼中，却可重修后再度使用。

我利用钱币占卜所显现的概率方式，提出两个问题，第二个问题是在我写完对第一个问题的答案分析后提出来的。第一个问题直接指向《易经》：我想写篇序言，它的意见怎样？第二个问题则与我的行为，或者该说我的情境有关，当时我是行动的主体，刚刚讨论完第一个卦。《易经》回答第一个问题时，将自己比作鼎，一只需要重新整修的礼器，这器物却不能得到群众完全的信任。回答第二个问题时，则指出我已陷入困境，这困境显示为深邃而危险的水坑，人很可能轻易地就会陷身进去。然而，小坑可以是个古井，它仅需要再加整修，即可重新使用。

这四个卦在主题上大体一致，在思想内容上，它们似乎也甚有意义。假如有人提出这样的答案，身为精神病医师的我，一定会宣称他的心智很健全，至少在他所提的事情上没有问题。在这四个答案里面，我一点也发现不到任何的谵语、痴语或精神分裂的蛛丝马迹。《易经》历史悠远，源自中国，不能因为它的语言古老、繁复且多华丽之辞，就认定它是不正常的。恰恰相反，我应该向这位虚拟的人物道谢，因为他洞穿了我内心隐藏的疑惑不安。但从另外的角度来说，任何聪明灵活的人士都可将事情反过来看，他们会认为我将个人主观的心境投射到这些卦的象征形式里面。这样的批评是依照西方理性的观点下的，它虽然极具破坏性，但对《易经》的功能却丝毫无损。而且正好相反，中国的圣人只会含笑告诉我们："《易经》使你尚未明朗化的思虑投射到它奥妙的象征形式当中，这不是也很有用吗？否则，你虽然写下序言，却不了解它可能产生极大的误解。"

（七）让读者判断

中国人并不关心对于占卜应当抱持什么样的态度，只有当我们因为受到因果观念偏见的牵绊时，才会满腹迷惑，再三关心：东方古老的智慧强调智者要了解他自己的思想，但一点也不看重它达到的方式如何。我们越少考虑《易经》的理论，就越可以睡得安稳。

我认为建立在这样的范例上，公平的读者现在至少可以对《易经》的功能作个初步的判断。对于一篇简单的导论，不宜苛求太多。假如经过这样的展示，我能成功地阐明《易经》心理学的现象，我的目的也就达到了。至于这本独特的典籍激起的问题、疑惑、批评，它们荒唐古怪，无奇不有，我无法一一答复。《易经》本身不提供证明与结果，它也不吹嘘自己，当然要接近它也绝非易事。它如同大自然的一部分，仍然有待发掘。它既不提供事实，也不提供力量，但对爱好自我知识以及智慧的人士来说，也许是本很好的典籍。《易经》的精神对某些人，可能明亮如白昼，对另外一个人，则曦微如晨光，对于第三者而言，也许就黝暗如黑夜。不喜欢它，最好就不要去用它：对它如有排斥的心理，则大可不必要从中寻求真理。为了能明辨它的意义的人之福祉，且让《易经》走进这世界里来。

十三 关于同时性

　　我也许应该先定义此文所要处理的概念，然而我宁可另辟蹊径，先简述"同时性"这个概念所触及的事实。正如字源学所示，这个语汇与时间有关，而说得更确切些，是与同时呈现的性质有关。如果不用"同时呈现"此一词语，我们也可以使用两三种事件以上"有意义的巧合"。

　　此种概念显示的绝不只是概率问题。有些事件在统计上会重复出现，比如在医院里，某些病例极其雷同——这可算作属于概率的范畴，这种类型集合一起，当中可能包含了许多的事例，但它依然可以落在理性的架构内理解。又比如说，有人凑巧留意到他电车车票的号码，在回家时，他接到一通电话，同样的数目字又被提了；黄昏时，他买了张戏票，却又再度见到同样的数字。三项事件形成一组概率的集合，虽然它不可能时常发生，但仍然可用作可能性的理论架构解释，因为其间的每一项目都是很常见的。但依据我个人的亲身经验，我却想重新解释一下底下的概率集合，它所涵的事项达六件之多：1949年4月1日清晨，我记下一件雕刻作品，其间含有半人半鱼的图像。然后午餐，餐桌有鱼；还有人提及使某某人变成"四月鱼"的风俗。下午时刻，有人展示给我看一幅刺绣，内有海怪及游鱼的图案。隔日清晨，我看了一位老病患，她十年内头一次来拜访我，就在前晚，她梦见了一条巨鱼。几个月过后，我利用这一系列的事件，撰写一篇篇幅较大的著作。写就之后，我漫步走到屋前湖泊旁，这地方当日早上我已走了好几回，可是此次却发现一尾一尺长的鱼横躺在防波堤边，由于没有其他人士在场，我也不知道这尾鱼怎么能在这里出现。

　　这样的巧合，很难不使人不留下深刻的印象——因为这组系列事件相当多，其性质也相当特殊，几乎不可能发生的。但由于我在别处就已论述过，此处不拟再予讨论，可是我相信这虽是一组概率的集合，但它绝不仅仅是重复而已。在以上所说的电车车票的例子中，我提到观者"凑巧"注意到号码，而且将它留在脑海里，平日他却不会这样做。留在脑海是尔后一系列概率事件的基础，可是，我不懂为何他会去注意到这号码？在我看来，判断此事时，某种不能确定的因素需要引进并加以留意。在其他的案例中，我也发觉到类似的情况，可是却找不到可靠的结论。然而在某些时候，我们难免会有些印象，意即对未来的事件，我们可以有种预知的能力。有些情况是时常发生的，比如，当我们想到可能会在街头遇到老友时，情感真是难以抑制。可惜大失所望，所碰见的却只是个陌生人，然而，当拐个弯时，却真的与他本人碰面了。这样的例子并不难找到，而且绝非异常，可是我们通常都是在刹那的惊讶后，随之迅速忘掉。

确实，事前预知的事件其细节如果愈清楚，预知的事实留给人的印象也就愈为明确，而想用概率去解释它也就愈发不可能。我记得一位谊兼生友的故事：他的父亲答应过他，如果他能圆满通过大考的话，将可到西班牙旅行。我的朋友随后做了个梦，梦见他穿过西班牙的一座城镇，有条街通向广场，广场旁耸立一栋歌德式的教堂。他随之右转，绕过拐角，进入了另一条街道。在此，遇见了一辆豪华的马车，而且由两匹奶油色的骏马拉挽着。然后，他就醒过来了，他告诉我们这场梦时，我们正围绕着桌子，啜饮啤酒。不久之后，他通过了他的考试，也果真到西班牙去了，而且就在其间的一条街上，认出了这正是他梦见过的城镇，也发现了那里的广场和那教堂，而且与梦中所见一模一样。他本想直走到教堂，但突然记起在梦中时是往右转，经由拐角，再进入另一条街道。他颇为好奇，想确定他的梦境是否能更进一步地予以证实。当他转过拐角时，千真万确，果然看到两匹奶油色的马，拉挽着那辆马车。

（一）超感官知觉与灵力

我在很多案例里发现，"前识之感"是奠基在梦的预知上面，但在清醒的状态下，这种预知也可能发生。在这些例子中，如果说纯粹是概率，是很难站得住脚的，因为那种情况下的巧合是事先即已知晓。它不仅在心理学或主观的意义上，不能以概率称之，即使在客观层面上说，也是如此。因为众多事情难以预料地凑合在一起，使得视概率为一决定性因素的观点很难成立。

所以认为这些案例的发生乃肇因于概率，是不妥当的，这不如说是种"有意义的巧合"。通常，它们可用前识——换句话说之，也就是预知来解释。人们也提到天眼通、他心通，等等，可是，他们却不能说明这些功能所涵者为何物，也不能说明到底经由何种输送的管道，他们能把遥远时空中的事件带到我们的知觉前来。所以这些观念只是空名，而不是科学的概念，故不能被视作法则的叙述，因为还没有人能建构起一座因果的桥梁，用以连接组成"意义的巧合"的各种因素。

特别感谢莱恩，他在超感官知觉——也就是 ESP 上的实验，奠定了研究这些广大领域的可靠根基。他将一副二十五张的牌，分成五组，每组五张，各组都有特别的记号（星号、方形、圆形、十字形、双波纹线），其实验如下进行：在每组的实验里，牌总要被重组过八百次，在此情况下，受试者根本看不到牌，随之在翻牌之际，即要他们猜测所翻者为何。按概率计算，正确答案的比例是五分之一。结果却显示有些顶尖人物的命中率，可以高达百分之六点五，而且，变异数的可能性又只在二十五万分之一至一点五之间；有些人的得分则比概然的命中率要高出两倍以上；某次，二十五张牌竟然全被正确无误地猜测出来了，这样的可能性只有 1/298023223876953125。实验者与受试者的距离复由几码远延伸到约四千公里，可是结果不变。

第二种实验仍是要求受试者猜牌，但这副牌却要在长短不等的一段时间后，才能摊摆出来，时间由几分钟到两星期不等，而实验结果显示：可能性只有四十万分之一。

第三类实验，则在机械地扔骰子时，受试者要期盼某种数目字出现，以期影响其结果。而这种所谓灵力的实验显示，同段时间内骰子用得越多，结果也就越发显著。

空间实验的结果，可以说相当确定地证明了：在某种程度内，心灵可以摒除空间的因素。时间实验则证明了：时间的因素（至少在未来此种次元内是如此）因心灵的缘故，可能变为相对的。投骰子的实验则确认运动中的物体，也会受其心灵左右——这种结果可从时空在心灵作用中的相对性预测出来。

对莱恩的实验而言，能量的假设根本不适用，任何有关力量的传递概念也要一并排除。同样，因果律也不再有效——三十年前，我早就指出了这项事实——因为我们不能理解何以未来的事件居然能带动目前的事件。既然任何的因果性解释暂时都难以成立，那么我们最好设想一种非因果性质的非概率质素——也就是有意义的巧合——必须被包含进来。

衡量这些醒目的结果时，我们应该考虑莱恩所发觉的一件事，意即在每次实验里，初次的尝试效果总比后来的要来得佳。命中率衰落与受试者心境大有关联，在刚开始时，态度虔诚，心境乐观，结果因此比较理想，怀疑与抗拒却招来反效果，即他们制造了一种不利的氛围。既然对这些实验采取能量的——即因果的解释，已证明行不通，因此情感可以说具有条件的意义，它可使得那些现象发生——虽然它不一定如此。依据莱恩的实验成果，我们可以期望获得百分之六点五的命中率，而下只是五，可是我们却不能事先预测：这样的命中率何时会出现。如果可以这样做的话，我们所处理的将是一种法则，如此势必与上述的现象的性质完全相反，正如前文所说的，这种幸运命中具有非概率的性质，它并不只是泛然的常现而已，而且，它通常还要依赖某种心情才有可能。

这种观察已完全被证实了，这意味着塑造唯物论者世界图像的法则，会受到心灵因素的修正甚或摒除，而这样的心灵因素自然又与受试者的心境有关。虽然超感官知觉与灵力的现象，如按上述的方式继续实验下去的话，可以收到相当丰硕的成果，可是如果追根究底，将不免牵涉到情性的问题，因此，我乃转移我的注意力到某些观察与经验上去。平心论之，在我长期的医疗生涯中，这些现象一直驱使着我，它们都与自发的、有意义的巧合有关，其情况也几近不可思议，因此便难以使人相信。我仅想举出一个例子，以作为全体现象的代表。你拒绝相信这种特殊的例子也好，你对它另作解释也罢，这都无关紧要，我可以告诉你一大堆类似的故事，但这些并不比莱恩获得的铁证更令人难以思议，而且你还会立刻了解：几乎所有的例子都需要对它作独特的解释。然而，从自然科学角度看来，唯一可能的因果解释，已因心灵之介入，使时空相对化，而倒塌下来了——时空是因果关系不可或缺的前提。

　　我举的是一位年轻女病患的例子，她做事总想两全其美恰到好处，结果却总是做不到，问题症结在于她对事懂得太多了。她受的教育相当好，因此提供了她良好的武器，以完成此种目的——意即一种高度明亮洁净的笛卡儿式的理性主义，对于实在具有永无差忒的"几何学"之概念。我曾数度尝试以更合理的态度，来软化她的理性主义，在结果证明无效之后，我不得不盼望某些不可预期而且非理性的事情会突然出现，如此方可粉碎她用以封闭自己的理智之蒸馏作用。某天，我恰好坐在她的对面，背依窗户，聆听其不绝的陈述。前晚，她做了一场印象极为深刻的梦，梦中有人赠她一只金色甲虫——一件很贵重的珠宝。当她正对我诉说其梦时，我听到背后有轻拍窗户的声音，我旋转过来，发现窗外有只相当大的昆虫正飞撞窗棂，并试图进入这黝暗的房间。此事颇为怪异，我立即打开窗户，在昆虫飞进之际，从空中抓住了它，是种甲虫，或说是种普通的玫瑰金龟子，它那种黄绿的颜色与金色甲虫极其相像，我将之交给我的病患，并附数语："这就是你的甲虫。"这个经验洞穿了她的理性主义，打碎了她理智抗拒的冰墙，如今治疗可持续下去，且成效显著。

　　这个故事只是无数有意义的巧合中的一个，除了我，还有很多人都已见过，而且载之于数量庞大的典籍之中，其中包含无数事，或称之天眼通，或称之他心通等，从史威登堡灵视到斯德哥尔摩的大水，且被证实，以最近飞行将军爵士所述及的一位佚名军官的梦，梦中预测了后来发生的座机的意外事件等都是。

十三 关于同时性

以上所述，可归纳为以下三点。

（1）观察者的心境，以及与此心境相符应的同时、客观而外在的事件（如甲虫），两者的巧合不能显示彼此间有因果的关联。而如从心灵使时空相对化的观点来考虑，此种因果联结甚至是不能理解的。

（2）心境以及与之相符应的外在事件（多少是同时发生的），两者相互巧合。此巧合的外在事件是在观察者知觉的领域之外发生，比如说隔着一段距离，而且也只能在事后验证。

（3）心境以及与之虽相符应、但却尚未存在的未来事件相互巧合，这种事件隔着一段时间的距离，而且同样地也只能在事后验证。

第（2），（3）两点的例子中，相符应的事件尚未呈现在观察者知觉的范围内，但却能适时地预先参与，然而却只能在后来验证。我称呼此类的事件为"同时性的"，这个词语不要和"在同样时间内的"相混淆。

（二）占星术的意义

假如我们忽略掉所谓的占卜法的话，那么对于这种内容广袤的经验的观察，恐怕会是不足的。占卜术如果没有确实引发同时性的事件，至少也可以使这些事件顺从其目的。如此的范例可举《易经》的占卜法为代表，对此，尉礼贤博士已有详述。《易经》预认了：在问者的心态以及解答的卦爻间，有种同时性的符应。卦的成形，或用四十九根蓍草操分，或靠三枚硬币任意投掷而成，其结果无疑极端有趣，但就我所知，此种方法尚不能提供任何足以客观决定这些事实的工具，因为问时的心境同样是变化无方，难以划归。土占的情况也相同，它也是建立在相似的法则上面。

我们如果再转而求诸占星术，情况也许会更为有利。因为它也预设着：星辰的时位形相与问者当时的心境或性格，有着某种有意义的巧合。然以最近天文物理研究的观点来看，占星学上的符应可能并不是同时性之事，而是大体上皆为因果的关系。Max Knoll 教授已指出太阳质子的放射，会受星辰会合、对立以及垂直相对等因素的影响，因此在相当可靠的程度内，磁风暴是可以预测的。而地球磁场混乱的曲线与死亡率之间，其关系复可找出，由此可证实会合、对立以及垂直的角度是有不利的影响，30及60的角度，其影响则相当不错。如此说来，此处所探讨的可能是种因果关系的问题，换句话说，也就是种自然律的问题，而与同时性毫不相涉，或其相涉极为有限。何况，在星占上居有核心地位的星宫之黄道带，乃蕴含着：占星学上的黄道，虽与星历一致，但却与实际的星座本身不相符合。因为自从本世纪初期，春分落在白羊座起点时，即已有了岁差，所以这些星座偏离了它们的位置，几乎达到一整个柏拉图月之多。今日任何生在白羊座的人（依据星历），事实上是诞生于双鱼座，只不过因近两千年来，他诞生的时辰一直以"白羊座"被人称呼而已。占星术预设着：这个时辰有某种定命的作用，可是这种作用很可能如同地球磁场的混乱一般，都与季节的波动有关，太阳质子的辐射不得不受其影响。如是说来，仍没有超出概率的范围，黄道位置也很可能也是一种因果性的因素。

虽然对星占用心理学的诠释其有效与否仍在未定之天，可是今日看来，采因果的解释，以求符合自然律，此种远景是可预期的。结果则是：我们恐怕不宜再将占星学视同一种占卜的方法，它正在迈向转为科学的道路上。虽然如此，却仍有大片的领域是不能确定的，前些时候，我决定做个试验，以试出到底占星学的传统能面对统计调查的挑战到什么程度。为此目的，选择确定不移、无可争议的事实是很必要的，于是我选了婚姻。因为从远古以来，传统上总认为结婚者双方的星位上有日月的结合。也就是说，一方的星位上，太阳在八度的轨道上，与另一方的月亮结合。其次，也是同样悠久的传统，认为也有婚姻的性质，而生辰星座与日发光体的会合也具有同等的重要性。

我和我的伙伴 Lilane Fre V.Rohn 女士一齐合作，我首先搜集了180对结婚的例子，换句话说，也就是搜集了360项星座位置，然后比较50种与婚姻最为相关的因素，如水星、金星、初升之星与沉没之星间的会合与对立。结果显示的情况上限至10%。Basel 的 Markus Ferz 教授不嫌麻烦，计算我所获得的结果之概率后，通知我：此种数据的概率是万分之一。我曾向数位数学物理学家请教这种数据的意义，其意见颇多分歧，有些人认为很有价值；有些人则表示怀疑，因为我们的数据不够周全，从统计学的观点来看，总数 360 项的星座图是太微不足道了。

180 项婚姻例子统计完毕后，我们搜集的例证又大为扩张，当再度搜罗了 220 项结婚事例后，我们分别探讨了这批材料。就如同第一次的情况一样，这些材料是来即处理，其来源分布极广，并没有经由特殊的观点加以识别。第二批资料经衡量过后，我们发现统计数据的上限为 10.9%，这种数据按概率算，大约也是万分之一。

最后，另有 83 件的结婚例子来了，这些仍是分别予以处理。结果，其统计数据的上限是 9.6%。这种数据如依概率计算，约为三千分之一。

这些结合都是月亮结合，观者定大感惊奇，可是这却与占星学的预期一致。奇怪的是，此处所显现的，乃是星占上三种主要的位置，同时发生的概率是一亿分之一，三个月与同时结合发生的概率则为 $1/3 \times 1011$ 之一。换句话说，它不可能只是概率的原因，此事实如此突显，因此我们不得不另求其他的因素，以解释此种现象。这三批材料太微不足道了，因此对万分之一及三千分之一的概率来说，几乎没有理论上的意义。尽管如此，它们想同时呈现是也几乎不可能的，所以我们还是免不了要寻找产生此种结果的有力因素。

在占星学所得的与质子辐射间有种科学而可靠的关系，此种可能适用的解释对以上的现象却无能为力，因为万分之一与三千分之一的概率，对我们而言，要处理起来太过庞大了，在任何可以确定的范围内，都很难认定我们的结果有超乎概率以外的意义。此外，如我们将婚姻事例再细分为几批，其最高上限恐会彼此抵消掉。日、月、初升星辰彼此的结合共同呈现，如要在其间确立统计的常态分布，可能需要千万种婚姻星座的例证，即使能如此，其结果恐怕仍有可疑之处。可是无论如何，三种古典的月亮结合居然会出现，真是太不可思议了，因此，此种现象若非有意无意地欺诈，要不然只能解释为某种有意义的巧合，即解释成同时性。

虽然在早些时候，我对于占星学占卜的作用大表示怀疑过，可是做过占星学的试验后，我现在却又不得不予以重新肯定。婚姻星座的来源出自多方，因此其概率分配只是随意汇聚以后而成，它们再分成三组不等的组别时，其方式也同样是无意的。这样可使研究者的预期保持新鲜不怠，而且可使其产生的图像显得具有全面性，从占星学的预设观点来看，这种图像是不可能再被增损的。此种实验所得，与莱恩 BSP 的实验结果可以说是一致的，后者同样是会受到预期、盼望与信念的影响。虽说如此，却不可能明确无疑地期待会有何种的结果，我们所选择的五十项即可为此作证。从第一批资料处所获得的结果，我们确曾稍抱期待，认为的情况或可被证实。第二次时，我们加进了一批新的星座资料，构成了一组更大的组别，以期效果可以更为确定，结果却是另外一种情况。做第三组的实验时，只抱着深深的期望：也许可以被证实，但结果仍旧不是这么回事。

（三）巧合与预定和谐

此处发生的，确实很奇特。无疑，这是种有意义巧合的特例，如有人深受其感，不妨称之为具体而微的奇迹。可是在今天，我们必须转向另一种稍微不同的眼光，来看待此奇迹。莱恩的实验指出了时空及因果性之为物是可以摒除的，如此也就意味着：非因果的现象——称作奇迹也未尝不可——是可能的。这种类型的自然现象都是独一无二的，经由概率奇妙的结合，其分子的共同意义便融在一起，以形成真实无妄的整体。虽然有意义的巧合变化无穷，但作为非因果的事件，却可成为科学世界中的一分子。通过因果律，我们可以解释两个相续事件间的联结关系，而同时性却指出了在心灵与心理物理事件间，时间与意义上都有平行的关系，科学知识至今为止，仍不能将其化为一项共通的法则。同时性这个词语其实一无解释，它只陈述了有意义的巧合的兴起，而就其本身而言，此种巧合的发生可以说是偶然的，但它既然如此不可能，我们最好设想它是立足于某种法则，或是奠基于经验世界的某些性质上面。然而在平行的事件之间，却发觉不到因果联结的痕迹，这正是它们所以具有概然性质的原因所在。在它们之间唯一可以认定，也唯一可以展示出来的环扣，正是一种共同的意义，也就是种等价的性质。古老的符应观即建立在这种联结的经验上面——此种理论在莱布尼兹提出"预定和谐"的观念时达到了高峰，但也在此暂告一段落，随后即为因果律所取代。同时性可说是从符应、感通、与和谐等荒废的概念中，脱胎而成的现代词语。它并非奠基于哲学之设准上面，而是根据实在的经验与实验而来。

同时性的现象证实了在异质的、无因果关联的过程中，盈满意义的等价性质可同时呈现。而换句话说，它证实了观者所觉识到的内容，同时可由外在的事件展现出来，而之间并无因果的关联，由此可知：若非心灵根本不能在空间中定位，要不然就是对心灵而言，空间只是相对的，同理也可适用时间之决定心灵，以及心灵之使时间相对化等所牵涉到的问题。我并不会强调：对这些发现加以证实，其影响将会如何深远。

十四　美女与野兽

在我们的社会中，女孩也会参与男性英雄神话，因为像男孩一样，她们必须发展一种可靠的自我身份并且获取教育，但有层较旧式的心灵层，似乎成为她们感情的表面——带着令她们变成女人而非模仿男人的目的。当这心灵的古老内容开始出现时，现代的年轻女人也许要压抑它，因为它会威胁她们得不到应有的特权。

这压抑也许太过成功，导致一时之间，她和男性有分歧的目标保持一种确认的态度，甚至当她结婚后，还会保留一些自由的幻象，而不管她对原型婚姻外表的驯服行动会如何。因此宛如我们今天常常看到的，在最后强迫女人以痛苦的态度重新发现她已失去的女人气质时，相应的冲突也许会发生。

我在一个已婚的年轻女人那里看到这个例子，她还没有小孩，但是很想有一两个。在这期间，她对自己的性反应不满，这令她和丈夫很担心，可是他们又无法作出任何解释。她以优异的成绩毕业于一流的女子大学，丈夫和其他男人相处得很好，她偶然会乱发脾气，出言不逊，令人敬而远之，这给予她一种无法忍受的不满足感。

她在这时做了一个似乎很重要的梦，以至于要寻求专业人士的解答。她梦到自己在一条人龙中，排队的人全部是像她一样年轻的妇女，当她向前看她们到底要到哪里去时，便看到每个走在最前头的，都被断头台斩首。那位做梦者毫不害怕地留在人龙里，好像在轮到她时，她也自愿顺从同样的对待。

我对她解释说，这意味她准备放弃"理性思考"的习惯，她必须学习解放自己的身体，以发现其自然的性反应，以及在母性中，当履行其生物角色。该梦表示她需要做极大的改变，要牺牲"男性"的英雄角色。

正如所预料的,这个受过教育的女人毫无困难地接受了这个解释,而且开始努力改变自己成为一个较顺服的女人,此后,她改变了爱情生活,成为两个孩子的母亲,当她逐渐进一步了解自己时,开始了解男人的生活需要接受暴风雨的考验,这便宛似英雄意志的行动,但女人只需要认清:生活最好以一连串觉醒来认知。

表示这种觉醒的神话可以在"美女和野兽"这个童话中找到。这故事最有名的部分是说四个女儿中最年幼的"美人",是如何因为自己无私的美德,成为父亲最宠爱的掌上明珠的。当她只向父亲要一朵白玫瑰而不像其他人要求贵重的礼物时,她只注意到自己内在真挚的情感,她不清楚那会危及她父亲的生命,以及她与他理想的关系。因为父亲从"野兽"有魔法的花园里偷取了那朵白玫瑰,而"野兽"对这次盗窃感到火冒三丈,要他在三个月内回去接受处罚,大概是死刑。

"美人"坚持在三个月后代父回到那有魔法的古堡接受处罚。她在那里有间漂亮的房间,除了"野兽"偶尔来访外,她其实也没有什么好担心和害怕的,他三番两次地要她嫁给他,但她总是拒绝。不久,她在魔镜上看见父亲卧病在床,就恳求"野兽"让她回去安慰父亲,答应在一星期之内回去。"野兽"告诉她,如果她抛弃他,他一定会死,不过她可以回家一星期。

在家里,她的花容玉貌带给父亲很大的快乐,但却惹来姐姐的忌恨,她们设计挽留她,使她不能如期回去。最后她梦见"野兽"因绝望而面临死亡,因而警觉到她已超过预定的时间,于是回去使他复活。

"美人"忘了"野兽"丑陋的面貌,她日夜服侍他。他告诉她,如果没有她,他就无法活下去,现在他因为她回来,就可以含笑而逝了,不过"美人"了解她没有"野兽",也无法活下去,她已爱上了他。她把心中的话告诉他,只要他不死,就答应嫁给他。

在这一刻,整个古堡充满了光芒和音乐声,"野兽"也失踪了。在他原先的位置上,站着一个英俊的王子,他告诉"美人"他以前被一个女巫施以魔法,变成"野兽",要到一个漂亮的女郎爱上他的美德后,魔法才可破除。

在这个故事中，如果我们解开这个象征之谜，就会了解"美人"代表任何年轻女郎或女人，她与她父亲缔结一个情绪的契约，由于精神上的本性，这约定依然存在。要求一朵白玫瑰象征她的善良，但在某个意味深长的扭曲意义中，她的潜意识想把父亲和她本人安置在一个善良的，但混合残酷和仁慈的原则力量当中。这就好像她希望把她从一种黏在道德和不实际的爱情中拯救出来一样。

知道爱上"野兽"时，她警觉到隐藏在动物（因此不完美）身上，但真正性爱形式的人类爱情的力量。这大概表示她对相互关系作用的觉醒，这能令她接受原始欲望中的性爱成分，这种欲望会被压抑，因为害怕近亲相奸。离开她父亲，她要接受近亲相奸的恐惧，以容许自己以幻想的方式活在这恐惧当中，直到她能认识那动物人，和发现作为妇人的自己对它真正的反应。

以这种方式，她从压抑的势力之中赎回了自己，她的男性意象，令她有意识地相信她的爱情联结了精神和本性。

女病人的梦表明需要除掉这近亲相奸的恐惧，那是这病患思想中实际的恐惧，因为她父亲自从太太去世后太过依恋于她。那梦显示她被一头愤怒的公牛追逐。她起先逃跑，但发觉于事无补，她跌倒，那公牛快要冲上来。她知道唯一的希望就是对它唱歌，虽然她的歌声颤抖，但那公牛还是平静下来，开始用舌头舔她的手，这解释表示她现在知道以一种更有信心的女性方式和男人社交——并不仅是性方面。

但是在年龄较大妇女的例子中，"野兽"的主题也许并没有指明需要找寻个人父亲的病态挚爱、解放性的压抑，或任何心理分析倾向的理性主义者可能在神话中看见的东西的答案。其实，"野兽"主题成为某种女人原则的表达方式，这可能在月经的开始期和青春盛期一样有意义，而且当精神和本性的结合受到干扰时，它会在任何年龄中出现。

以下是个正值更年期女人所做的梦。

我和几个似乎不认识的无名女人在一起。在一幢奇怪的房子里下楼梯，突然遇到一些奇形怪状的"猿人"，它们一脸邪恶，身上都是软毛，以及灰黑色的环状物，又有尾巴，恐怖异常，它们正恶狠狠地睨视我们。我们完全处在它们的掌握当中，但突然间，我们感到唯一可以自救之道，并非惊慌地逃跑，或搏斗，而是以人道来对付这些怪物，令它们注意到它们好的一面。因此当一个"猿人"走近我时，我就像一个舞伴一样和它打招呼，并开始和它跳起舞来。

不久，我得到了一些超自然的治愈力量。有个男人面临死亡之门，我有根羽茎，或许是个鸟喙，我利用这个东西吹气进他鼻孔里，他开始又有了呼吸。

在结婚和养育子女那几年间，这女人不得不搁置她自己有创造力的天赋，她曾经是个颇有名望的作家。在她做梦的期间，她曾千方百计地强迫自己再执起笔来，同时，她又因不能成为一个较好的妻子、朋友和母亲，而无情地来批评自己。该梦以其他经历过同样过渡期的女人来展示她的问题，正如该梦指出的，她们从太高的意识标准降落到一幢奇怪房子的较低位置。我们可以猜测这是集体潜意识有意义方面的入口路途，和接受作为动物人的男性本质——那同样的英雄式——像小丑的"恶作剧精灵"的人物挑战。

因为她提到这猿人，而且以显示它好的一面来教化它，这意味着她起先接受了一些自然创造精神的无可预测的元素。对此，她可以贯穿生活陈旧的束缚物，而且知道以崭新而适合她新生活的方式写作。

这种与有创造力的男性本质有关的冲动，在第二幕——她利用一种鸟喙的东西，把空气吹进那人的鼻孔里，使他复活过来——中显示出来。这种由于空气作用的过程，暗示恢复精神的需要较性爱的温情原则更为重要。这是个众所周知的象征：祭仪的行为令生命有创造力的呼吸成为任何新的成就。

另一个女人的梦，则强调"美人"与"野兽"自然的一面。

有只东西从窗外飞进或冲进来，看来像只大昆虫，全身黄黑色，有双螺旋形的腿。然后它变成一只奇怪的动物，有着像老虎身上黄黑相间的斑纹，看上去像熊但又和人类差不多，还有张像狼的尖脸，它很可能会到处乱跑，伤害到小孩。当天是星期日下午，我看到一个身穿白衣服的小女孩，正在往主日学途中，我必须找警察来帮忙。

但不久，看到那怪物变成部分女人，部分动物，它向我撒娇，希望得到我的爱。我感到这处境就像在神话或梦中，只有仁慈才能转变她，于是试着热情地抱着她，但我无法完成这件事。我推开她，不过我有种感觉，必须接近她、习惯地、也许有一天，我会吻她。

这里我们有个和前述的不同处境。这女人会如此强烈地被她自己的男性创造作用所迷住，形成一个强制的、精神的偏见。因此她会被禁止以自然的方式发挥女性、妻子的机能。她的梦显示她的精神已变得有所偏失，必须接受这个事实，从而培养自己的内在生命，这样的话，她就可以调和她有创作力的知性兴趣和能令她与别人亲切相处的本能。

这其中包含着重新承认自然生活中的双重原则，既残酷又仁慈，我们或者可以用她的例子来说，那是无情的冒险，但同时是谦逊而有创造力的家庭生活。

很明显，这些对立无法调和，除非有极高的心理警觉。

我们可以这样来解释这个女人的梦：她需要克服她本人过分天真的意象。她要自愿地包容她感情的对立面。

（一）奥费斯和耶稣基督

"美人和野兽"是个具有野花风味的童话，整个内容是那么的出人意料，而且又产生了如此自然而神奇的意义，以至于一时之间，我们竟没有注意到它属于何种或何类植物，这类故事的神秘性，不仅可以普遍地应用在更大的历史性神话中，而且可应用在能表达神话或推论出神话的祭仪中。

这种适切地表示此类心理经验的祭仪和神话，在迪奥尼索斯的希腊罗马宗教中，以及其继承者奥费斯宗教中得到例证。这两个宗教提供了一种意味深长的创始，这就是众所周知的"神秘"。它们产生了一些与具有雌雄同体性格的"神人"联合的象征，这"神人"对动植物世界有详尽的了解，而且是解开动植物世界奥秘的大师。

奥费斯大概是个"真人"、歌唱家、先知、教师，此外，还可能是个殉道者，他的墓冢变成圣地。难怪在早期的基督教礼拜堂能看到奥费斯——耶稣的模范。这两个宗教复苏希腊文化世界，保证未来神圣的生活。因为他们都是人，而且都是神圣的调停者，所以在罗马帝国时消失的希腊文化中，他们坚持对未来生活的希望。

不过，奥费斯的宗教和基督教有个重大的区别，虽然两者都升华成一种神秘的方式，但奥费斯的神秘使旧有的迪奥尼索斯的宗教继续存在。其精神原动力来自于一个半神半人，在他身上保留着根植在农业艺术中最意味深长的宗教特质。那种特质是各丰饶神的旧有模式，他们只为四季而来——换句话说，是诞生、成长、丰富和衰败循环不息的周期。

另一方面，基督教驱散那些神秘。基督是一种由族长统治、游牧、田园宗教的产物和改革者，它的先知代表弥赛亚，作为绝对神圣原始的存在。人类之子虽然是处女之身所生，但在天堂上自有其起源，上帝赋予他肉身，命他来到人间，死后又回到天堂。

当然，早期基督教的禁欲主义并没有结束，周期神秘的记忆一直停留在其使徒身上，且已到教会最后要在其祭仪中加入许多异教徒仪式的程度。其中最有意义的内容，可以在复活节前一日的活动和复活节日庆祝基督复活的旧有记录中发现——中古礼拜堂的洗礼仪式是一个合适、深刻而又有意义的创始祭仪。但那种祭仪并没有留存于现代的世纪中。

留存下来但仍旧包含主要的创始神秘意义的比较好的祭仪是：天主教徒在圣餐中举起圣餐杯的仪式。我曾在《弥撒变形的象征》中说，高举圣餐杯的酒是圣化的准备，这可从随后紧接着两"圣灵"的祈愿中得到证实……祈愿仪式灌入酒和圣灵，因为这是生子、履行和变形的"圣灵"……举杯之后，圣餐杯放在圣饼的右边，以符合流自基督右边的"血液"。

不论是以迪奥尼索斯的杯子还是以神圣的基督徒的圣餐杯来做表示，圣餐的仪式各地都一样，但每个个体参加圣餐仪式的自觉标准则有所不同。迪奥尼索斯的参与者回顾原始事物和"巨风暴浪中诞生"的神，它从有抵抗力的"地母"的子宫中冲出来。

将主要强调生和死的自然永恒周期跟这回顾对照，就可看出基督教徒的神秘之处在于受教者最希望与一位超越的上帝联结。"自然之母"曾留下她所有美丽的季节转变，而基督教的中心人物则献出精神的确实性，因为在天堂里它是上帝的儿子。

同是优秀的牧羊人和调停者，奥费斯发现了迪奥尼索斯宗教和基督教间的平衡，因为我们发现迪奥尼索斯和基督都担任同样的角色，不过两者顺应时间和空间的位置不同——一个是地狱世界的周期宗教，另一个则是天堂的、末世学的或终极的周期宗教。

在极度疲惫和沮丧的心情下，有个女人在接受分析时出现如下这个幻想。

在一个没有窗户的拱形圆屋顶的房间里，我坐在一张长而窄的桌子旁，弯腰驼背，而且抖颤不已，只穿着一件从肩膀拖到地上的白亚麻布衣服。有些重要的事发生在我身上。我一点精力和生气也没有，眼前出现一些在金环上的红色十字架，我记得很久以前，曾立下某种誓言。无论现在我在何处，必定要谨守这诺言，我坐在那里好一段时间。

现在，慢慢地张开双眼，看到有个男人坐在我身边，他是来治疗我的，看上去自然而仁慈，虽然他对我说话，但我没听到他在讲什么，他似乎知道我在何处，我发现自己非常丑陋，一定是有种死亡的气味围绕着我。不清楚他是否会被我的样子吓退。我看着他好一会儿，他并没有转开，我的呼吸才比较顺畅。

然后我感到一阵凉风或冷水，倾注在全身。我现在卷起那白亚麻衣服，准备睡觉。那人的手放在我的肩膀之上。这使我模糊地想起我的创伤，经他的手推拿后，我似乎增加了不少力量，也得到了治疗的效果。

奥费斯是个怀念迪奥尼索斯、但前瞻基督的神，这两者多少融合在奥费斯这个人物里。对于这个在两者中间的人物的心理意义，瑞士作家戴连蒂在解释奥费斯的祭仪时有番精彩的说明。

"奥费斯在一边唱歌，一边弹七弦琴时软化世人。他的歌声实在太强而有力了，以致能支配整个宇宙。当他和着七弦琴歌唱时，鸟儿飞到他身边，鱼儿离开海水，弹跃到他身旁，风和海都寂然不动，河流的水向着他急涌而上。天空中不仅不会下雪，更没有冰雹。树木和石块跟着奥费斯，老虎和狮子躺在他旁边，还有绵羊、狼、雄鹿和獐等。不过，这到底是指什么呢？这是意指透过神圣的洞察，了然自然事件的意义……自然事件的内部既变得和谐，又安排得井然有序。当调停者当场做出崇拜的举动，并表现自然之光时，万物变得轻松自然，而且所有生物都能和平共处。奥费斯是虔敬和信心的具体化，他象征解决所有冲突的宗教性态度……当他这样做的时候，他是真正的奥费斯，即是一个优秀的牧羊人，他根本的具体化……"

这女人先前曾因怀疑自己加入原始宗教而感到恐慌。她被教育成一个旧学派的虔诚天主教徒，但自从到了青年期起，她已奋力从家里遵从的形式化宗教传统中挣脱出来。不过教会时期的象征事件，以及看透它们的意义都影响她心理改变的整个历程，在她的分析中，我发现这实用的宗教象征知识有着很大的帮助。

她幻想中最有意义的元素便是那块白布，她了解这是献祭的布，而她认为那个拱形圆屋旧的房间是个坟墓，至于她的诺言，她把它和驯服的经验联想在一起。这个她称之为诺言的东西，暗示一种有危险性，以致会死亡的创始祭仪，这象征她已离开教堂和家庭，正以自己的方式体验上帝。正在实际的象征意义上，她已体验到"模仿基督"，而且像它一样，要先忍受死前的创伤。

献祭的布暗示包尸布或寿衣，钉在十字架上的基督就是裹着这种包尸布，然后被放置在墓穴里。幻想的结尾介绍一个治病的人物，这是随意地把我联想成她的分析者：不过他也是个像知己一样充分了解她的经验的自然角色。他用语言对她说话，但她仍然无法听到，但他两只手有种令人安心的感觉，而且有治疗的效用。我们可以知道，凡是优秀的牧羊人，如奥费斯，或基督，都是独裁者或治疗者。他偏向生活一边，而且向她保证，她现在可以从死亡之穴中回来。

我们可称之为再生或复活吗？或许两者都是或都不是，那实质的祭仪到最后自我公布：冷风或水流遍她全身，这是洁身仪式或净化死亡之罪的原始行动，这是真正受洗的本质。

这女人有另一个幻想，她感到自己的生日适逢基督复活日。但这并不意味着她认为自己与基督的形象同一，因为它所有的力量和光荣，都正是凡人所缺少的，当她竭力通过祈祷来达到它时，它和它的十字架会高举至天堂，实非人类所能达到的。

在第二个幻想中，她投靠上升的太阳，作为再生的象征，而且一个新的女性象征开始制造其外形。首先，它以"水袋里的胎儿"的形式出现。然后她带着一个八岁大的男童穿过水，并"渡过危险的地方"。后来，发生了一个新的变动，使她不再感到胁迫感，或在死亡的影响下，"在一个靠近一条小瀑布的树林里……四处长满了绿色的蔓草。我双手捧着一个盛满泉水的石碗，碗内还有些绿苔藓和紫罗兰。我在瀑布下洗澡，这里的水金光闪闪，而且'滑溜溜的'像个小孩一样。"

这些事件的意义相当清楚，虽然这有可能失去许多变化意象中神秘叙述的内在意义。我们在此似乎得到了一串再生的过程，在此过程中，一个较大的精神自我再生，而且像一个小孩般地接受浸礼。其间，她曾拯救一个年纪较大的小孩，就某些意义来说，这小孩代表她童年时代最受伤害时期的自我。她带着他穿过水，渡过危险的地点，这指出如果她太远离她家庭传统的宗教，就会有丝罪恶感，但宗教的象征由于其不存在而更有意义。一切都在自然的手里，我们显然是在牧羊人奥费斯的领域里，而不是在上升的基督领域里。

紧接着有个梦，带她来到一座类似亚西济城里有桥陶所画的圣芳济壁画的礼拜堂前。她在这里感觉不到拘束，因为圣芳济与奥费斯一样，是个自然的宗教家，这复苏了她在宗教关系中所改变的情感——经历这关系，令她非常之痛苦，但现在她相信她可以快乐地面对受自然之光鼓舞的经历。

这一连串梦以迪奥尼索斯的宗教远处的祷告声作为结束。她梦到自己用手牵着一个金发小孩。"我们正喜滋滋地参加一个宴会，连太阳、四周的树木和鲜花都会参加。那小孩手中有朵小白花，她把花放在一头黑公牛的头上。那公牛也是宴会的一分子，而且全身都饰有喜庆的装饰。"这令人回想起为宗拜迪奥尼索斯而伪装公牛的古老祭仪。

但这个梦并没有就此而结束，那女人补充说："不久，那头公牛的身体被一支金箭刺穿。"现在，除了迪奥尼索斯之外，还有另一个基督教祭仪，也是以公牛扮演象征的角色。波斯的太阳神牺牲了一头公牛，它也像奥费斯一样，代表渴求精神生活，这种精神，可以克服人类的原始动物激情。

这一连串意象证实一个在许多幻想或这类梦的前后关系中找到的提示。在宗教探索之中，男人和女人——尤其是那些生活在现代西方基督化社会的男女，仍旧在那些努力争取主权的早期传统的势力下。这是异教徒或基督教信仰——或者我们可以说——再生或复活的冲突。

我们可以在这个女人的第一个幻想中，找到解决这一困境的较直接的答案，这象征很容易被忽略掉。那女人说，在那个拱形圆屋顶的房间里，她眼前出现一个在金环上的红十字架的幻像象。当后来她的分析演变得更清楚时，她正要经验一次意味深长的心灵政变，而且脱离这次"死亡"，便可进入一种崭新的生活。因此，我们可以想象这个意象——它成为她绝望生活的深渊——应该以某种形式传达她未来的宗教态度。她确实找到了思考的证据，因为那些十字架代表她对基督教态度的热爱，而那些金环则代表她对前基督教神秘宗教的热爱，她的幻象告诉她，必须以展现在前面的新生活调和基督教和异教的元素。

最后，要谈的是有关古代那些祭仪和它们对基督教的关系的观察，这点相当重要。在希腊古代神秘庆典中举行的创始祭仪，不仅适合那些寻求过更丰足生活的人，而且还可以作为死亡的准备，就好像死也需要通过同类的创始祭仪一样。

在伊克林山靠近古罗马骨灰安置所找到的一个骨瓮里，发现一个清晰的浅浮雕，显示出创始最后阶段的情景——受教者获准出席和诸女神沟通。其余的设计是两个净化的初步仪式——"神秘猪的牺牲"，以及神圣婚姻的神秘化形式。这都在暗示从一个开始到死亡，其暗示后期神秘的仪式——尤其是奥费斯的宗教仪式——给予了永远不朽的承诺。基督教甚至更进一步，它应允的东西不仅是不朽，而且在天堂替有信心的人提供永恒的生命。

因此我们了解，现代生活有重复旧时模式的趋势。那些要学会面对死亡的人，也许要再学习死亡是个神秘的古旧信息，因此，我们必须在同样顺服和谦卑的精神下自求多福，这一如我们学习生活一样。

（二）超越的象征

象征影响许多目的的变化。有些人需要被唤醒，在迪奥尼索斯的"打雷祭仪"的暴力中体验它们的创始。而有些人却需要被压抑，他们在神掌管的庙宇或神圣的洞穴下屈服。完整的创始拥有这两个主题，当我们看到从古老经文引出的资料或活生生的物体时，都会了解。但有一点可以确定的是：创始的基本目的在于驯服年少期原始"恶作剧妖精"似的顽劣和野蛮个性。因此它有感化或净化的目的。

不过，有另一种象征，其属于最早期已知的神圣传统，那同时与人生的过渡期亦有关联。但这些象征并没寻求以任何宗教教条或世俗的集体意识整合受教者。反过来说，它们指出人类需要从任何不成熟、固执或定限的境况中超脱出来。换句话说，它们关心人类从任何存在的限制模式中解放或超越出来，尤其是当他在发展期中，逐渐迈向优越而较成熟的阶段时，这些象征更重要。

我已说过，小孩有完整的感觉。在成年人的例子中，完整感觉的达成，是透过意识和潜意识心灵的内容的联结。由于这种联结，通过"心灵超越的作用"，人类可以完成他最高的目标，完全实现他个人"自己的潜在力"。

因此，我们所谓的"超越象征"乃是代表人类努力达到这目的的象征。它们提供一些方法，使潜意识的内容能进入有意识的心灵，而且它们本身就是那些内容的主动表现。

这些象征的形式可以说是五花八门，不论我们在历史上遇到它们，或在现代男女生活的紧要阶段内所做的梦中遇到它们，都可以看出这些象征的重要性。在它们最古老的阶段中，我们再次遇到"恶作剧妖精"的主题。但这次他不再以一个不法的、自我陶醉的英雄出现。而是变成僧人或巫师，他魔法似的能力和奔放的本能，明示他是创始的原始主人。存在于他才干中的力量，令他的身体像只鸟一样在宇宙中遨游。

在这种情形下，那只鸟是最适合超越的象征，它代表本能的独特性质通过"媒介"发挥作用。也就是说，个体有能力获得遥远事件的知识——或他有意识地知道本来不知道的事——借以忘我而着迷般的境界。

我们可以在史前旧石器时代找到这种能力的证据，一如美国学者葛祖菲评论最近在法国发现的有名洞穴画所指出的一样。他写道："画中有个僧人躺在地上，神志不清，戴着一个鸟面具，他身边还有个栖息在木头上的鸟形象，和一些戴着这种鸟面具的西伯利亚僧人，许多人认为他是由有鸟血统的母亲所生……那么，这个僧人不仅是个熟悉的居民，而且是那些我们正常而清醒的意识所看不到的天使王国的后裔。"

我们可以在印度的瑜伽大师中发现这种最初活动的最高标准。在忘我而着迷般的境界当中，他们超越了正常的思想范畴。

这类透过超越来解放的最普通的梦象征，是孤独旅行或朝圣，这似乎多少是种精神的朝圣。在旅途中，受教者慢慢了解死亡的意义。但这并非最后审判的死亡或其他最初的能力考验：这是解放，复活和赎罪的旅程，被一些怜悯的精神所监管和培育。这种精神通常都以"女主人"作代表，就好像中国佛教的"观音"，基督诺斯替教信条中的苏菲亚，或古希腊智慧女神雅典娜这类优越的女性意象（即"阴性特质"）。

不仅鸟的飞行或进入荒野代表这个象征，而且任何例示这解放的强烈行动都可作代表。在生命的初期，当我们仍旧依附原始家庭和社会群体时，这也许在我们必须学习独自生活而采取决定性的步骤时体验到。

在生命的后期，我们也许不需要以意味深长的牵制象征来打破一切束缚，但无论如何，我们可以用神圣不满的精神来做补充，这股精神强迫所有自由人面对一些新发现，或以新的态度来过活，这改变也许在中年期和老年期之间变得尤其重要。因为许多人在这段时期考虑在退休后做些什么事——继续工作或玩耍，留在家里或出外旅行。

如果他们的生活一向不安定，充满着危险和变动，他们就会也许渴求安定的生活，以及宗教的慰藉。但如果他们主要是活在他们生长的社会模式里，那他们也许就要不顾一切地需要一个有解放性的改变。这种需求可以通过到世界各地游览得到暂时的满足，此外搬到一幢较小的房子也有帮助。不过，这些外在改变作用不大，除非我们创造新的生活模式，超越内在的旧价值。

在后一种例子中，有个女人过着一种她、家人和朋友都乐于过的生活，因为这生活方式既固定，又充满文化气息。她做了一个这样的梦。发现了几块奇怪的木头，虽然没经雕刻，但外形有种自然美。有人说，"是尼安得塔尔人带来的。"然后我远远地看见这些尼安得塔尔人，就像团黑东西，不过我无法清楚地看出一个来。我认为我该从这里带几块木头回去。然后我继续前进，好像独自旅行似的，我向下看着一个像死火山的无底深渊，那里部分地方有水，我以为在里面会看见尼安得塔尔人，但我只看到黑水猪从水里走出来，并在黑火山岩间跑来跑去。

和这女人对家庭的依恋，以及她高度文化的生活方式对比，这个梦把她带到生前时期，比我们可以想象的还要原始。她在这些古代人中找不到社会群体，她把他们当做实际潜意识的具体化——在远处看来"像堆黑东西"。不过他们是活生生的，而她可以拿走他们一块木头。这个梦强调木头是自然的，并未经过雕刻，因此它来自原始时代。那块木头把这女人的现代经验联结到原始人类的生活中。

我们从许多例子中知道，古代的树木或植物，象征地代表精神生活的发展和生长，因此，通过这块木头，那女人获得了一个和她集体意识最深刻层面联结的象征。

接着她提到独自继续旅行，这正如我所指出，该主题象征需要解放作为原创的经验，因而我们在此有另一个超越的象征。

然后在梦中，她看见一个死火山的巨大喷火口，这是地球最深层的喷火通道。可以推测这表示一个意味深长的记忆痕迹，勾起过往受创的经验。当她感到她那带有破坏但仍有创造力的激情力量，到达一种她害怕自己会发疯的程度时，这经验便与她早期的个人经验有关。在青春期后期，她发现一种颇意想不到的要求，冲破她家庭极端的传统社会模式，她在没有很大的痛苦下完成这个突破，最后回返，与家人和平共处。但她仍怀着一个深切的冀盼，希望与家庭背景截然不同，而且也从她自己的存在模式里找到自由。

这个梦使我记起另一个梦，有个年轻人提出一个完全不同的问题，但他似乎需要有和上述的梦同样的洞察力。他梦到一个火山，在火山的喷火口，他看见两只鸟好像害怕火山爆发，准备起飞，这是在一个奇怪而偏僻的地方，而且在他和火山之间有一片水。在这个过程中，那梦代表个体创始的旅行。

这与靠渔猎或采食野生植物为生的部落所报告的例子差不多，在这些社会中，年轻的受教者必须孤独地到一个神圣的地方去旅行。在那里他陷入了空想或忘我的境界，他会遇到他的"守护精灵"，它们以动物、鸟类或自然对象的形式出现，他与这个"丛林灵魂"紧密地合为一体，于是就变成一个成人。没有这种经验，他会像亚斯木巫师所说，"只是个平凡的印第安人"而已。

那年轻人的梦是在他生命开始时所做的，而且指出他未来的独立生活。我提过的女人已接近晚年，她经历过同样的旅程，似乎需要获得相同的独立生活。她可以借着人类永恒的法则——古代和超越的文化象征——和谐地度过她的余生。

但这种独立并非以瑜伽的分离境界而结束，因为这分离意指脱离了世界和不洁的行为。在梦中，那女人看到动物生命的形迹，这些是"水猪"，她也不晓得它们到底属于哪类动物。因此它们含有一种独特的意义——一种可以在水或地面两种环境生活的动物。

作为超越的象征，这是那种动物的一般性质。这些怪物，假借来自古代"大地之母创造的深渊"，是集体潜意识象征的外来动物。它们带给有意识的领域一个特别的地府消息，这与那年轻人的梦中，以鸟象征精神的抱负不同。

深渊的另一些超越象征意义是鼠类、蜥蜴、蛇，也有时是鱼。这些是介乎水陆的生物，它们可以在水中活动，也可以像鸟一样在地面活动。也许最普遍的超越梦象征的是蛇，宛如现在的医学界都以罗马的医神亚斯克劳柏斯作象征一样。它本来是条没毒的树蛇，卷缠在治疗神的杖上，似乎具体地代表了天地间的一种调停。

有一个很重要，而且广泛流传的地府超越象征，就是两条缠绕在一起的蛇的意念。这是古印度有名的南格大蛇，此外，我们在希腊也发现，它们缠绕在属于汉密斯神的权杖末端上。希腊早期刻有汉密斯神像的石碑是条石柱，上面是个半身像的神。一边是那两条缠绕在一起的大蛇，而另一边是具昂首的阳物。这两条蛇代表它们正进行性结合，而那具昂首的阳物像毫无疑问的代表性，据此我们可以得到一些确定的结论：汉密斯神像的石碑是生产力或多产的象征。

如果我们只认为是生物的多产，那就搞错了，汉密斯是个"恶作剧妖精"，以不同的身份扮演信差，而且既是十字路口的神，又是于地府中来来去去的灵魂领袖。因此他的阳具从已知世界深入到无知世界，以寻找拯救和治疗的精神信息。

在埃及，汉密斯就是白鹭头的知识与魔法神，而在希腊神话的奥林帕斯时期，汉密斯棒上的蛇上有一对翼，变成爱卡里的翼棒，而他本人有顶翼帽和翼鞋，成为一个"飞人"。于此我们看到他完整的超越力量，因而阴间蛇意识的低等超越在透过地上实体的媒介，最后得以超越成为"超人"，或以飞行的双翼以超越个人的实体。

这种混合而成的象征，可以在其他诸如有翼的马或有翼的龙或炼金术中所表现出来的生物中找到。有关这个主题，在我的作品中有充分的说明和解释。在面对病患时，我们要探究这些千变万化的象征。在了解较深刻的心灵内容后，还要知道治疗可以收到什么效果，因此我们能更有效地了解生命。

要现代人理解那些从过去降临我们身上，或在梦中出现的象征所含的深意，实在很不容易。此外，要了解压抑的象征和解放的象征两者如何在我们的困境中相冲突，也是件不容易的事，但当我们看出这只不过是那些心灵意义并没有改变的古老模式的特殊形式时，就会越来越易于了解了。

我们一直在谈野鸟作为解放或超脱的象征，今天，我们也可以谈到喷射飞机和火箭，因为它们同样是超越原则的物质具体化，至少令我们从地心引力解放出来。同样地曾一度给予安定和保护的古老压抑象征，也会出现在现代人寻求经济安定和社会公益上。

　　当然，谁都看得出，在我们的生活中，冒险和规矩，邪恶和道德，自由和安定之间，总有个冲突，但这些只是我们用来描述困扰我们的正反感情并存（爱憎）的措辞，而我们似乎从来无法找出答案。

　　其实有一个答案，抑制和解放之间有个会合点，我们可以在我一直讨论的创始祭仪中找到，它们能使个体和群体联结他们内在的对立力量，而且使他们得到写实而安定的生活。

　　但那些祭仪并没有不变地或自动地提供这个机会，它们与个体或群体生命的特殊阶段有关，除非它们被充分了解或变成一种新的生活方式，那阶段才能度过。创始主要是过程，开始是个屈服的祭仪，接着是段压抑时期，然后是进一步的解放祭仪。在这种情形下，每个个体都可调停他人人格中冲突的因素：他可以保持身心平衡，使自己成为真正的人，而且成为他自己真正的主人。

十五 对象化过程

　　在观察过许多人并研究过他们的梦后，我发现所有梦与做梦者的生活都有不同程度的关系，并且它们似乎按照一个计划或模式行事。我称这模式为"个性化的过程"，因为梦每晚产生不同的景象和意念，如果我们不细心观察，就觉察不出任何模式。但如果我们持续多年地观察一个人的梦，而且研究它们的前因后果，就会看到某些内容浮现、失踪，然后再次出现。许多人甚至三番四次地梦到同样的人物、风景或环境，如果我们从整体来观察，就会看到它们缓慢而可知觉的改变：如果做梦者的意识态度受到适切的梦解析和它们的象征内容的影响，这些改变就会加速。

　　因此，我们的梦生活产生一个曲折的模式，在此模式之中，个体的要素或趋势逐渐可见，然后失去踪影，不久又即重现。如果我们花一段长时间来观察这个曲折的设计，就可以观察到一种调节，或指导方向的隐藏趋势在运作，产生一种缓慢不可知的心灵发展过程——个性化的过程。

　　一种较开放，较成熟的人格会逐渐出现，渐渐变得有效力，甚至别人也可以看到。其实，我们经常谈到"阻止发展"，表示我们假设每个个体这种生长和成熟的过程是可能的。虽然这种心灵发展不能借着权力意志的意识力量而完成，却会不知不觉地自然发生，这在梦中通常以树作象征，它缓慢、强而有力、无意识地生长，符合这种确定的模式。

　　在我们的心灵系统中，产生调节效能的组织中心似乎是种"核子的分"。我们也可以称它为发明者、组织者和梦意象的源泉，而我则称这中心为"自己"，并描述它是整个心灵的总体，和组织整体心灵一小部分的"自我"作一区别。

从每个年代来看，人类曾本能地注意到这种内在中心的存在，希腊人称之为人的内在"魔鬼"。在埃及把它形容为"附魂"的概念，而罗马人则把它当做与生俱来的"天赋"来崇敬。在更原始的社会，它通常被当做一个保护的神灵，在动物或物神中具体表现出来。

仍旧住在拉布拉多半岛森林的拿柏印第安人，以异常纯洁，未经破坏的形式表现出来。这些单纯朴素的人种都以打猎为生，每个家庭彼此独立，老死不相往来，再加上每个家庭距离实在很远，以致大家不可能涉入部落的习俗，或集体宗教信仰和典礼中。在其一生的孤独岁月里，拿柏的猎人要依靠自己内在的呼声和潜意识行事——他没有宗教的导师去指导他该信什么教，而且没有祭仪、宴会或习俗帮助他。在他基本的人生观中，人类的灵魂只不过是个"内在朋友"，他称它为"我的朋友"，意指"伟大的人"。他寄住在人心之中，而且不朽，在死亡那一刻，或稍早前，他会离开个体，然后投胎，变成另一种生物。

那些对他们的梦多加注意，竭力找寻它们的意义，以及试验它们的真实性的拿柏人，可以与"伟大的人"做更深入的联系和接触。他喜欢这些人，赐给他们更多更好的梦，因此每个拿柏人的主要责任，是照着梦所给予他的指示，然后以艺术性的手法，给予它们的内容以永恒的形式。撒谎和不忠实，驱使那"伟大的人"远离其个人内在的心灵，他会被慷慨大度、爱邻人或动物的心灵所吸引，而且赋予这种心灵以生命。梦赋予拿柏人找寻他生活方式的完整能力，不仅是内在的精神世界，而且是外在的自然世界。它们帮助他预知气候，赋予他们在打猎时有价值的指引，他的生命全都依梦而定。我提到这些非常原始的人，因为他们没有被我们文明的观念所污染，其对所谓的"自己"的本质，仍旧有自然的洞察力。

"自己"可以被界定为内在指引的要素，它与有意识的人格不同，因为人格只能透过调查个人本身的梦才可以理解。这表示"自己"是引起人格不断扩张和成熟的调节中心。但这较大、较接近心灵整体的一面，起先也只不过现出一种天生的可能性，它可以轻微地浮现，或者可以在个体一生中作比较完整的发展。至于能发展到什么程度，则要看自我是否愿意聆听"自己"的信息，就像拿柏人已注意到，人善于接纳伟大的人的暗示，因而能得到较好和较有帮助的梦。我们可以补充说明，善于接纳他的人，比忽视他的人更易把握"伟大的人"，而且他在前者的心中，也显得更为真实。这种人同时会成为一个更完美的人。

似乎自我并非天生地随着个人恣意的冲突而产生，而是帮助制造真正的整体——整个心灵。自我把整个系统弄得顺畅起来，使它变得有意识，因而可以被识别。举例来说，如果我有种艺术天才，但我的自我并没有意识到，那就等于没有，这禀赋可当做不存在。只有在自我注意到它时，才可以使它成为实际。天生但隐藏起来的心灵全体，与可以充分了解和活生生的整体并不一样。

这可以用以下的方式来说明：山松的种子，以潜在的形式，包含整棵未来的树。但每棵种子在特定的时间掉落在特定的地点上，这个地点有许多特别的因素，比如沙和石的品质、斜坡地，以及暴露在太阳和风中。潜在种子内的松子会对环境起反应：回避石块，而倾向阳光，结果树的生长已形成。因此，个别的松树慢慢地长出，构成整体的条件，进入实际的领域。没有那棵活生生的树，他的意念只是个可能性或抽象观念。个别的人实现这些奇特的事就是个性化过程的目的。

从某个观点来看，这个过程独自在人类和潜意识中进行，就是通过这个过程，人类从天生的个性中超越出来。严格来说，只有个体对个性化有所警觉，以及有意识地和它结合，个性化的过程才是实际的。我们不知道松树有没有意识到它自己的生长，也不知道它对自己的变化是享受还是为之所苦，但人类确实可以有意识地参与到自己的发展之中，他甚至经常感觉在做决定时可以主动地和它合作。从狭义的角度来说，这种合作属于个性化的过程。

不过，人类经历到某些并没有包含在我们这个松树暗喻内的事情，个性化不仅仅只是整体的天生起源和外在的宿命行动之间所达成的协议。它主观经验传达的感情，也使一些"超个人"的力量主动地以一种创造性的方式加以干扰。我们有时感到潜意识被引导与秘密的意图相一致，好像有些东西看着我，而我并不了解那些东西，但那些东西了解我——也许是"伟大人物"在我心里，而他以梦的方式，把意见告诉我。

但这种心灵核心有创造力的积极面，只有当自我放弃所有的意图和欲求的希望，以及努力争取较深刻的存在与较基本的形式时，才能开始活动。自我必须在没有更进一步的意图或目的之下留心地聆听，以热切于成长的内在刺激。

生活在文明社会的人，为了使人格发展，必须放弃追求功利主义的道理。有一次我遇到一个老妇人，她一生都没什么大成就，不过她和一个难以取悦的丈夫却相处得不错，婚姻可谓美满，而且人格发展得很成熟。她曾向我抱怨过，说她一生都没什么"建树"。于是我告诉她一个有关中国哲人庄子的故事。她马上理解其中道理，感到安心不少。这个故事是这样的：

有一个姓石的木匠到齐国去，经过曲辕，看见一株作为社稷的大栎树。这个木匠对羡慕这株大栎树的弟子说："它是没用的散木。用它做船会沉，用它做棺材会很快腐烂，用它做器具会很快毁坏，可以说是一株不材的树木。正是因为没有一点用处，它才能这样长寿。"

木匠回家以后，夜里梦见栎树对他说："你将要用什么东西和我相比呢？你要把我比作有用的文木吗？那桃、梨、橘、柚等果实的树木，果实熟了就要遭受敲打，摘下，大枝被折断，小枝又被扭烂，这都是因为它们有用而苦了自己一生。所以不能享尽天赋的寿命，而中道夭折，这都是它们自己招来的打击。一切有用的东西没有不是这样子。我曾有好几次几乎被砍伐而死，因此很久前就请求达到无用处的地步，而现在才得到，这对我自己来说却正是大用。假如我有用还能生长得这么大吗？而且你和我都是物，为什么要互相利用呢？你是将要死的散人，又如何能够知道散木呢？"

木匠理解了他的梦，明白了完成一个人的命运，就是其最大的成就，而我们功利主义的观念却在面对潜意识心灵的需求时让步。如果我们以心理学的语言翻译这个暗喻，那么，栎树就象征个性化的过程给我们短视的自我一场教训。

庄子的故事中，社稷是人们拜祭土地神的地方。社稷的象征指出一个事实：为了使个性化的过程成为事实，我们必须有意识地向潜意识的能力投降，不该自以为是，而且也不应以为常理就是真理。我们必须聆听，以学习内在全体——"自己"——希望我们在某种特殊的情况下做事。

我们的态度必须和山松一样：当它生长受到石块的阻碍时，并不因此而发火或不去想办法克服这困难，而只是感到自己该多长向左边或右边，向斜坡或离开它；像那棵树一样，我们应该让步给这几乎是无法感知，但有强而有力支配权的冲动——这冲动来自对独特、有创造力的"自己完成"的刺激。在这过程中，我们必须三番两次地设法求得和找寻一些谁也不晓得的东西，而那些指导的线索或刺激，并非源自自我，而是心灵的全体——"自己"。

此外，对某个正在发展的人投以鬼鬼祟祟的眼光是无济于事的，因为我们每人都有个"自己完成"的独特职责。虽然许多人类的问题相似，但绝非相等，所有松树都非常相像，但没有一株是全然相同的，由于这些相同和相异的因素，要扼要说明个性化过程的无限变化，可是十分困难的。事实上，每个人都有些不同的事和只属于他个人的事要做。

（一）和潜意识的第一步接触

许多人年轻时期具有逐渐觉醒的心态，因而个体慢慢地开始了解世界和他自己。童年时代是情绪波动得最剧烈的阶段，小孩最初的梦经常以象征的形式以表示其心灵的基本结构，显示它以后如何塑造有关个体的命运。举例来说，我曾对一班学生说及一个 26 岁的少妇，因为经常被忧虑所缠绕而自杀。在她小时候，梦到自己躺在床上时，"严寒妖精"进入她的房间，捏住她的胃，醒来之后，发现自己被自己的手捏住。这个梦并没有吓倒她，只记得做过这种梦，但事实上，她对自己遇到严寒的化身——冻结的生命——并没有什么情感反应，不过这可是个凶兆。后来就是一只冰冷而无情的手结束了她的生命。从这一个梦可以推断那做梦者悲剧性的未来，因为这命运在她童年时代的心灵，就可预料出来。

有时并非由梦显示出，而是一些印象十分深刻而难以忘怀的实际事件，这就像预言一样，以象征的形式预料未来。人家都晓得，小孩经常忘记一些成人看来似乎印象深刻的事件，反而能清楚地记住谁也不太注意的偶发事件或故事。当我们调查这些童年时代的记忆时，往往发现它描述小孩心灵组织的基本问题。

当小孩到了上学年龄时，建立自我和适应外在世界的阶段就会开始。一般而言，这阶段当会带来不少痛苦的冲击，在那一时期，有些小孩开始感到与别人不一样，这种独特的感觉会带来某种感伤，那是许多小孩孤寂的部分原因。世界的不完美，以及个人内在和外在的邪恶，都会变成有意识的问题，小孩必须努力以紧迫的（但还不明白的）内在刺激和需求应付外在的世界。

如果意识的发展在其正常的展开中受到阻碍时，小孩往往会从外在和内在的困难中退隐至内在的"城堡"，而当这种情形发生时，他们的梦和潜意识材料的象征图形通常显示出一种不寻常的圆形、四边形，及"原子"的意念。这与先前提到的心灵中心有关，从这个人格的重要中心，生出整个意识构造的发展。自然地，当个体的心灵生活受到威吓时，中心的意象就以特别显著的形式出现。从这个重要的中心，自我意识的整个组织得到引导，很明显，自我成为一个副本，或是原始中心组织的相对物。

在早期阶段，有许多小孩渴望去找寻一些人生意义，可以帮助他们应付他们自己内在和外在的混乱。不过，有些小孩依然潜意识地被遗传的"物力论"和本能的原型模式所牵引。这些年轻人并不关心较深一层的人生意义，因为他们遭遇到的爱情、自然、运动和工作都已令他们感到满意，他们当然就会比较肤浅，往往顺潮流而活，与他们那些喜内省的朋友相比没有那么多摩擦和不安。如果我站在汽车或火车上，并不向外看，那就只有在停车、开车，和突然转弯时，才知道我在前进。

实际的个性化过程——意识与个人自己的内在中心或"自己"达成协议——一般而言，以人格受损和伴随的痛苦开始。这最初的震惊相当于一种"呼唤"，虽然它并非常常被视为这样。而反过来说，自我感到意愿或欲望受阻，而且通常把妨碍投射到一些外在的事物上，即自我责难上帝、经济情况、老板、婚姻伴侣，或任何要对阻碍他负责的东西。

或许每件事外表上都没什么问题，但骨子里，如果一个人为极端无聊和厌烦所苦，就会感到每件事似乎都百般无聊和空虚。许多神话和神仙故事借叙述一个患病或衰老的皇帝，象征地描述这个个性化过程最初的阶段。其他熟悉的故事模式包括一对王族夫妇无法生育，或是一只怪物偷走所有女人、小孩、马匹、国家的财富，或是一只魔鬼保护皇帝出征的军队和船只，或是邪恶迫近大地，井干涸，洪水、干旱，霜雪肆虐整个国家。因此，这似乎恰像"内在的朋友"起先像个捕猎者一样在他的陷阱中抓到无助而不断挣扎中的自我。

在一些神话中，我们发现可以治疗皇帝或其国家不幸的魔法或护身符，往往是些非常奇特的东西。在某个故事中，皇帝可能需要"一只白色的鸟"，或"一尾在鳃中有金戒指的鱼"恢复健康；在另一个故事中，国王希望得到"生命之水"或魔鬼头上的"三根金头发"，或"女人的金辫子"。不论是什么东西，能够驱魔避邪的，总是十分奇特，而且还很难找到。

这与个体生活中最初的危机一模一样，我们寻找一些不可能找到或一无所知的东西。这时，所有出自善意而理智的劝导全然无用——劝导我们负责、休假，不要太卖力工作（或卖力工作），多和人（或少和人）接触，或养成某种习惯。真是一点帮助也没有，充其量只有很少的帮助。看来只有一件事能发挥作用，那就是在没有偏见和纯然天真下，直接转向逼近的黑暗，竭力找出它的目的是什么？它又想从我们身上得到什么。

通常来讲，黑暗所隐藏的目的非常奇特、异常和出人意料，以致我们要通过梦和从潜意识涌出的幻想，才可能发现它是什么东西。如果我们在没有轻率假设或情绪上的抗拒下集中注意力而到潜意识上，就会冲进一条有帮助的象征意念之流中，但并非时常是这样。有时它首先令我们体验我们做错什么和意识的态度又有哪里不对之处。然后必须忍受所有这种不同种类的痛苦，才可以开始这个过程。

（二）"阴邪面"的具体化

不论潜意识起先是以有帮助，还是以消极的形式出现，经过一段时间后，通常需要借着潜意识的因素，以更好的方式去重新承认意识的态度，故要接受潜意识的"批评"。通过梦，我们会变得熟悉个人自己人格的层面，而为了诸多不同的理由，我们会不太予以理会。这就是所谓的"最好的实现"。

影子并非潜意识人格的全体，它代表着自然未知的，或只知道一点的属性和质料——有部分属于个人范围，可以被意识。但在某些方面来说，影子同时可以包含从个体的生活外在资源中产生的集体要素。

当个体企图了解他的影子时，他开始注意（经常愧于）那些他自己否认而别人却能清楚地看到的性格和冲动——诸如自我吹嘘、精神散漫和漫不经心；不实际的幻想、腹稿和计划；粗心和懦弱；过度贪爱金钱和占有物——简单地说来，他以前已知道所有这些小瑕疵，却安慰自己说："没关系，没人会注意的，反正别人也是这样的。"

当你的朋友因你犯错而指责你时，如果你感到气得不得了，而且控制不了的话，那你一定会发现你没有意识到的部分影子。当有人因为你影子的错而作"不好听"的批评时，你自然会不高兴，但如果你自己的梦——你个人的内在判断——责备你，你却还能说什么？那是你自我被逮到的时候，结果通常是尴尬的静默。之后，痛苦而长时间的自我教育开始，我们可以说，这项工作在心理上和海克勒斯工作相等。

也许你记得这位不幸的英雄的第一件差事就是要在一天之间把数十年来数以百计的牛的粪溺清扫干净——这项差事太过艰巨，以致一般人只要想到就沮丧不已。

影子不仅包含省略，还经常在冲动和不慎的行为中暴露出来，在人没来得及思考之前，邪恶的意见就会冒出来策划阴谋，造成错误的决定，因而他所面对的后果绝非他的原意。此外，影子暴露在集体感染的程度，远大于意识的人格。举例来说，当一个人独处时，他感到没什么，一旦"别人"隐秘地做事时，他就寻思自己有没有加入，是不是被认为傻瓜，因此他就会屈服于并非真正属于他的刺激。在与同性接触时，尤为明显。虽然我们看到在个人身上异性的影子，但往往不会因而生气，反而会很容易地原谅它。

因此，在神话和梦中，影子以做梦者相同性别的人物出现。以下的梦，便可作为例子。做梦者是个48岁的男人，他竭力想自食其力、努力工作，又律己甚严，而且压抑快乐和自发性，根本与其本性相违。

我在城里有幢房子，而且住在那里。但我还不清楚屋内的部分布局，因此到处走走。在地下室发现几个房间，除此之外，就一无所知，甚至地下室的门或地下街道也一样。当我看见几扇门没上锁，而且有些根本没有锁时，就感到很不安，而且隔壁有些工人在工作，他们都可以偷偷溜进来……。

再上到一楼时，经过一个后院，发现几扇通向街道和其他屋子的门，当我想仔细看这些门时，有个男人大笑着向我走来，并说我们是小学时的故友，当他告诉我他的生活时我也记起一些事，我紧随他向着门外走去，与他在街上漫步。

空气中有一种奇怪的明暗对比，当我们经过一条宽阔的圆形街道，来到一个草坪时，突然有三匹马从我们身边疾驰而过，它们是些美丽而强壮的动物，虽然看来狂野，但都被梳理得整洁，不过这三匹马却没有骑者。

奇怪的通道、房间，以及地下室未锁上的门，处处使人想起古埃及地下世界的描述，它一方面显示在潜意识的影子里面，而另一方面又显示超自然和相异的元素如何能闯入。可以说，那地下室是做梦者心灵的基层。在那奇怪建筑物的后园，却突然出现一个同窗故友。很明显，这个人把做梦者本人其他层面具体化——这是指他小孩时代的生活，不过他已忘记和失去了。一个人孩童时期的性格会突然消失，这是不足为怪的，而且我们也不清楚它们去了哪里，怎样去的。做梦者失去的性格回来了，而且想再交朋友。这意象大概代表做梦者忽视了享受生活，和他外向的影子里面的包容力。

但很快就知道做梦者在遇到这位似乎无害的老朋友之前为什么会"不安"了。而当他和他在街上漫步时，有几匹马逃脱，做梦者以为它们大概是从军中逃出来的。其实，那几匹没有骑者的马表示直觉的本能可以脱离意识的控制。由于这位老朋友、马匹，做梦者以前所有欠缺和极为需要的积极力量都重新出现。

当人遇到他自己的"另一面"时，这个问题会经常发生。影子往往包含意识所需要的价值，但这存在的形式，很难令我们把它们整合到生活当中。该梦中的通道和大屋同时表示做梦者还不知道自己的心灵状况，而且还不能充实它们。这个梦的影子是内向人的典型，在外向人的例子中，他比较偏向外在的对象和外在生活，因此影子是绝不一样的。

有个性情活泼的年轻人，他做事每次都一帆风顺，但同时，他的梦却坚持他应该放弃一件私人创造的工作，以下是他做的一个梦：

有个男人躺在卧榻上，把被子拉到自己的脸上，他是个无恶不作的法国人。一个官员陪我下楼，我知道有个攻击我的阴谋正在进行：那法国人会找机会杀死我，当我们接近门时，他真的偷偷地跟着我们，不过我已提高警觉，一个高大而肥胖的男人靠在我旁边的墙上，看来是生病了。

我赶快找准机会一刀刺向那官员的心房。"他只发现点湿气。"——这话好像一个注解。我现在安全了，因为发号施令的人死了，那法国人不会再攻击我（大概那官员和那肥胖的人是同一个人，后者无意中代替了前者）。

那亡命之徒代表做梦者的另一面——内向——这一面已达到完全穷困的境况。他躺在卧榻上，而且将被子遮住脸，因为他希望独处。另一方面，官员和那肥胖的人把做梦者成功的外在责任和活动具体化。肥胖的人突然生病，与做梦者生过几次病有关，因为他放纵自己的动力，而过猛地用在外在生活里。但这人的脉搏里没有血——只有种湿气——这意味着做梦者这些外在野心的活动并没有真实的生命和情感，却只是无血色的机械结构。因此如果那肥胖的男人被杀，也没有真正的损失。梦的结尾，那法国人感到很满意，很明显，他代表积极影子的意象，只因为做梦者的意识态度与他不一致，这种意象才变得消极而危险。

这个梦向我们表示，影子可以包含许多不同的元素——举例来说，潜意识的野心和内向。此外，该做梦者对那法国人的联想是，他们知道如何处理这类事件，因此那两个影子的意象代表两种众所周知的本能：力与性。力的本能暂时以双重形式出现，同时充当官员和成功的人。而那官员或公仆是具体化集体适应，反之，那成功的人表示野心，但两者都供给力的本能。当做梦者成功地阻止这内在力的危险时，那法国人突然不再怀有敌意，换句话说，同样危险的性本能面也被降服。

很明显，影子问题在所有政治冲突中扮演一个极重要的角色，如果做过这个梦的人不曾觉察这个有关影子的问题，就很容易把那个法国人当做"危险的"外在生命，或把那官员和成功的人当做"贪婪的人"。如果人们以别人为标准来观察他们自己潜意识的趋势，这就称之为"主观的客观化"，即投射作用。政治骚动都充满这种主观的客观化。各种主观的客观化会妨碍我们同胞的观点，破坏其客观性，因而也破坏一切人类关系的可能性。把我们的影子作主观的客观化还有个不利点，如果我们把我们的影子认为是危险的人或贪婪者，那我们的部分人格仍然会停留在对立面上，结果将不断地背着自己做出支持另一面的事，因此我们会在不知不觉间帮助了别人。反过来说，如果我们了解主观的客观化，而且在无忧无惧和不怀敌意之下讨论事情，并理智地和他人相处，就会有相互了解的机会——至少会休战。

影子到底是我们的朋友还是敌人，主要是由我们自己而定。正如梦中未探查的房屋和那法国亡命之徒，两者显示影子总是个反对者。其实，他完全与人类一模一样，我们和他相处时，有时要忍让，有时要抗拒，有时给予爱——要根据情况所需而定。只有当影子被忽略或被误解时，才会变得怀有敌意。

个体有时感到被强逼保存他个性较糟的一面，压抑较好的一面，在这种情况中，影子在梦里以积极的意象出现。但对于那些保存他自然的情绪和情感的人，影子也许以冷静而消极的知识分子姿态出现，这就代表了有害的判断，和曾予以阻止的消极思想，因此，不论采取什么形式，影子的作用都代表自我的对立面，而且把那些我们和别人不一样的个性具体化。如果利用洞察力，把影子整合在意识的人格里，这会容易得多。但不幸的是，这种企图往往并没产生作用，因为人的影子里多少含有一种热情的本能，连理智也无法胜过它。偶尔，外来的痛苦经验也许有帮助。换句话说，要出过丑之后，才会停止影子的本能和冲动。有时，英雄式的决定也许会止住它们，但只要内在的"伟大的人"（自己）帮助个体实行，这种超人力量却往往会有实现的可能。

事实上，影子包含压倒难以抵抗的冲动的力量，但这并不意味着本能应该被压抑。有时，影子很有力量，因为"自己"的刺激指向同一目标，但我们却并不知道它是"自己"或是内在压力后面的影子。在潜意识中，我们的处境就像月光照耀下的景色一样不幸，全部内容朦胧不清，而且和另一部分又混淆在一起，以致我们无法准确地知道有什么东西在那里，或某物在何时开始和结束。

当我称潜意识人格某一面为影子时，我实际是在说一种相当明确的因素，但有时，一些自我不知道的事，与影子混合在一起，甚至包括最有价值和最大的力量。如果影子意象包含有价值而生动的力量，它们应该同化在实际的经验中，而不该受到压抑。这要依自我放弃其骄傲、死板，以及保存某些似乎黑暗而定，但实际也许并非如此。这需要一种像英雄征服激情一样的牺牲。

当黑暗的意象在我们的梦中出现，似乎期望什么事的时候，我们无法肯定它们到底是我们影子部分的人格化，还是"自己"，或者同时是两者的人格化。要预测我们的黑暗伙伴究竟是象征一个我们应该克服的缺点，还是去象征一个我们应该接受的有意义的生活，这确实是我们在个性化的过程中遇到的最大困难。此外，梦象征通常又如此微妙和复杂，以致我们无法肯定它们的解释。在这种情况下，我们所能做的只是接受因怀疑道德引起的不安——不要下最后的决定或诺言，继续观察那些梦。这和"灰姑娘"的处境相仿，她继母丢了一大堆好坏掺杂的豆到她跟前，要她把它们分类。虽然看来很无助，但"灰姑娘"开始耐心地分豆，突然间，许多鸽子（或蚂蚁）来帮助她。这些生物象征有帮助，强烈的潜意识冲动，个体自己可感觉出来，而且可以指引我们一条出路。

虽然那就在我们心底某处，但一般而言，我们不知道该往何处去，该做什么。不过很多时候，我们称"我"为小丑，而且心神不宁，当然无法感受到内在的呼声了。

有时，所有企图了解潜意识的线索都会前功尽弃，在这么困难的情况下，我们只能鼓起勇气去做那些似乎正确的事，但如果潜意识的暗示突然指出另一个方向，就可以由此改变航道。

自我需要力量和内在的明晰性，以对由"伟大的人"秘密产生的指示作一决定。也许"自己"希望自我作一个自由选择，或者也许"自己"依靠人类的意识和其决定，以帮助他变得明了而清楚。当它成为如此困难的道德问题时，谁也无法确实地判断别人的行为。每个人要注意自己的问题，而且要竭尽其力决定对他本人是正常的事。

这些心理学的新发现使我们集体道德观有些改变，因为它们强迫我们应以一种更个人、更巧妙的方法来判断所有人类的行动。潜意识的发现，是当今一项影响最广的发现，不过说实在的，体认潜意识的实体，包含了诚实的自我反省，以及改变对什么事都无动于衷的生活态度。慎重地对待潜意识和因潜意识引起的问题，需要很大的勇气。许多人太过怠惰，以致连他们能意识的行为的道德面也不作深入思考：毫无疑问，他们也就更懒得去考虑潜意识怎样影响他们了。

十六　刚柔特质

　　困难和微妙的伦理问题并非一定是由影子本身的出现而带来的，通常会有其他的"内在意象"浮现。如果做梦者是个男人，他会发现他的潜意识有个女性人格，如果是个女做梦者，它就是个男性意象。这第二个象征人物往往随着影子之后出现，带来新而不同的问题。称男性的形式为阳性特质，女性的形式为阴性特质。

　　在男人心中，阴性特质是所有女性心理性向的化身，诸如暧昧的情感和情绪、预言性的征兆、对非理性的接纳、容忍私人的爱意、对自然的感情，以及与潜意识的关系。旧时的女祭司通常看得透神意，并且能与诸神接触，而这并非纯属偶然的事。

　　在爱斯基摩和其他北极圈部落的先知（僧人）中，可以发现阴性特质如何在男人心中被认作内在人物的最好例子。这些先知有些甚至穿着女人的衣服或在他们的衣服上画上乳房，以表示他们内在的女性层面——这层面可以令他们与"灵界"接触。

　　据说，有个年轻人被一名老僧人施法，埋在雪洞里，他掉进如梦的状态，而且感到虚脱。在昏睡中，他突然看见一个放射光芒的女人，她指引他所需要知道的事情，后来成为他的保护女神，以帮助他完成困难的工作。这种经验表示阴性特质是男人潜意识的人格化。

　　一般而言，男人阴性特质的性格是被他母亲塑造出来的。如果他感到他母亲对他有消极的影响，他的阴性特质便通常会以暴躁、意志消沉、犹疑不定、忧心忡忡和易怒的形式表达出来。在这种男人的阴性特质中，那消极的"母亲灵魂"会不停地重复这个主题："我一无是处，什么事都没有半点意义。虽然别人看法不一样，但至于我……我没什么好快乐的。"这些"阴性的情绪"会引起单调沉闷、害怕生病、阳痿或发生意外。整个生活呈现一片忧郁和压迫感。这种忧郁情绪甚至能诱惑人自寻短见，在这种例子中，阴性特质变成一个死魔。

法国称这种阴性特质意象为"女性命运"或德国的莱茵河女妖，也都是阴性特质危险层面的人格化，这形式象征有害的幻象。以下的西伯利亚故事显示这种有害阴性特质的行为。

有一天，一个寂寞的猎人看见一个美丽的妇人从森林另一面的河中浮出来。她向他挥手，而且歌唱道：

噢，来吧！在寂静黄昏中的孤独猎人。

我想念你，

我现在想拥抱你，

我家就在附近。

来吧，来吧，孤独的猎人，你现在处身于寂静的黄昏中。

他脱掉衣服游过去，但突然间，她变成一只猫头鹰飞走，向他嘲讽地大笑。当他想游回去找衣服穿时，却在冰冷的河中淹死。

在这故事中，阴性特质象征爱情、幸福、母爱的温馨（她的家）等不实际的梦——一个诱惑男人脱离现实的梦。那猎人淹死了，就是因为他追求不能实现的狂想。

此外，男人人格中消极的阴性特质所表达的，都是些坏心肠、有毒、柔弱的意见，使他们去贬低每件事的价值。这种意见往往扭曲真理，使之大打折扣，且具有破坏性。世界上有许多关于"恶毒心肠的少女"的故事或传说。她是个美丽的生物，但身上藏有武器或秘密毒药，当她和情郎第一晚相好时，就把他杀死。在这种伪装中，阴性特质就像某个不可思议的自然层面一样冷酷而鲁莽。

另一方面，如果男人对他母亲的经验是积极的，这将会以独特而不同的方式去影响他的阴性特质，其结果不是变得无丈夫气概，就是成为女人的掠夺品，因此不能应付艰苦的人生。这种阴性特质能使男人变得多愁善感，甚至会变得像老处女一样难以取悦，再不然就会像神仙故事中的公主一样敏感，可以在三十张床垫下感到有一颗豆的存在。在一些神话中，消极的阴性特质有更微妙的表示，形式大致是公主要求来向她求婚的人回答一连串谜语或找东西，如果他们猜不出谜底或找不出那些东西来，就一定会死——而她往往都是赢家。在这种情形下，阴性特质使男人涉及一种危险的智力游戏，我们可以在那些神经病患冒充有知识的对话——阻止人直接和生活及实际的决定接触中，看出所有自然而外向的感情。

阴性特质经常显示的形式是性爱的幻想。男人也许由看电影或脱衣舞表演，以及对春宫图片做白日梦，来安抚他们的幻想。这是阴性特质粗糙原始的一面，只有当人没有充分地培养他的感情关系——当他对生活的感情态度仍旧是幼稚时——它才变得有强制性。

所有这些阴性特质中，有我们曾在影子中观察过的同样性向：即它们能被主观客观化，而在男人看来，它们能变成某些独特女人的性格。可由于阴性特质的出现，导致男人在初次看到一个女人时就突然爱上她，而且立刻知道这就是"她"。在这种情形下，那男人好像感到自己无时无刻不认识这个女人，他如此无望地爱恋于她，以致使旁观者觉得他完全疯了。拥有"像神话般"的个性的女人特别吸引这灵魂的主观客观化，因为男人可以把任何事归因于一个如此魅惑迷人的生灵，可以围绕她编织幻想。

对阴性特质的消极面已说得够充分了，其实它有许多重要的积极面，举例来说，阴性特质在某一方面决定了男人是否有能力去找到合适的结婚对象。而另一个作用则是，无论什么时候，当男人的脑袋无法辨识隐藏在潜意识后的事实时，阴性特质都会帮他发掘出来。阴性特质在把人的思考和内在价值调和于同一事上，担任极其重要的角色，因而，打通进入堂奥的路径。就像一部内在"收音机"，逐渐转到特定的波段，而排除掉不相干的波段，只准许"伟大的人"的声音出现。在设立这种内在"收音机"接收时，阴性特质对内在世界和"自己"扮演着指导和调停的角色，那就是他如何在我先前描述的僧人施法的例子之中出现，这是但丁"天堂"的华翠的角色。

以下是一个45岁的精神治疗医生的梦，也许有助于弄清楚阴性特质如何能成为一个内在的指导的原因。当他晚上就寝前，倘若缺少礼拜堂的支持，就无法忍受孤独的生活。他发现自己忌妒那些得到组织保护的人。以下是他的梦：

在一座满是人的旧礼拜堂的走廊上，我坐在走廊的后面，这里似乎是特别座位，母亲和太太也跟我在一起。身为一个牧师，我举行弥撒，我手里有本大弥撒书，而非祷告书或诗歌集。我不熟悉这本书，所以也找不到正确的经文，我很紧张，因为弥撒快要开始了，但使我更烦恼的是，母亲和太太逐渐变成独立的实体，而且能以其实际的形式展开。

文学作品有许多例子表示阴性特质是内在世界的指导和调停者：如我的"她"，或歌德《浮士德》中的"永恒的女性"。在中世纪的神秘经文中，"阴性"的意念这样解释她自己的本性：

我是园中的花、谷中的百合；我是公平的爱、恐惧、知识和神圣希望的母亲……就是天然力的调停者，使一种和另一种一致，我使那些热的成为冷的，冷的成为热的；干的变成湿的，湿的变成干的；硬的我弄成软的……我是牧师的戒律，先知的语言，聪明人的顾问。我手握生死大权，谁也无法从我手中逃脱。

在西方可以玛利亚作代表，而在中国，女神"观音"可与她相比，还有一个更通俗的"阴性意象"，那就是"嫦娥"，她将诗歌和音乐的天赋给予她所喜爱的人。

只有痛下决心，决定以慎重的态度处理幻想和感情的问题，才不致阻滞内在个性化的过程，因为也唯有这样，男人才会发现这意象作为内在实体的意义——"内在的女人"传递"自己"的重要讯息。

（一）心灵中的阴性部分

在女人中潜意识的男性具体化——阳性特质——表现为善与恶两方面，这就像男人的阴性特质一样。不过阳性特质很少以性爱幻想或情绪的形式出现，反而大多以隐藏而"神圣的"确信形式出现。当这种确信以雄亮、强烈、男性化的声音说教时，或以兽性的情感强迫别人时，潜藏于女人中的男子气概很容易就被认知。不过，即使在外表上看来十分柔弱的女性，其阳性特质也可以成为同等棘手而无情的力量。有人也许会突然知道自己面对女人的顽固、冷酷和完全无法接近的个性时采用什么态度。

　　阳性特质最喜欢在这种女人的思想上无穷地去反复这个主题："在世上，我只希望得到爱——但他并不爱我。"或"在这种情况下有两种可能——但两种都是一样的糟。"我们很少能反驳阳性特质的意见因为它往往是正确无误的，不过它似乎很少适合个体的情况。它易于成为一个看似合理但又离谱或无关的意见。

　　就好像男人阴性特质的性格是被他母亲塑造的一样，阳性特质基本上是受到女性父亲的影响。父亲赋予女儿的阳性特质有其无可争论的"实际"确信的特殊色彩，这些确信决不包括女人自己的个人实体。

　　这就是阳性特质有时像阴性特质一样是死亡化身的原因。举例来说，在一个吉卜赛人的童话中，有个寂寞的女人收容了一个英俊的陌生男人，而毫不顾自己做的那个警告他是死亡之王的梦。他俩相处一段时间后，她强迫他告知确实的身份，起先他拒绝并告诉她如果他说出来，她就会死。不过，她还是坚持要知道，于是他突然透露他就是死亡的本身，那女人立刻就吓死了。

　　从神话的观点来看，那英俊的陌生人大概是个教徒的"父亲意象"或"神意象"，他在此以死亡之王出现。但从心理学观点来看，他代表阳性特质的特殊形式，以诱惑女人脱离所有人际关系，尤其脱离所有和真正男人的亲近。他使得那一团充满欲望和事情"该怎样办"的判断的似梦思想具体化，使那女人脱离实际生活。

　　消极的阳性特质不仅以死亡化身出现，而且在童话中，他还会扮演强盗和凶手的角色。蓝胡子就是个最好的例子，他偷偷地在密室内把他所有的妻子杀死，在这个故事中，阳性特质把所有一下子就入侵女人的潜意识、冷酷、有害的思想具体化，尤其是当她无法明了感情责任的时候。然后她才开始考虑到家庭的财产这类事情——一种计量的思考纲目，充满恶意和阴谋，令她进入一种甚至希望别人死亡的境况。"当我们其中一个死了，我会搬到里维耶拉。"一个女人看到风光明媚的地中海海岸后对丈夫说——照理来说，她这个念头并没什么实际的伤害。

　　如果养成这种秘密而有破坏性的态度，妻子会迫使丈夫、妈妈会迫使孩子生病、发生意外甚至死亡。甚至还会阻止孩子结婚——这种深藏不露的邪恶形式很少出现在母亲意识心灵的表面。

所有奇异、被动、麻痹的感情，以及深深的不安全感，几乎都会导致一种无效的意义，有时也许是潜意识阳性特质的意见的结果。在女人的无底深渊里，阳性特质会低语："你没有希望了。努力有什么用？怎么做也达不到目的的。生活决不会转好的。"

不幸地，每当这些潜意识具体化支配我们的思想时，就好像我们自己拥有这种思想和感情，自我与它们认同，而且无法脱身而出，了解它们到底是什么东西。人确定是被潜意识的意象所"支配"。当这种支配消失后，人才带着恐惧的心情了解到他所说和所做的事与他原来的思想和感情背道而驰。

（二）男人的阳性特质

像阴性特质一样，阳性特质并不是仅有诸如残忍、鲁莽、静默、顽固、无聊的谈话和邪恶观等消极的性质，也有其积极和有价值的一面——也可以透过他那有创造力的积极性，建设一道通达"自己"的桥。以下是个四十五岁妇人所做的梦，有助我们了解这点：

有两个戴了面罩的人爬上露台，然后走到屋子里。他们身穿有头罩的黑外套，看来是想折磨我和妹妹，妹妹藏在床底下，但他们用扫帚扫她出来，加以折磨，不久轮到我了。这两个人中的领袖把我推向墙，在我面前施了一些魔术手法。此时，他的助手在墙上描画，当我看到时，我说："噢！画得真好！"突然间，折磨我的人中有个艺术家抬起他高傲的头，骄傲地说："当然。"说完便开始擦眼镜。

做梦者很熟知这两个意象的虐待性变态症的层面，因为实际上，每当她想到自己爱的人有危险——甚至死亡时，就会因焦虑而痛苦不堪。但其实，那梦中的阳性特质意象有两层暗示，那两个强盗则代表了一种有双重效果的心理因素，可能与这些折磨的思想不同。做梦者的妹妹——想去躲避那两个人——被抓住折磨，接着该梦显示那两个戴上面罩的强盗是伪装的艺术家，如果那做梦者能辨识他们的才能

（是她自己的），他们会放弃对自己的邪恶的意图。

到底那个梦较深的意义是什么？在那涌上心头的忧虑背后，确实是个致命的危险，但同时对该做梦者也是一种有创造力的可能性。她像自己的妹妹一样，有些画家的天分。不过她怀疑画画对她是不是一种有意义的活动。现在她的梦以最热切的方法告诉她，她必须保存这天分，如果她服从，有害而苦痛的阳性特质会蜕变成一种有创造力和有意义的活动。

在许多童话中，都述及一个王子被魔法变成野兽或怪物，后来又被一个女孩的爱情救回的情节——一种象征阳性特质成为意识态度的过程。通常女英雄不被容许问及有关她神秘而未知的爱人或丈夫的问题，或是她只有在黑暗的地方和他会面，甚至她也没有看过他一眼。这意味着，通过盲目信任和爱恋，她一定可以救回她的情郎。但这永远不会成功。她总是毁约，因而要历尽千辛万苦，以及长时间的找寻，才能找回她的爱人。

女人要解决阳性特质的问题，必须要历经很长的时间饱尝辛酸痛苦，但如果她知道她的阳性特质是谁，而且它对她有什么作用，以及她在面对这些事实而不容许自己被支配时，她的阳性特质才可以变成一个无价的内在朋友。它赋予她男子气概的特质，包括进取心、勇气、客观性和超凡的智慧等。

阳性特质与阴性特质一样有四个发展阶段。他起先只不过以肉体力量的具体化出现的，诸如运动比赛、"健美先生"等，在接着的阶段中，他拥有进取心和计划行动的能力。在第三个阶段中，阳性特质变成"字"，通常以教授或牧师的姿态出现。在最后一个阶段当中，阳性特质具有化身的意义。在这个无上的境界中，他变成宗教经验的调停者，借此，生命得到新的意义。他赋予女人精神稳定、无形的内在支持，以补偿她外在的软柔。在他最发达的形式中，阳性特质有时与她的精神发展和心灵连接，甚至使她比男人都更能接纳创新的观念。所以较早期的女人在许多国家担任占卦者或预言者。她们的积极阳性特质的创造性勇敢，能刺激男人争取进取心的思考的观念。

女人心灵的"内在男人"所引起的夫妻问题，和上一节描述一样。

事实上，使事情复杂的是：阳性特质（或阴性特质）欲支配自己的伴侣，曾自动地激怒对方，令他（或她）也想支配对方。阴性特质和阳性特质总会产生不一致、暴躁的情绪化的气氛。

正如我前面所述，阳性特质的积极面可以具体化为进取的精神、勇气和信心，而在最高的形式中，可以达到精神的妙境。通过它，女人可以经历文化和客观处境的优先过程，而且可以替自己找到一个方法，以强化生命的精神态度。这当然预先假定她的阳性特质停止在批评之上的意见，而那女人必须找到勇气和内在的度量，以探究他个人确信的奉献。唯有这样，她才能考虑到潜意识的暗示，尤其当它们反对她阳性特质的意见时，也唯有这样"自己"的表示才能降临到她身上，她才能有意识地了解它们的意义。

十七　成功的象征物

　　一般人都认为心理学的方法，仅适用于中年人。说实话，许多中年人的心理也仍然不太成熟，因此也有必要扶助他们发展，度过消极而负面的阶段。他们还没有完成费珠所提到的个性化过程的第一部分。不过,年轻人在成长时,能够面对重要的问题,这也是毋庸置疑的事实。如果年轻人害怕生活，而且发现自己难以配合现实的步调时，说不定还像个小孩子一样躲进他的幻想世界里。在这种年轻人中（尤其是内向的），我们有时可以在他们的潜意识里发现想象不到的宝藏，如果把这些宝藏带到意识里去，不仅可以强固自我，还可以在成长阶段给予人们所需要的心灵力量。那就是我们的梦强而有力的象征的作用。

　　我以一个年约25岁的年轻工程师亨利作为例子，希望能借此表示分析是如何帮助个性化的过程。

　　亨利来自瑞士东部一个农庄。他父亲是个普通的医师，属于新教农人家系。亨利形容他是个道德标准很高的人，不过由于过于保守，所以很难与人相处。他比较像病人的父亲，而不像儿女的父亲。在家里，亨利的母亲是"一家之主"。"我们是靠母亲强而有力的手抚养成人的。"——他曾这样说过。母亲来自一个有学究派背景和对艺术有广泛兴趣的家庭。尽管她很严格，但她本人则有种广大的精神视域，此外，她很冲动，而且富有浪漫色彩，虽然她生而为天主教徒，但她的儿女是在他们父亲的新教教义熏陶下长大的。亨利有个姐姐，他和她的感情很好。

　　亨利内向、害羞、长得很高、头发稀薄、额头高、蓝眼、黑眼圈，也还算英俊。他并不认为是由于神经衰弱才来找我，而是由于内在的刺激，在心灵里发生了作用。不过，强烈的"母亲结"和害怕受到生活的束缚，隐藏在这刺激后面，但这些都是在和我一起做分析工作时才发现的。他刚刚毕业，在一家大工厂工作，他正面对许多年轻人在接近成人时所遇到的问题。"在我看来，"他在一封要求和我晤谈的信中说，"我生命中这个阶段特别重要和意味深长。我必须决定要在一个保护良好的防护中保留自己的潜意识，或是提起勇气，而后冒险地走上一条我寄予无限希望但仍旧不明的道路。"因此，他所面对的选择有二，一是仍然做一个孤独、游移不定、不切实际的青年；一是成为一个自足而有责任心的青年。

亨利告诉我，他喜欢阅读而不喜欢社交——他感到很不习惯团体生活，而且往往由于疑虑和自我批评而苦恼。他致力于美学知识的追求，经过早期的美学阶段后，他成为一个热切的新教徒，但后来他的宗教态度却变得完全中立。他选择了专门技术教育，因为他认为自己的天赋在数学和几何上。他拥有一个清晰而条理分明的头脑，而且也接受过自然科学的训练，可是他却有种倾向非理性和神秘的习性，连自己也不想承认。

在他的分析开始两年前，亨利和一个信天主教的女郎订婚。他形容她是个可爱、有教养、充满进取心的女孩。可是，他还不确定自己是否应该负起结婚的责任。因为很少与异性交往，认为最好等待，或保持王老五之身，以献身于学术界。他的疑虑实在太多太强，以致无法作决定，故在能肯定自己前，他需要向成熟迈开一大步。

他双亲的两种气质自然地融合在亨利的身上，不过很明显，他受到母亲的束缚。他的意识仍旧以一种压制的方式制止他的自我。他所有在纯理性间找寻坚定立足点的清晰思考和努力，都是枉费心力，徒然是种知性的练习。

要逃避这个"母亲监牢"的需要，表现在他对真实母亲的敌意反应，以及把他"内在的母亲"当做潜意识阴性面排拒。但有种内在能力驱使他恢复孩童的心境，反抗外在世界每样吸引他的东西。即使他未婚妻的吸引力，也不能足以摆脱他的"母亲结"，更不用说帮助他找到自己了。他没警觉到，他对成长的内在冲动（他强烈地感到）包括从他母亲那里挣脱出来的需求。

我和亨利的分析工作历时九个月才结束。总共会晤了三十五次，并提出了五十个梦。像这么简短的分析实在也很少见，不过很有可能，只要有像亨利那种能加速发展过程而充满能量的梦即可。当然，从我的观点来看，根本没有去规定说明一个成功的分析需要多少时间。一切都要看个体认知内在事实的准备和敏锐的程度，以及他潜意识中呈现的质料而定。

像大部分内向的人一样，亨利的外在生活是单调乏味的。白天，他整个人埋首于工作中，到晚上，有时和未婚妻或一些喜欢和他大谈学问的朋友外出，不过他通常都躲在家里啃书或左思右想。虽然我们例行地讨论过他每天生活所发生的事，也谈过他的童年和青年生活，但我们往往会很快地转而去研究他的梦，以及他内在生活所呈现给他的问题。了解到他的梦如何强烈地强调他对精神发展的"呼唤"实在令人感到惊奇而意外。

但我必须澄清一点，这里描述的每一件事并非都是亨利说的。在分析当中，我们必须经常意识到做梦者的象征，如何对他起引发作用。分析者不得不小心和含蓄。如果对象征的梦语言太过揠苗助长，做梦者会可能被逼得焦虑不安，从而导致以防御反应来强辩。或者他再不能同化它们，而且会掉进一个严重的心灵危机里。此外，那些在这里提出和评论的梦，绝不是亨利所有的梦。我只能讨论两三个重要而且对他有影响的梦。

在我们工作的开始阶段，带有重要象征意义的童年回忆出现。最旧的记忆可以回溯至他4岁的时候。亨利说："有天早上，我和妈妈到面包店，在店内，老板娘给我一个半月形蛋卷，我并没有吃，只是骄傲地拿在手里。当时只有妈妈和老板娘在场，因此我是唯一的男性。"这种半月形蛋卷一般人称之为"月齿"。这对月亮的象征隐喻强调阴性的支配力量——这种力量令那小男孩感到自己太显眼，身为"唯一的男性"，他因有能力面对情况而感到骄傲。

另一个童年记忆是在他五岁的时候，这与他姐姐有关，有一天她在学校考完试回家，看见他在建一座玩具谷仓。那谷仓是用积木排成，正方形，四周用篱笆围住，就像城堡的城墙垛口。亨利对自己的杰作扬扬得意，而且嘲笑地对他姐姐说："你才刚开学，就好像在放假一样。"她却回答说，他整年都在放假，这使他异常不舒服。难过到极点，以致他对自己的"杰作"也没有再放心上。即使几年后，亨利仍没忘怀那伤心往事，也没忘记当他的杰作被拒绝时的不公平。后来与说明自己是男性，以及和理性与幻想价值间的冲突有关的问题，都可从他早期的经验看出来，而这些问题也可以在他第一个梦的意象中所了解。

（一）最初的梦

亨利第一次来看我后的第二天说出以下的梦：

我和一群不认识的人去旅行，我们从史马丹出发，打算去爬红角山。因为要扎营和演戏，所以只走了大概一个小时。我在戏中并没有担任什么角色。但我特别记得一个演员———一个年轻女人，她扮演悲剧角色，并身穿长袍。

那时是白天，我想去峡谷那里，而其他人喜欢留下，我只好独自前往，把装备留在后头。后来，我发现自己在山谷那里，完全迷失了方向。我希望回到原处，但我不清楚到底应该爬哪个山。我迟疑不决，想找人问问，最后有个老妇人告诉了我方向。

然后我从一个有别于我们今早的出发点爬上去。我只要转向右面的高处，然后沿着山坡，就可以回去。我在右面沿着木齿铁轮的山中轨道爬行。在左手边的车辆不断驶经我身旁，每辆车都藏有一个身穿蓝大衣的小人。听人说他们已经死了。我害怕后方来车，并不断回过头来看，以免被撞到，我的忧虑自不在话下。当我转向右方时，有些人在那里等我。他们带我去客栈。突然间倾盆大雨降下，我后悔没有把装备——背囊、机车带在身边，不过大家叫我明天再去拿。我接受了这个意见。

第一个梦经常呈现出一些"集体意象"，它们以整体的姿态出现，提供远景和未来展望，并且给予诊治者洞察做梦者心灵的冲突。

到底上述的梦对亨利的未来发展提供什么消息？我们必须查验一下亨利提供的联想。

史马丹村曾是十七世纪有名的瑞士自由斗士积纳殊的家乡。"演戏"使亨利想起歌德的《少年维特的烦恼》，他最喜这幕剧。至于那个女人，他在十九世纪瑞士艺术家阿诺·布京所画的《死亡之岛》上，看过类似的人物。一方面，他在分析者前称之为"聪明的老女人"，另一方面，他又联想到柏斯礼的话剧《他们来到城市》中的打杂女佣人。木齿铁轮轨道使他想起自己孩提时堆砌的谷仓。

该梦所描述的"旅行"与亨利决定接受分析这件事有着显著的共同点。通常而言，发现无名的旅行往往是象征个性化的过程。这种旅行发生在约翰·拜扬的《天路历程》或但丁《神曲》上。在但丁的诗中，那个"旅行者"为寻找出路，来到一座他决定爬的山，但因为有三种奇怪的动物，他终被逼下山谷，甚至下到地狱（最后他再次升华到灵魂净化境界，终于抵达天堂）。从这种类似中，我们可以推论出，亨利说不定有同样迷失方向和孤独寻找的阶段。他生命旅程的第一部分以爬山作代表，企图从潜意识提升到一个自我的崇高观点——即提升到一种增强的意识。

史马丹是旅行出发点的名字，这是积纳殊为了从法国人手上解放瑞士的维力管区而发动战争的地方。积纳殊和亨利有些共同的特征：像亨利一样，他也是一个新教徒，爱上了一个信奉天主教的女郎，此外亨利的分析是要从母亲结和恐惧生活中解放出来，而积纳殊也是为了解放而战。我们可以解释这是亨利为自由而战获得成功的好预兆。旅行的目的地是红角山，他并不知道此山在瑞士西部。"红"这个字触动亨利的感情问题，红色通常是感情或激情的象征，但这对亨利而言是发展不良的，而"角"令人想起他孩提时代面包店内的半月形蛋糕。

走了一小段路之后，大家就停下来，亨利可以借此回复被动状态，这也是属于他的本性。不过其重点着重在"演戏"上。去看戏是种逃避戏剧人生的一般方法。观众可以融入每个角色中，还可以继续神游太空。当他联想起《少年维特的烦恼》（歌德的小说，叙述一个年轻人成熟的过程）的记忆时，这种过程也许可以令亨利内在的经验发展。

亨利被那女人罗曼蒂的外形所打动，也实在不足为奇，这意象类似他母亲，同时象征他个人潜意识的阴性面。亨利把她和布京的《死亡之岛》连在一起，实在把他那忧郁的情绪表露无遗，这幅画好像有个身穿白袍的僧人，驾着载有一个棺材的小艇驶向荒岛。我们有个意味深长的双重矛盾：船的龙骨似乎暗示一个反方向——离开该岛，而那"僧人"的性别却无法确定。在亨利的联想中，这人物绝对是雌雄同体的，这双重矛盾与亨利的"爱憎"正反感情一致：他灵魂中的对立仍然很相似——无显著特征——以致无法明显的区分。

经过这段插曲后，亨利突然警觉到那时是中午，他必须继续走下去。因此他再走到狭路那里。山中狭路是改变"环境"的象征，这是众所周知的事，这使得老旧的心灵态度通向一个崭新的态度。亨利必须独自前往，他的自我要在没有帮助下克服试验是非常重要的。因此他把背囊等装备留在后面——这举动意味着他的精神装备变成一个累赘，所以必须改变正常的方式以着手处理事务。

但他没有抵达那狭路，他迷失了方向，发现自己回到山谷那里。这次失败表示：当亨利的自我决定积极活动时，他的心灵本质尚停留于以往被动的状态中，拒绝陪随自我。

亨利虽然处身于无助的环境中，不过他却羞于承认。就在此时，他遇到了一个老妇人，她把正确的路告诉他。除了接受她的意见外，他无计可施。那给予帮助的"老妇人"在神话和童话中便是众所周知的永恒女性智慧的象征。而理性主义者亨利迟疑接受她，因为这接受需要"牺牲智慧"——一种抛弃成见的牺牲，这种牺牲在日常生活中是不可避免的。

他把"老妇人"这意象联想为蒲力斯特里有关新"梦想"城的戏剧中打杂的女佣人，在这戏剧中，每个角色要经过一种启蒙才可登台。这联想似乎表示亨利曾本能地认知这面对面是一些他要决定的事情。在蒲戏剧中的打杂女佣说，在那个城市里，"他们答应给我一个属于我自己的空间。"她会变得既自恃又独立，一如亨利所寻求的。

如果像亨利这种有学术头脑的年轻人要有意识地选择心灵发展之途，他必须准备舍去他的旧态度。因此，通过那妇人的劝告，他必须爬到另一个不同的地方，也唯有这样，才有可能使他判断出必须脱离什么状况才能和团体联络——他心灵的另一些特质——那是他所欠缺的。

他爬木齿铁轮轨道，而且一直在右边爬——这是在意识那面。在左边，有些小汽车驶下来，每辆车上都藏有一个小人，亨利害怕上行车没有注意到他，会从后面撞来。他的担忧透露亨利害怕潜伏在自我后面的东西。

那膨胀，身穿蓝衣服的人说不定还是象征那些被机械贬抑的呆板智力思考。蓝色通常表示思考的作用，因此那些人或许是象征在空气太过稀薄的智力顶峰死去的观念或态度，他们同时也代表着亨利心灵无生命的内在部分。

该梦对于这些人做了个评论："有人说他们死了。"但亨利并不这样认为。这句话是谁说的？那是一种声音——在梦中听到声音，是一种最有意义的事情。我认为梦中声音的出现和"自己"的介入是一样的。它代表一种在心灵集体原理中根源性的知识。而声音所说的东西是无可争论的。

亨利洞察有关"死亡"的定律是该梦的转护照。他终于因为走上新方向——向右（意识的方向）往意识和外在世界走去——而抵达正确的地方。在那里，他发现那些留在后头的人正在等他，因此他可以逐渐意识到自己人格先前不知道的层面。由于他的自我能独自克服那些危险（可以令他更成熟和更稳定的成就），因此他能重新加入那团体或"集体"，得到庇荫和食物。

然后是一场雨，这场大雨松弛紧张，令大地肥沃。在神话中，雨通常被认为是天和地之间的"爱的联结"。可当做诸神的神圣婚姻来理解。雨的字面意义可说是"溶解"。

下来后，亨利再次遇到象征集体价值的登山背囊和机车。他已经过一段加强自我意识的时期，也证明他能把握自己，现在他对于社会交际有种崭新的需求。不过，他接受朋友的劝告，在那等候，到明天早上才把他的东西拿回来。因而他第二次顺从来自其他方面的劝告，第一次是顺从那老妇人，顺从一种主观的力量，一种原型意象，第二次便是顺从一个集体的模式。经过了这一步，亨利已通过一块里程碑，开始迈向成熟的大道。

如果亨利希望通过分析来预知内在发展，则这个梦可以说是特别有希望。那些令亨利灵魂陷入紧张状态的冲突对立明显地被象征出来。一方面，是他的意识被强迫上升，另一方面他却倾向被动的思考。同样，那个身穿白袍，令人感动的少妇意象（代表亨利敏感和罗曼蒂克的感情），和那些穿蓝衣膨胀的尸体（代表他呆板的智力世界）也大大不同。不过，唯有经历最严格的考验，亨利才有可能克服这些困难，并且令两者间产生平衡。

（二）对潜意识的恐惧

在亨利第一个梦中所遇到的问题，暴露出许多其他方面的事情，比如在男性的主动和女性的被动之间游移不定的问题，或是倾向隐藏在智力后面的禁欲主义。他害怕这个世界，但又被它所吸引。从根本上，他是害怕婚姻的责任，而这就要求他与一个女人形成一种责任的关系。对某些将要成为成年的人来说，这种正反感情并存是很普通的。虽然亨利的年纪已不小，但内在成熟并不配合他的年龄。这个问题在内向的人身上最容易看到，因为他害怕实体和外在生活。

亨利所重述的第四个梦，对他的心理境况也有很好的说明：

我总觉得做过这梦无数次。在军中服役时的长途赛跑中，我独自一人在路上，从来没抵达过终点。我会是最后一名吗？我对整个路程都了如指掌，出发点是个小树林，地上覆满了枯干的树叶，那一带的斜坡徐徐地延伸至一条如诗如画的小河，令人流连忘返。而更后的地方，有条尘埃满布的乡间马路，它通向靠近苏黎克湖上游的小村庄漠巴提安。在那里有一条两岸都是杨柳的小河，与布京的一幅画——画中有个如梦的女性人物与水而行——相似。天色已晚，我在村间问路，有人告诉我，要走七个小时，经过狭路，才可以抵达那条马路。我振作起精神，再继续赶路。

不过，这个梦的结果不一样，在那两旁都是杨柳的小河后面，我走进树林，发现一只正在逃跑的母鹿。看到这个景象，我感到十分得意。那只母鹿在左边出现，我现在转到右边。在这里我看到三只怪物：一只半猪、一只半狗、一只腿的袋鼠。它们的脸部皆无显著特征，只有双垂下的狗耳朵。也许它们是办戏装的人。在我儿时，有次在马戏团穿戏服扮演驴子。

很明显，梦的一开始就像亨利的第一个梦。一个如梦的女性意象再次出现，而梦的背景被联想到一幅由布京画的画——"秋天的沉思"，而梦中较前部分提到的干叶则强调秋天般的心境。这个梦也出现罗曼蒂克的气氛。很显然，这幅他相当熟悉的内在风景画代表亨利的忧郁。他再次在一群人当中，但这次是和军中同僚作长途赛跑。

这整个情势可视作普通人命运的说明。亨利自己说："它是生活的象征。"但做梦者并不想适应它。他继续独自前进。他的思想"我从没抵达过终点"——表示强烈的劣等感觉，而且相信自己也无法赢得"长途赛第一"。

他跑向汉巴提安，这个地名令他想起脱离家庭的秘密计划。但因为这种脱离并没有发生，他开始失去方向感，而必须问路。

做梦者的精神意识态度，多少得到梦的补偿。亨利意识理想的罗曼蒂克、处女般的意象是如此奇怪，亨利的直觉世界被一些女性象征化。那树林是潜意识范围的象征，是个黑暗的只有动物楼居的地方。起先冒出一只母鹿——害羞、脆弱、女人天真气质的象征——不过只是昙花一现，然后亨利看见三只外表奇怪、令人厌恶的混合动物，它们似乎是代表无区别的本能——一种他本能的混乱部分，包括稍后发展的原料。它们最显著的特征便是完全没有面孔，因此没有任何意识的闪现。

在人的心目中，猪很容易让人联想到肮脏的性欲。狗也许是代表忠诚，但也代表杂交，因为它表示随意选择伴侣。不过，袋鼠则往往象征母性，及温和与携带的才能。

所有这些动物只呈现基本的特征，在炼金术中，"基本的质料"往往以这种怪物似的、无根据的生物作代表——混合的动物形式。以心理学的术语来说，它们大概象征原始的总体潜意识，然后通过这些潜意识，可以产生个体自我，而且可以向着成熟逐步发展。

就亨利企图令它们看来无害这件事而言，可以证明确实他害怕那些怪物。他要自己相信它们只是些化过装，穿戏服的人，就像他本人在孩提时代的化装会一样。他的忧虑是很自然的。当一个人在他内心的"自己"发现这种非人类的怪物原来只是他潜意识中某种特定的象征时，谁都会有许多害怕的理由。

以下的梦也显示了亨利害怕潜意识的深奥：

我在艘航行中的船上当侍者，虽然海上风平浪静，但却风帆大张。我的工作是握紧一条系在桅杆上的绳索。很奇怪，栏杆是用一道石板裱的墙，这整个建筑物完全在水和帆船的边缘。我背对水面握紧那条绳索（并不是桅杆）。

在这个梦中，亨利处在心理边境的情况中。那栏杆是堵保护他却阻碍他视线的墙。被禁止看到水面（他说不定在水面发现一些未知的力量），所有这些意象显示他既疑心重又满怀惧意。

那些害怕与自己的内在奥秘沟通的人（就像亨利一样），就好像他本身的女性元素害怕他是个真的女人一般。在某个时期，他被她迷住，但在另一个时期，他又竭力想要逃避她，在既迷惑又恐惧的情形下，他必须逃走，以免成为她的"牺牲品"。他并不敢带着动物似的性欲，去接近心爱的伴侣，因此，只好理想化。

由于他这种典型的母亲结的原因，亨利很难把感情和性欲给同一个女人。他那些梦一次再一次地证明他很想从这个困境中挣脱出来。在某个梦中，他是个"有秘密任务的僧侣"，而在另一个梦中，他的本能诱使他去妓院：

我和一个喜欢寻花问柳的军中同僚在一起，发现自己在一个无名城市的某条黑暗街道的一幢房子前等候，入口只准女人通过，因此，在大堂里，我的朋友戴上嘉年华会用的女人面具上得楼去，我大概也是照着他的方法去做的，但我记得不大清楚。

这个梦所提出的东西可能会满足亨利的好奇心——但这只是种欺骗，男人没勇气进去的地方显然就是妓院，但如果他放弃他的男子气概，说不定能洞察这严禁的世界——被他意识心灵所禁制。不过，该梦并没有告诉我们他是否决定进去。亨利仍没克服他的禁止。

上述的梦在我看来似乎透露亨利有同性恋的倾向，他好像感到女性的"面具"会令他引起男人的注意。以下的梦就可以支持这个假设：

我发现自己回到五六岁的时候，我那时的玩伴告诉我，他如何和那个公司董事搞猥亵的事。我的朋友把右手放在那个男人的阳具之上，以令阳具保持温暖，同时也温暖他自己的手。那董事是我父亲的挚友，我颇崇敬他广泛而变化多端的兴趣，但我们笑他是个"青春不老的人"。

在那个年龄段的小孩，同性恋游戏是相当普通的，亨利的梦仍旧出现这种事情暗示这负有一些罪恶的感情，因而强烈地压抑。这种感情和他深深地害怕与女人形成永久的结联系在一起。另一个梦和此梦的联想，证明这个冲突：

我去参加一对不明夫妇的婚礼。在某一个早上，那一小部分婚礼上的人从婚宴回来——新婚夫妇、男傧相、女傧相。他们进入一个大庭院，而我就在等他们。看来那对新婚夫妇和男女傧相已发生过争吵，他们最后找到了一个方法解决，就是两男和两女分别离开。

亨利解释说："你看，那里就像吉罗都描述的两性战争。"然后又补充说："我记得这个梦中庭院是在巴伐利亚的皇宫，这地方由于最近作为穷人的临时收容所，因此其外观被破坏。当我目睹我同僚的婚礼时，我自问不知他婚姻会不会长久，因为我觉得他的新娘并不怎样顺眼。"

渴求回归被动和内向中，害怕婚姻不成功，梦中两性的分开——所有这些都是隐藏于亨利意识中秘密疑虑的明显征候。

（三）圣人和娼妓

亨利的心灵状况，在以下的梦中有其最深刻的描述，这揭示他害怕基本的性欲，以及渴求逃避一种苦行生活。在这梦中，我们可以了解他采取的发展方向。由于这缘故，我会详细说明这个梦。

我发现自己在一条狭窄的山路上。左边（往下）是一个无底深渊，而右边则是一道石墙。沿途的几个山洞、隐藏处，作为孤独流浪者躲风避雨的地方。在其中一个洞穴里，有个妓女躲藏着。奇怪的是，我从后面石边看到她，她的身体没有形状，而且像海绵似的。我好奇地看着她，然后摸摸她的屁股。突然间，我似乎感到她不女人，而是个男妓。

这同一个生物转身后，变成一个圣人，肩上披了件深红色短外套。他迈开大步走在路上，进入一个较大的山洞，里面有些粗制的椅子和板凳。他带着高傲的眼神把在场的所有人，包括我都赶走。然后和他的门徒搬进去奠定他们的基础。

根据个人联想，亨利认为那个妓女就是"维勒福的维纳斯"，这是个丰满的小雕像（旧石器时代），大概是自然或多产女神。然后他补充说：

"当我去瓦里斯（法属瑞士的一州）参观旧日塞尔特族的坟墓和出土文物时，我第一次听说摸屁股是一种多产的祭仪。有人告诉我那里以前有个砖面的平滑斜坡，上面涂有各种不同的物质。不孕的女人都光着屁股滑下这个斜坡，以治疗她们的不孕症。"

至于那"圣人"的外套，亨利的联想是这样的："我未婚妻有件形状相同的短上衣，不过却是白色的。在我做此梦的前一个晚上，我们去跳舞时，她就是穿这件白短上衣。另一个女郎——她的朋友——和我们在一起。她穿着深红色的短上衣，我比较喜欢她那一件。"

如果梦不是如弗洛伊德所谓的"实现希望"，而是像杨格所假设的，梦是潜意识的自我表白，那么我们必须承认亨利的心灵状况，在"圣人"这个梦中有最好的说明。

亨利是那条狭窄小道的"孤独流浪者"，但他正从荒凉的顶峰下来。在左面，即潜意识面，他的路与那可怕的无底深渊邻接。在右边，即意识面，这条路则被他意识观点坚硬的石墙堵住。不过，那些山洞是在遇上坏天气时可躲避的地方——也就是说，当外在的紧张状态变得太过险恶时，这里就是避难所。

那些洞穴是人类有目的的努力结果：开凿岩石，这就像发生在我们意识内的鸿沟，我们集中力量到达顶点和被打断时，幻想的原料就能没有限制地渗透出来。而且在这些时候，有些意想不到的东西会显示它们自己，同时容许对心灵的背景作更深入的洞察——隐约看见我们的想象自由地发挥潜意识领域。此外，石洞也许是大地之母子宫的象征，在这些神秘的洞穴中，也许会发生转变和再生。

因此，该梦代表亨利的内向撤退——当他感到这个世界愈来愈艰难——到一个他意识里的"洞穴"中，在这里，他可以向主观的幻想屈从。这就解释并同时说明为什么他会看见那个女人的意象——一个他心灵的某些内在女性特色的翻版。她是个无形状、像海绵、半隐藏的妓女，代表着某个女人——在意识生活里亨利从来没接近过她——她是他潜意识里压抑的意象。她总是严格地禁止他。尽管那妓女对他有股神秘的魅力——就像对每个有母亲结的儿子一样。

想禁止和女人只有纯动物般的性爱关系——不谈任何感情——往往是这种年轻人的一般观念。在这种联结中，他可以令他的感情分裂，因此在终极意义中能对他母亲保留"真实"。因此，不管是什么事，那母亲为了对抗其他女人所设的禁忌，于是在儿子的心灵上仍旧保持其不屈服的效力。

看来完全退隐到他幻想洞穴中的亨利，并不敢当面看她的脸，但只能从背后看那个妓女，从后面也就是指她最低限度的人性面——她的屁股（即是会刺激男性性活动的身体部分）。由于摸那妓女的屁股，亨利潜意识地执行一种多产的祭祀，这与许多未开化的部落实行的祭祀相似。

那观念马上意识到，这意象根本不是女人，而是男妓，因此那意象就变成了雌雄同体，就像许多神话的意象。我们经常可以在个体思春期看到他对自己的性别也不放心，因此，青少年间的同性恋是不足为奇的，而亨利当然也不例外。

但压抑（和性的不确定）也许会导致有关那妓女性别的混乱。那同时引诱和拒绝做梦者的女性意象被改变——起先变成男人，然后是圣人。第二个改变从意象中排除每种与性有关的东西，意含逃离实际的性，而唯一的方法便是建立在苦行和神圣生活，否认肉体生活。这种巨大的转变在梦中是很普遍的：有些事转成对立（就像妓女成为圣人），好像要证明通过变化，甚至最极端的对立也能互相改变。

亨利也在那圣人的外套上理解了某些意义。外套往往象征个体在世界露面时的保护罩或面具，它有两个目的：第一，令别人留下特别的印象；第二，从别人刺探的眼神中隐藏个体内在的"自己"。亨利的梦给予那圣人的"角色"，告诉我们一些他对未婚妻和她朋友的态度。那圣人外套的颜色，和那朋友短上衣的颜色一样，是亨利比较喜欢的颜色，而外形则与他未婚妻的外套一样。这意味亨利潜意识地希望把圣人的特质加在那两个女人身上，以保护他自己对抗她们女性的魅力。同时，那外套是红色的（以前已提过），从传统上来说，红色象征感情和激情。

因此它给予圣人意象一种"更为色情但神圣的力量"——这种特质经常能在那些压抑自己的性欲，以及独自竭力依赖自己的"精神"或理由的人身上发现。

不过对年轻人来说，这种逃避肉欲世界是不自然的。在生命的前半部分，我们应该学习接受性方面的事：保存和延续我们的香火也是十分重要的。这个梦似乎会提醒亨利这点。

当那圣人离开洞穴，走下大路（从高处下到山谷）时，他进入第二个洞穴时，发现里面有粗制的板凳和椅子，这令人想到早期基督徒崇拜和逃避迫害的地方。这个洞穴看似是个治愈和神圣的地方——这是个沉思，是个从尘世到天堂、肉欲到精神的神秘蜕变的地方。

亨利不被允许跟随那圣人，和那些在场的人（即他潜意识的实体）一样被赶出洞穴外，他和所有那些不是圣人的追随者都必须在外在世界生活。这似乎告诉亨利在必须完成外在生活之后，才能令自己埋首于宗教或精神的领域。

（四）分析的演变

由于最初的怀疑和抵抗，亨利开始对自己心灵内在事件产生兴趣。他显然被他那些梦打动。它们似乎正以有意义的方式补偿他意识的生活，使他在正反感情并存、游移不定以及在喜欢被动等事上有明确而难得的洞察力。

经过一段时间以后，亨利做了更多积极的梦，显示他已逐渐"上道"。在开始接受分析后的两个月，他说出这个梦：

在离我家不远的码头上——隔邻是湖岸——有人把上次大战沉没的火车头和火车厢吊上来，首先弄上来的是一个像火车头蒸汽炉的大圆筒，然后是节巨大、生锈的火车厢。整个梦呈现出一种可怕但还有点罗曼蒂克气氛的景象。被发现的东西用轨道和电缆送到附近的火车站。然后湖底变成一片绿色的草地。

在这个梦中，我们可以看到亨利其显著的内在进步。火车头（大概象征力量和动力）曾"沉没"，即是压抑在潜意识里，但现在在大白天出现。和它们一起出现的是车厢，里面有许多种可以转运的珍贵货物（心灵的特质）。

现在这些"对象"再次成为亨利意识生命中有效的东西，他开始了解到自己可以自由发挥多少主动的力量，黑暗的湖底变成一片草地，是强调他对积极行动的可能性。

有时，亨利在通往成熟的"孤独旅程中"，也从女性方面获得了帮助，在他的第二十四个梦中，遇到了一个"驼背的女孩"。

我和一个素不相识的少女一起上学，她瘦瘦小小的，但长得很漂亮，可惜由于驼背而破坏了她的外貌。许多人也进入了教室，但后来却被分散到不同的教室里上音乐课，我和那女孩坐在一张小正方形桌子前，她私下教我唱歌，我对她有种怜悯的冲动，于是吻了她的嘴。不过，我意识到这举动对未婚妻不忠——即使也许值得原谅。

唱歌是最直接表达情感的方法，可是，亨利害怕自己的感情，他只是以理想化的青春期形式来了解。不过，在这个梦中，有人在一张正方形桌子前教他唱歌（表达感情）。这张四角相等的桌子代表着"四重"的意念，通常是完美的象征。因此，唱歌和正方形桌子之间的关系，似乎指出亨利必须在能完成心灵的整体前整合他的感情。其实，唱歌打动了他的感情，因此他吻了那女孩的嘴。所以从某种意义来说，他已"娶了"她（否则他不会感到"不忠"），他已学会和"内在的女人"打交道。

另一个梦证明这个驼背的小女孩，在亨利的内在发展中扮演着很重要的角色。我在所不知名的男子学校里，上课时，我私下强使自己逃课，不知道为了什么，躲在房间一个正方形的柜子后面，向着走廊的门半掩，我害怕被人发现，有一个成年人走过，但没有看到我，但一个驼背的小女孩走进来，一眼就看见了我，并把我从隐藏的地方拉出来。

　　不仅是同一个女孩出现在两个梦中，而且发生的地方也一样。在每个情境中，亨利必须要学习一些帮助他发展的东西。看起来，当他保持在没人注意和被动时，他很喜欢以知识来满足自己的欲望。

　　这种残疾小女孩的意象出现在许多神话故事中。在这些故事中，驼背的丑人通常都隐藏着很大的美（内在美），当"合适的男人"用魔咒，往往是一个吻解救那女孩时，隐藏的美就会揭露出来。在亨利的梦中，那女孩大概是其灵魂的象征，它要从令它丑陋的"符咒"中解放出来。

　　当那驼背的女孩竭力用歌曲，以及把他从黑暗的隐藏处拉出来这两种方法提醒亨利的感情时，她表明自己是个有帮助的引导。而且在某种意义上，亨利可以和必须暂时属于他未婚妻和那驼背的小女孩（第一个代表实际、外在的女人，第二个是内在心灵生命的具体化）。

（五）神论的梦

　　那些完全依赖理性的思考，而疏忽或压抑每种心灵生活意义的人，往往对迷信有种几乎不能说明的爱好。他们聆听神谕和预言的话，很容易受到魔术师和施咒法者的蒙蔽和影响。因为梦补偿个人的外在生活，所以这种人智力的重点借着梦得到弥补——在梦中，他们面对非理性的事，而且无法逃掉。

　　亨利在分析过程中经验过这种现象，而且留有深刻的印象。有四个特别的梦在他精神发展中代表决定性的里程碑。第一个梦是在分析开始后十个星期发生。亨利的梦是这样的：

　　我独自在南美洲做冒险的旅行，后来很想回家，在一个位于高山的异地城市中，想去火车站，这火车站在城市最高点的中心，因此我特别担心自己可能来不及。

不过幸好，我右手边有条拱形走道通过那排房子——这里的房子很接近中古的建筑物——形成一道可通过的墙，这后面可能就是火车站的所在地。这里的景色美得像画一样。我看见阳光、涂上颜料的房子，在黑暗的拱道入口处，有四个衣衫褴褛的人正躺在那里睡觉。我松了口气，向着那条走道赶去——突然间，有个陌生人，类似猎人的人走在我前头，很明显，他和我一样想赶上那班火车。

在接近那四个看守的时候，他们变成中国人，并跳起来制止我们通过。在一起的打斗中，我的左腿被其中一个中国人左脚的长趾甲弄伤。现在要由神谕来决定到底要不要开放那条路给我们，或是我们必须丧命。

我是他们第一个要对付的，我的朋友被拉到一旁，那中国人用一些细小的象牙棒和神商量。结果对我相当不利，但有第二个机会，我被上锁，推到一边，就像我的朋友一样，他现在替代我的位置。在他面前，神谕要决定我第二次的命运。在这次机会中，神谕对我有利，我终于获救了。

我们马上可以看出这个梦奇特而异常的意义，以及丰富而紧密的象征。不过，亨利的意识心灵好像不想理睬这个梦。因为他怀疑潜意识的产物，认为不要把梦暴露于危险的合理化，而让梦在毫无干预的情况下引导他是十分重要的。因此我起先避免用我的分析，而给他一个建议：我劝他翻阅和研究（一如梦中的中国人所做的一样）中国有名的神谕书——《易经》。

《易经》被称为"变易之书"，是本智慧的古书，它的根源似乎只能回溯至神秘的时代，而这本书的目前面貌大概是三千年前传下来的。根据李察·华仑（把《易经》翻译成德文，且提供不少可供参考的注解的人）所说，中国哲学的两大流派——道家和儒家的思想都源于《易经》。这本书基于人和宇宙的"统一性"的假设，而且以一对对立的阳和阴（即是男女的原理）作补充。全书有六十四个"符号"，每个都以六条线作代表，所有这些符号都包含阳和阴所有可能的组合，直线代表男性，断线代表女性。

每一个符号描述人类或宇宙形势的改变，而每个以图画语言方式表达的动作过程，都应配合时序运转，中国人向这些神谕咨询，看看哪个符号与某个特定时刻有关联。他们通过五十根小棒，用一个较复杂的方式求得一个特定数目。

今天，咨询《易经》较普遍的方法是用三个钱币，每次把三个钱币丢开，产生一条线。"头"代表男性线，算是三，"尾"代表女性线，算是二。要连丢六次，所得的数目会产生要咨询的符号或六线形（即是六条线）。

这种"算命"对我们的时代到底有什么意义呢？即使那些承认《易经》是智慧宝藏的人，也很难相信咨询神谕不是过去神秘玄妙的经验。要抓住《易经》所涵摄的内容实在很难，因为今天一般人故意把所有神性的技巧当作古老而无聊的事忽略掉，然而，它们并非是一些无聊的事。它们是基于所谓的"不考虑历史的原理"（或更清楚地说，有意义的巧合）。它是基于内在潜意识知识的假设，而这假设把物质事件与心灵的状况连在一起，以致特定事件出现"偶发情形"或"巧合事情"，但实际上它有物质意义，这意义往往象征地通过与事件巧合的梦显示出来。

研读《易经》几个星期后，亨利照着我的建议（带着几分怀疑的态度）丢钱币。他在书中所发现的东西对他有种极大的冲击。因为涉及他的神谕与他的梦有不少惊人的关系，而且指出他的一般心理状况。借着显著的"不考虑历史的"巧合，那由钱币模式表示的符号被称为蒙卦，或"年轻的愚行"。根据《易经》的经文，这六线形最上的三条线象征高山，有"保持静止"的意义，也可以解释为大门。最下的三条线代表水、深渊和月亮。所有这些象征都曾在亨利前述的梦中出现过。在许多其他陈述中，看来以下的警告最适合亨利："在所有年轻的愚行中，最无望的事情，莫过于胡思乱想了。愈对这些不实的空想冥顽不灵，则愈易蒙羞。"

在这个和其他复杂的方法中，神谕似乎直接与亨利的问题有关。这令他震惊不已。起先他竭力以意志压抑它的影响力，但他或他的梦都无法逃避。尽管《易经》所表达的语言是那么艰深而迷惑，但其信息还是深深地感动了他。他逐渐被那些他一直否认而完全非理性的事情所征服，在阅读那些似乎与他梦中的象征非常一致的文字时，他有时沉默，有时兴奋，他说："我必须要把所有事情从头仔细地想清楚。"他在我们还没谈完就离开了。他因患了流行性感冒，打电话来取消了下次会面，然后就一直没来找我。我等待（保持静止），因为我猜想他说不定还没消化那些神谕。

过了一个月，亨利终于出现了，他兴奋而困惑地述说他在那段时间遭遇过的事。最初，他的智力（他一直非常依赖的）受到非常大的震惊，而且他起先竭力想压抑住。不过，不久他就承认自己无法摆脱与神谕沟通。他想再向那书咨询，因为在梦中，那神谕曾经咨询过两次。但"蒙卦"经文清楚地禁止问第二个问题。亨利两晚一直在床上辗转反侧，无法入睡，但在第三晚，有个强烈而富启发性的梦意象突然出现在眼前：一个头盔和一把剑在空虚的大气中浮动。

亨利立刻执起《易经》，随意翻到第三十章的注解，在这章中，他（非常惊异地）读到以下一段文字：执著的人就是火，它意指铠甲和头盔、枪矛和武器。他现在终于明白为什么自己第二次企图咨询神谕被禁止的原因了，因为在他的梦中，自我与第二个问题无关，只是那猎人需要第二次咨询神谕。

鉴于该梦的事件，显而易见，"梦的元素"应该解释为亨利内在人格的内容，而那六个"梦的意象"则是指他心灵特质的人格化。这些梦相当少见，但当它们出现时，余波最具威力。那就是为什么它们可以被称为"变形的梦"的原因。

这种图形力量的梦，做梦者只有少数的个人联想。亨利所能提供的，也只是他最近竭力想在智利找工作，但因为他是未婚男士而被拒于门外。他同时知道有些中国人留长左手的指甲，这象征他们不工作，而埋首于冥想中。

亨利的失败（在南美找工作）在该梦中呈现出来。在梦中，他被运送到一个南边炎热的世界——这个世界和欧洲相对照，他称之为未开化，无人居住和肉欲的世界。它代表着一幅潜意识领域的绝佳象征性图片。

这领域与有教养的知识分子和支配亨利意识心灵的瑞士清教主义对立。其实，这是他的自然"阴邪国"，虽然渴求已久，但过了不久，就会觉得那里似乎太不舒服。他从地下、黑暗和物质的能力（以南美作象征）中，退回到光明、自己的母亲和未婚妻的梦中。他突然认识到他离它们有多远，而且发现独自在一个"异国城市"里。

这意识的增加是在梦中以"较高层面"作象征——那城市建在山上。因此亨利在"阴邪国"里"爬上"更大的意识里去。在那里他希望"找到回家之路"。这登山的问题早已在第一个梦中已令他困扰不已。此外，一如在圣人和妓女的梦中，或在许多神话故事中，山往往象征启示的地方，那里也许会发生变形或改变。

很奇怪，在亨利的梦中，"自己"的所在地以人类集体交通中心——火车站作代表，这也许是因为"自己"（如果做梦者年纪很轻，而且精神发展的程度相当低）往往被个人经验领域的对象象征化——通常是一个很平凡的对象，不过仍可以补偿做梦者的高远抱负。

纵使亨利确实不知道火车站在哪里，但他仍然假设它在城市的中央，于此，一如早期的几个梦中，他得到潜意识的帮助。亨利的意识头脑，和他身为工程师的工作一致，所以他也喜欢自己的内在世界与像火车站这种文明理性的产物发生关系。可是该梦却反对这种态度，指出了一种完全不同的途径。

那路径指向"下面"和通过一个黑暗的拱门，拱门的出入口也是识阈的象征，这地方潜伏着危险，同时也是分开和联结的地方。且不论亨利正在找寻火车站——它把未开化的南美和欧洲连在一起——他发现自己在一个黑暗的拱门出入口前，那里有四个衣衫褴褛的中国人直直地躺卧在地上，堵住通道。该梦没有把他们加以区别，因此他们也许是一个男性整体的四个仍旧无特征的层面（四的数目，是整体和完全的象征，代表我在我的著作中所讨论的原型），因而那些中国人代表着亨利无法通过的潜意识男性心灵部分，因为"通向自己的路"（即是心灵中心）被他们堵住，他一定要解决这个问题，才可以继续旅程。

亨利仍然没注意到逼近的危险，他匆匆地朝出入口走去，希望最后能抵达火车站。但在路途中，他碰到自己的"阴邪面"——他那无生气、未开化面，以伪装世俗而粗鲁的猎人出现。这意象的出现也许意指亨利内向的自我被他外向（补偿）面——代表他压抑的情绪和非理性的特色——所合并。这种阴邪意象把自身推过意识自我来到前景，此外，因为它把潜意识特质的活动和自治权具体化，所以它成为每件事最恰当的命运信差。

该梦已渐渐达到高潮，在亨利、猎人和四个衣衫褴褛的中国人的混战中，亨利的左腿被其中一个中国人的左脚长趾甲刮伤。

中国人同时也可说是代表"黄土"，因为那些中国人像其他中国人一样与土地有关，亨利正是要接受这种土地与地下特质。在他梦中所遇到自己心灵潜意识男性的整体，有种他智力的意识面所缺少的地下物质。因此他知道那四个衣衫褴褛的意象是中国人这事实，这显示了亨利对自然和自己的对手增加了内在的警觉性。

亨利曾听说过中国人有时让他们左手的指甲长长，但在梦中，那指甲却长在左脚上。换句话说，它们是爪。这也许指出中国人的观点和亨利的观点实在相差太远，所以他受到伤害。正如我们所知，亨利对地下、女性以及他个性的物质奥秘的意识态度，是最不确定且正反感情并有的。这种以他"左脚"作象征的态度（他仍旧害怕的女性、潜意识面的观点或"立足点"）被那些中国人所伤害。

不过，这种"伤害"本身并没有引起争利改变。每种变形本身都需要有先决条件，即可"结束旧有的天地"——摒除一种食古不化的哲学生活。正如汉德博士所指出的，在启蒙祭仪中，年轻人必须忍受一种象征式的死亡，才可以再生，而成为一个男人，然后被引进部落里做一个合格的成员。因此，那工程师的科学，逻辑的态度必须减弱，以为新的态度留些余地。

在工程师的心灵中，任何"非理性"的东西都会被压抑，因此它本身往往在"梦世界"中，以戏剧性的矛盾显示出来。因此以陌生而原始的"神谕游戏"的方式出现在亨利梦中的非理性东西，对人类的命运确实有种可怕而不能说明的力量。亨利的理性自我没有选择余地，只有对真正的"牺牲智力"才无条件地投降。

不过像亨利这种无经验和不成熟的人的意识头脑，实在不能充分地准备这种行动。他失去转运的机会，他的生活也被淹没了。他被抓住，无法继续他惯常的路或回家——以逃避他成人的责任。

接着，亨利的意识、文明的自我被束缚和丢在一边，而那个猎人则被容许代替他的地位，向神谕咨询。亨利的生命要看结果而定，但当自我被孤立地监禁时，那些在"阴邪意象"中具体化的潜意识内容也许会带来帮助和解决的办法。当人认知这种内容的存在并经历过它们的力量后，这就变得可行了。它们可以成为我们有意识地承认的永久伴侣。因为那猎人在他的地位中赢得那个游戏，亨利获救了。

（六）面对非理性

亨利其后的行为很清楚地显示那个梦（其实是他的梦和《易经》那本书令他面对自己内在深刻和非理性的力量）对他有极其深刻的影响。从那时起，他渴望地聆听他潜意识的沟通，而分析进行得愈来愈顺利。直到那些曾恐吓和分裂他心灵奥秘的紧张冒出表面。不过，他勇敢地坚持自己一定会得到一个满意的结论的。

自那神谕的梦过了仅仅两星期后（但在它被讨论和解释之前），亨利做了另一个梦，在梦中，他再一次面对令人困扰的非理性问题：

我独自在房间内，有一些令人讨厌的黑甲虫从洞里爬出来，散布在我的制图桌，我竭力用魔术赶它们回洞里，这个方法相当奏效，但有四、五只甲虫却不受影响，它们离开制图桌，在房内飞来飞去，我不想再进一步向它们施法，因为它们已不再骚扰我。我在它们隐蔽处生火，一个高高的圆柱体火焰升起，我害怕房间会着火，但这个恐惧却毫无理由。

这一次，亨利对解释他的梦已有相当技巧，因此他想自己分析自己的梦。

他说："甲虫是我黑暗的特质，它们被分析唤醒，现在出现在表面上。不过有个危险，它们也许会布满我的专业工作（以制图桌作象征），可是我不敢用手去毁灭那些甲虫，这些甲虫令我想到一种黑圣甲虫，于是我使用'魔法'。换句话说，在它们隐藏之处生火，我是要求和一些神圣的东西合作，当火柱向上直冒时，令我不禁联想到'约柜''之火'。"

要更深入探讨该梦的象征，我们首先必须注意这些甲虫是黑色的，那是黑暗、消沉和死亡的颜色。在梦中，亨利是"独自一人"在房里——这情况会导致内向和相当的忧郁。在神话当中，圣甲虫通常是金色的，在埃及，它们是象征太阳的神圣动物，但如果它们是黑色的，那它们就象征太阳的对立面——一些可怕的东西。因此，亨利想以魔法对抗甲虫的直觉是颇正确的。

虽然四或五只甲虫仍然活着，但甲虫数目的减少，足可使亨利摆脱恐惧和憎恶。他竭力用火去毁灭它们繁殖的地方，这是个积极行动，因为火能象征地导致变化和再生。

亨利在他清醒的日子里，似乎充满了进取的精神，但很明显，他还不晓得利用这种精神以得到正确的效果。因此，我想到了另一个梦，它对他的问题有更清楚的说明。那个梦以象征语言出现，表明亨利害怕和一个女人涉入责任的关系，他想从感情生活面撤退。

有个老人行将就木，他被亲戚围着，我也是其中一个。愈来愈多的人聚在这大房间内，每个人都透过精确的介绍各具特征。当时有40个人在场。那老人一边呻吟，一边喃喃说及"无生命的生活"。他的女儿——想令他更容易的表达忏悔——问他在什么意义下才能了解"无生命"，它是人文的还是伦理的。但那老人却没有回答。他女儿派我到邻室，用扑克牌算命的方式来寻找答案。翻到"九"就会发现答案——根据那张牌的颜色。

我很希望在一开始就翻到九，但起先只是翻到大王和小王，我很失望。随后我什么也没翻到，只是些纸片，它们根本不属于这个游戏。最后，我发现已没有扑克牌了，只有些信封和其他纸张。我和同时在场的妹妹一起找寻那些扑克牌。终于在本笔记簿下找到一张，这是九——黑桃九。这似乎对我而言，只意味一件事——这是个伦理的拘束，阻止那老人“过他的生活”。

这个梦最重要的讯息是提醒亨利，如果他无法“过他的生活”，将会面临什么事情。那“老人”大概是代表垂危的“支配原则”——这原则支配着亨利的意识，但他并不知道它的本质。40个人出席象征亨利心灵特征的整体（40是整体的数目，是数目四的崇高形式）。那垂危的老人是亨利的男性人格濒临最后变化的暗号。

那女儿问及导致死亡的原因是个无可避免和最重要的问题，这似乎暗示了那老人的“道德”阻止他过自然表达情感和本能的生活。不过这垂危的人沉默不语。因此他女儿（调停女性原则的具体化）变成主动。

她派亨利从算命扑克牌上找寻答案——答案就在翻到第一张九的颜色上。这件事要在一个未被使用且隔开的房间里进行（意味这件事与亨利的意识态度相去甚远）。

起先只翻到大王和小王（也许是他早期崇拜财富和权力的集体意象）时，感到很失望。当翻完那些扑克牌时，他的失望变得更强烈，因为这表示内在世界的象征已耗尽，只有些没有意象的“纸张”剩下来，因此那些在梦中的意象来源便开始枯竭。此时亨利要接受女性面的帮助（这次以他妹妹作代表），以找到最后一张牌。和她一起，终于找到一张黑桃九。这张牌的颜色指出该梦中“无生命的生活”一词的意义。实在很有意思，那张牌藏在一本教科书或笔记下面——这大概代表亨利专业兴趣枯燥无味的智力公式。

几世纪以来，“九”一直是个“魔法的数目”，根据传统的数目象征，它在三重升华中，代表完成三位一体的完美形式。在不同的年代和文化里，“九”的数目与其他无穷的意义有关，黑桃九的颜色是死亡和无生命的颜色。而且，“黑桃”的意象也令人很容易想起树叶的形状，因此它的“黑”强调不论它以前是绿色，还是有生气和自然的，但现在已枯死。此外，“黑桃”这字源自意大利的“Spade”，意思是“剑”或“矛”。这种武器往往象征着智力作用的掺入和“切除”。

因此，该梦明显地表示，实际上是“道德的束缚”（而非“文化的束缚"）不容许那老人"过自己的生活"。在亨利的例子中，这些"束缚"，大概是他害怕完全向生活屈服，害怕负起对女人的责任所引起，因而逐渐对他母亲"不忠心"。该梦宣布"无生命的生活"是种能令人死亡的疾病。

亨利再不能轻视这个梦的讯息。他知道人需要一些超过理性的东西，作为在纠缠不清的生活中有帮助的罗盘，因此当象征从心灵的奥秘处浮现之时，实在有必要寻求潜意识力量的指导。通过这种认识，他分析的宗旨部分才能达到。他现在知道他终于从不受拘束生活的天堂中被赶出来，以致永远无法回归那里。

（七）最后的梦

还有一个梦证实了亨利所得到的洞察。经过一些与他日常生活有关但不重要而且简短的梦后，最后一个梦具有最丰富的象征，而且还有所谓的"伟大的梦"的特征。我们四个人组成一个友好团体，我们有下述的经验："黄昏时分"，我们坐在一张未加工的木制长桌前，用三种不同的容器喝东西：用一个利口酒杯喝一种清澈、黄色的甜利口酒；用一个酒杯，深红色的加柏拿酒；最后是用一个形状古雅的大容器来喝茶。此外，还有个含蓄而优雅的女孩和我们在一起，她把她的利口酒倒进茶里。

"晚上"，我们从酒宴回来，其中一个是法国总统，我们在他的皇宫里行走，来到阳台，看见他在我们下面一条铺满雪的街道上，当时他喝醉了，向着一大堆雪小便。他的膀胱似乎有撒不完的尿。随后他追赶一个老处女，她怀中抱着一个裹着棕色毯子的小孩，他用尿去喷那小孩。那老处女感到有些湿气，但以为那是小孩的尿。她匆匆地大踏步离开。

"早上"，在冬天阳光闪耀的街道上有一个黑人。一个绚烂的意象，完全赤裸。他朝着东边伯恩（瑞士首都）走去。我们是在法属瑞士。我们决定去拜访他。

"中午"，经过长时间坐汽车通过那寂寥的雪地后，我们来到一个城市。走进一幢那黑人很可能投宿的黑暗房子。我们非常害怕他会冻死。不过，他的仆人——像他一样黑——接待我们。那黑人和仆人都是哑巴。我们从带来的背囊里找寻，看看有什么东西可以当做礼物送给那黑人。它必须是件有文化特色的物体。我是第一个下定决心的人。我从地上拣起包火柴，带着敬意送给那位黑人。在我们都送出礼物之后，我们和那黑人参加了一个快乐的宴会——一个狂欢的酒宴。

仅就瞄瞄该梦的四个时分，就会产生一种异常的印象，它包含一整天，而且移向"右边"——意识的方向。活动从黄昏开始，然后在中午结束——正当太阳最热的时候。因此那"一日"的周期似乎是个整体的模式。

在这梦中，四个朋友似乎象征了亨利心灵的男子气概，而他们通过梦的四个"行动"，令人想起曼陀罗最重要的结构。他们首先来自东边，然后是西边，一直移向瑞士的首都（即是中心）时，它们似乎在描述一种竭力在中心联合的对立模式。而这点着重在时间活动——下降至潜意识的晚上，随即太阳升起，开始面对光明的意识。

该梦以黄昏开始，这段时间内，意识阈降低，潜意识的刺激和意象都可以通过。在这种情形下（当男性的女性面最容易被唤起的时候），便发现一个女性意象加入那四个朋友，实在是件很自然的事。她是属于他们四个的阴性意象（"含蓄而纤细"令亨利想起他妹妹），而且和他们每个连接。桌上有三种不同特征的容器，它们内凹而善于接纳，确实是女性面的象征，其实，他们用这些容器，来表示他们之间有种相互而密切的关系。这些容器不仅形状不同，而且内容的颜色也不同，这些对立分开的液体——甜和苦、红和黄、易醉和清醒——完全混在一起。他们五个在场的人把酒喝光后，都沉浸在潜意识的沟通中。

那女孩似乎是个秘密媒介，催促事件发生的触媒剂（因为她阴性特质扮演的角色，就是引导男人进入他的潜意识，因而会强迫他进一步回想，并增强意识）。

该梦的第二部分告诉我们更多当"晚"发生的事。四个朋友突然发现他们在巴黎（在那瑞士人看来，这是代表色情、欢乐和情爱的都市），而那四个意象有某种区别，尤其是该梦的自我与代表未发展和潜意识的感情作用的"法国总统"之间的区别。

自我（亨利和两个朋友，也许可视作他半意识作用的代表），从阳台高处往下看那位总统，他不稳定，沉浸于自己的本能中。他在醉酒的状态下在街上小便，自己却一无所觉，像个没有文化的人，照着自己的动物本能行事。因此那总统与那优秀的瑞士中等阶级科学家，成为一个强烈的对比。只有在潜意识最黑暗的晚上，亨利才能显现这一面。

不过，那总统意象也有其非常积极的一面。他的尿（可作心灵欲望之泉的象征）似乎永不枯竭。它证明充裕、有创造力和生命的力量。（举例来说，未开化的人认为万物来自身体——头发、大便、小便或鼠尾草等，都有神秘的力量）。因此，这不愉快的总统意象同时也是一种权力的符号，而且往往附在自我的阴邪面里。他在小便时不仅不会感到尴尬，而且追着一个抱小孩的老女人，对着小孩撒尿。

在某种程度而言，这"老处女"是害羞的对立或补偿，以及该梦第一部分的阴性特质。纵使那女人很老，看来像个母亲，但她却仍旧是个处女，亨利把她跟玛莉亚和小孩耶稣的原型意象联想在一起。不过这小孩是在一张棕色（地球的颜色）毯子里，令他看来较像"救主耶稣基督"的地下、固执土地的相反意象，而不像天上的小孩。那位向小孩撒尿的总统似乎要把洗礼滑稽化。如果我们把那小孩当做亨利内在幼稚期潜在力的象征，那么通过这个祭仪，他会得到力量。但该梦就此打住，那女人带着那小孩匆匆离开。

这景象标示该梦的转折点。那时又是早上，在最后的插曲当中，每件黑暗、黑色、未开化和有力的东西就全都聚在一起，以一个全身赤裸、真实而纯净且庄严的黑人作象征。

一如黑暗和明亮的早晨，热尿和冷雪的对立，那黑人和白色的风景也形成了一个强烈的对比。那四个朋友现在必须在这些新尺度内调整自己的方向。他们的位置已改变，原本通向巴黎的路已经在不知不觉中带他们进入法属瑞士（这是亨利未婚妻的家乡）。在最初的阶段中，亨利已有变化——当他被自己的潜意识的内容压倒时。现在是第一次，他开始能找到通向他未婚妻家的路径（表示他接受他的心理背景）。

一开始，他从瑞士东部去巴黎（从东到西，是从黑暗通向潜意识的途径）。而现在却有了一个一百八十度的转变，向着上升的太阳和逐渐明晰化的意识去靠近。这条路指向瑞士的中央——它的首都伯恩，而且象征亨利热切期待一个会联结他内在对立的中心。

对某些人来说，那黑人是"黑暗原始生物"的原始意象，因此是潜意识特定内容的具体化。也许这就是为什么黑人往往被白种人拒绝和害怕的一个原因。

对一个年纪和亨利一样的年轻人来说，那黑人一方面也许代表一切压抑到潜意识黑暗的特质的总额，另一方面，他也许代表自己未开化、男子气概的力量、潜在力，以及他情感和肉体力量的总额。因而，亨利和他的朋友有意识地前去试图面对那黑人，这意味着他们向成熟之途迈出决定性的一步。

在那个时候，时间已是中午，太阳高挂，而意识已到达最透彻的顶点。我们可以说，亨利的自我已变得愈来愈简洁，以致他有意识地提高能力去作决定。那时仍然是冬天，这也许显示亨利缺少感情和温暖，他心灵的景色仍然是冬季的，而且很明显，他的智力或知性非常暗淡而不彰。那四个朋友害怕裸体的黑人（至于温暖的气候）被冻死，但他们的恐惧是毫无根据的，因为在荒芜而覆满雪的乡间开了一段长时间车后，他们停在一个陌生的城市，进入一间黑暗的屋子。开车和荒凉的城市象征长期而疲倦地寻求自我发展。在屋子里，还有更复杂的事等着那四个朋友。那黑人和他的仆人都是哑巴。因此不可能和他们进行口头沟通，而那四个朋友必须寻找别的方法和那黑人接触。他们不能用智力的方法（语言），而只能以感情的姿态接近他。他们好像供奉诸神一样送礼物给他，以赢得他们的利益和感情。这就是我们文化的目的，属于那灵性白人的价值。需要再一次"牺牲智力"来赢取那黑人的欢心，因为他代表自然和本能。

亨利是第一个决定送什么的人。这自不在话下，因为他是自我的信差，他的骄傲意识（或过度的自信）已被贬抑。他从地上拣起一盒火柴，然后"带着敬意"送给那黑人。乍看之下，这似乎很荒谬，一盒大概是被人废弃的小东西，竟可作为适当的礼物，但事实上，这才是正确的选择。火柴储藏和控制火，是一种可以燃起火焰和随时熄灭的用具。火和火焰象征温暖和爱情、感情和激情，他们有心的特性，只要在有人类的地方，它们就存在。

给予那黑人这种礼物，亨利象征性地把他心灵自我高度发展的文化产物，跟他自己未开化的中心，以及那黑人象征的男性力量连接在一起。这样一来，亨利就可以充分地拥有自己的男性面，从今以后，他的自我必须恒常与这男性面保持联络。

结果就是这样，那六个男人——四个朋友、黑人和他的仆人——现在满心欢喜地一起参加宴会。很明显，亨利的男性总体已集合在一起。他的自我似乎要找到它所需要的安全，而且自由地去顺从他自己内在较大的原型人格，这种人格可以预示为"自己"的出现。

在梦中所发生的事与亨利的现实生活有个对应。他现在对自己很有信心。虽然是很快下的决定，但他对自己的订婚已经愈来愈认真。在他开始分析后的九个月，他在瑞士西部的一座小教堂结婚，随后，他和年轻的太太去加拿大。自此之后，他的生活变得积极而富有创意，不仅是一家之主，而且在一家大工厂担任有实权的工作。

换句话说，亨利的例子对独立和有责任心的男子气概有种促其成熟的作用和影响，这代表进入实际外在生活的开始，同时代表自我力量和他的男子气概，而且是个性化过程第一期的完成。第二期——这期是自我和"自己"间正确关系的建立——仍旧有待亨利再接再厉。

并非每个例子都有这种成功而令人兴奋的过程，而且并非每个事例都可以用同样方式来处理。换句话说，每个例子都不同，不仅年轻和老年，或男人和女人皆需要不同的治疗，所有在这些范畴内的个体都一样，在每个例子中，纵使是相同的象征也需要不同的分析。我之所以会选择这个例子，是因为它代表潜意识过程自制权特殊而深刻的例子，而且它可以显示出丰富的意象，以及心灵背景无穷创造象征的力量。这种证明心灵自制的行动可以支持灵魂的发展过程。